全国高等职业教育“十三五”规划教材

零件的手动工具加工

第2版

主　编　董晓冰　于向和　隋秀梅
副主编　赵宏宇　郭　翔　郭佳萍
　　　　陶静萍
参　编　于海峰　于　颖　周佩秋
　　　　于秀英　于济群
主　审　王晓东

机械工业出版社

本书是在总结了课程改革经验并结合编写组人员多年的教学经验基础上，为满足高职高专机械类学生的需要而编写的理实一体化教材。

本书整合了钳工工艺学和钳工技能实训书，打破了传统的钳工工艺学课程理论体系，根据每个项目所涵盖的知识点，将原有学科体系的理论知识进行重新编排，融教、学、做为一体。在内容编写上，将行业、企业典型案例进行系统综合，归纳出适合学生学习的典型案例进行课程教学。体现了“适度、够用”的原则，书的深度和广度适中。

本书按照“项目导向、任务驱动”的教学模式进行编写，以零件为项目载体，根据学生认知规律，结合钳工国家职业标准，共设五个项目。每个项目都是一个完整的工作过程，学生在完成每一个具体项目的过程中，学会工具、量具、刃具选择，零件工艺分析，产品质量分析及加工方法，在每个任务实施过程中设有“教师点拨、关键、操作技巧、警告、重点提示”。同时在每个项目结束后都配有相关的知识拓展项目，供学生作为考取钳工技能证书的参考。

本书可作为高职高专院校机械类专业使用，同时也可作为相关人员的自学资料。

本书配有授课电子课件，需要的教师可登录机械工业出版社教育服务网 www. cmpedu. com 免费注册后下载，或联系编辑索取（QQ：1239258369，电话：（010）88379739）。

图书在版编目（CIP）数据

零件的手动工具加工/董晓冰，于向和，隋秀梅主编. —2 版. —北京：机械工业出版社，2017. 7
全国高等职业教育“十三五”规划教材
ISBN 978-7-111-57021-9

Ⅰ. ①零… Ⅱ. ①董… ②于… ③隋… Ⅲ. ①机械元件-加工-高等职业教育-教材 Ⅳ. ①TH13

中国版本图书馆 CIP 数据核字（2017）第 127139 号

机械工业出版社（北京市百万庄大街 22 号 邮政编码 100037）
策划编辑：曹帅鹏 责任编辑：曹帅鹏 责任校对：刘秀芝
责任印制：常天培
涿州市京南印刷厂印刷
2017 年 7 月第 2 版第 1 次印刷
184mm×260mm · 14. 25 印张 · 349 千字
0001–3000 册
标准书号：ISBN 978-7-111-57021-9
定价：39.00 元

凡购本书，如有缺页、倒页、脱页，由本社发行部调换

电话服务	网络服务
服务咨询热线：010-88379833	机 工 官 网：www.cmpbook.com
读者购书热线：010-88379649	机 工 官 博：weibo.com/cmp1952
	教育服务网：www.cmpedu.com
封面无防伪标均为盗版	金 书 网：www.golden-book.com

前　言

为贯彻落实教育部《关于深化职业教育教学改革全面提高人才培养质量的若干意见》（教职成〔2015〕6号）文件中“坚持工学结合、知行合一”的基本原则和教育部《关于全面提高高等教育质量的若干意见》（教高〔2012〕4号）文件中提出的“培养创新思维和社会实践、全面发展和个性发展紧密结合”人才培养要求，对“零件的手动工具”课程进行了大胆的改革实践，包括教学内容、课程安排、授课方法等，取得了显著成效。教材改革也是一项十分重要的内容，为此，“零件的手动工具”课程组对本课程对应的教材也做了全面系统的研究，开发的教材具有以下鲜明特色。

1. 教材编写采用“项目导向、任务驱动”模式，结构新颖，各个项目所涵盖的内容丰富，体现了理论与实践一体化，强化了知识性与实践性的统一。

2. 以“掌握概念、强化应用、重视创新、培养技能”为教学的重点，突出以能力为本位的职业教育理念。

3. 在内容编写上，结合行业、企业的信息及发展趋势，结合国家职业资格标准，将行业、企业典型的案例进行系统综合，归纳出适合学生学习的典型案例。

4. 教材编写结构新颖，根据不同项目所需理论知识和操作技能需要，设有教师点拨、操作技巧、操作警告、重点提示和知识拓展等相关内容。

5. 针对典型工作任务，将理论知识重新序化。让学生在“做中学”，老师在“做中教”，使教、学、做有机融合。

6. 图文并茂，降低学习难度，提高学生学习兴趣。

7. 格式新颖，能更好满足教学与自学需要，体现职业教育特点。

8. 所选择的锉配项目实例与钳工中级工考题类似，知识拓展内容收录了职业技能鉴定国家题库装配钳工（中级）操作技能考核试题，供学生练习使用。

9. 在教材的附录部分配有钳工中级理论模拟试题及答案，供学生考取钳工技能证参考。

随着职业教育改革的不断深入，各职业院校专业设置与专业培养目标不断优化、调整，致使各院校、各专业开设课程不尽相同。使用本教材时，可根据专业课程设置的具体情况，增减教材章节及教学内容。

本书编写组成员均来自长春职业技术学院工程技术分院，均具有多年专业教学经验。主编董晓冰、于向和、隋秀梅；副主编赵宏宇、郭翔、郭佳萍、陶静萍；参编于海峰、于颖、周佩秋、于秀英、于济群。主审为长春职业技术学院王晓东。编写分工：董晓冰编写项目1、项目3、项目4，于向和、隋秀梅、郭翔编写项目2、附录C，赵宏宇、郭佳萍、陶静萍、于海峰、于颖、周佩秋、于秀英、于济群编写项目5、附录A、附录B、附录D。董晓冰负责全书的统稿工作，赵宏宇负责全书的校对工作。

在本教材的编写过程中，借鉴了大量的参考文献，选用了极具价值的技术资料，同时得到有关领导和同志们的大力支持，在此一并表示衷心的感谢！

由于教材编写人员水平有限，缺点在所难免，恳请广大读者批评指正。

编　者

目　录

项目1　钣金锤零件的手动工具加工

零件的手动工具加工具有技术性强、灵活性大、手工操作多、工作范围广等特点，加工质量的好坏直接取决于操作者技术水平的高低。而操作者技术水平的高低取决于操作者对零件图的识读能力，包括：

1）零件图分析。

① 尺寸标注方法分析。

② 零件图的完整性与正确性分析。

③ 零件技术要求分析。

④ 零件材料分析。

2）工艺过程分析。

3）加工方法分析。

4）加工工具分析。

5）测量工具分析。

6）加工余量分析。

1.1　项目描述

本项目以钣金锤零件为载体，学生通过本项目的学习，能正确识读、绘制和分析简单的零件图，合理选材，选择和安排适当的热处理工艺；了解零件的手动工具加工和简单机械加工的基本知识，包括：平面划线、立体划线、锉削、锯削、钻孔、扩孔以及各种常用量具的使用方法；掌握零件图样的表达方法，钣金锤零件的加工工艺规程及工艺过程的制订；培养学生对手动工具加工工艺方案的实施能力。

通过本项目内容的学习，使学生初步掌握零件的手动工具加工和简单机械加工的方法，并能应用所学的知识解决简单的工艺技术问题及各种刀具、量具和辅助工具等工艺装备的选用及维护能力。

1.2　项目分析

钣金锤零件是对典型的手动工具加工简单综合件的训练。通过训练进一步巩固手动工具加工基本操作技能，熟练掌握锉腰孔及连接内、外圆弧面的方法，达到连接圆滑、位置及尺寸正确等要求，提高推锉技能，达到纹理整齐、表面粗糙度值小，同时也提高对各种零件加工工艺的分析能力及检测方法，养成良好的安全文明生产习惯。

1.3　技能点

✍划线工具的正确使用与划线方法。

✍ 锉削、锯削姿势及操作要领。

✍ 孔加工技能。

✍ 平面度、平行度、垂直度、对称度的测量。

✍ 腰孔锉削方法与技巧。

钣金锤零件如图1-1所示，毛坯为ϕ36mm×120mm，材料为45钢，两端热处理淬硬45~50HRC。

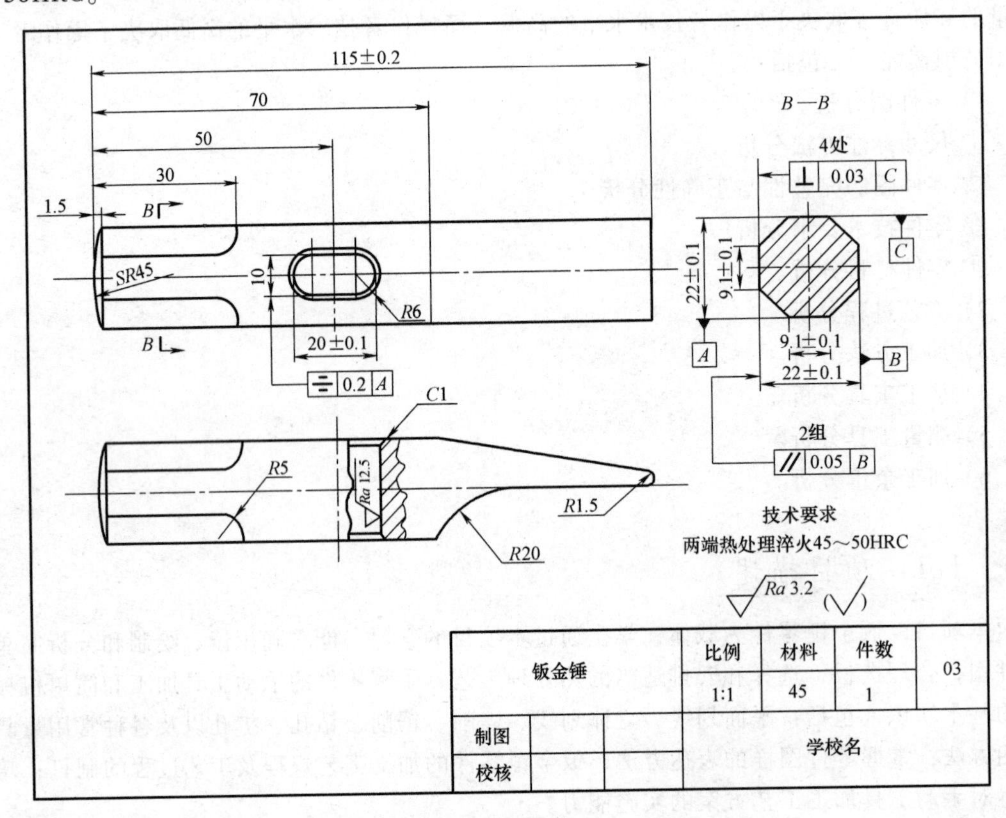

图1-1　钣金锤

1）工、量、刃具准备。台虎钳（200mm）、台式钻床、划线平板、方箱、扁锉（粗锉400mm，中锉300mm，细锉250mm）、圆锉（ϕ8mm）、方锉（200mm）、整形锉（5件1套）、钻头（ϕ4mm、ϕ9.8mm）、游标卡尺（0~150mm）、高度游标卡尺（0~500mm）、刀口形直角尺（100mm×63mm）、金属直尺（150mm）、半径样板、手锯、锯条若干、划针、样冲、锤子、铜丝刷等。

2）评分标准。评分标准见表1-1。

表1-1　评分标准

项次	考核要求	配分	评分标准	检测结果	得分
1	(22±0.1)mm	5	超差0.01mm扣2分		
2	(115±0.2)mm	5	超差0.01mm扣2分		
3	⊥ 0.03 C (4处)	8	超差1处扣2分		
4	// 0.05 B (2组)	5	超差1处扣2分		

（续）

项次	考核要求	配分	评分标准	检测结果	得分
5	(20±0.1)mm	4	超差 0.1mm 扣 2 分		
6	(9.1±0.1)mm(8 处)	16	超差 1 处扣 2 分		
7	*R*20mm 圆弧面圆滑	4	超差不得分		
8	*R*5mm(4 处)圆弧面圆滑	4	超差 1 处扣 1 分		
9	*R*1.5mm 圆弧面圆滑	4	超差不得分		
10	*SR*45mm 球面圆滑	4	超差不得分		
11	测量面表面粗糙度 $Ra \leq 3.2\mu m$(18 处)	18	降级 1 处扣 0.5 分		
12	⌯ 0.2 A	4	超差不得分		
13	倒角均匀、各棱线清晰	4	目测超差不得分		
14	安全文明生产	10	违规酌情扣 1~10 分		
15	实际完成时间	5	不按时完成酌情扣分		
合　计					

1.4　项目资讯

1.4.1　常用量具

量具一般都有刻度，在测量范围内可以测量零件及产品形状和尺寸的具体数值。常用的量具有金属直尺、游标卡尺、千分尺、游标万能角度尺和百分表等。

1. 金属直尺

(1) 金属直尺概述　金属直尺是由一组或多组有序的标尺标记及标尺数码所构成的金属制板状的测量器具，如图 1-2 所示。

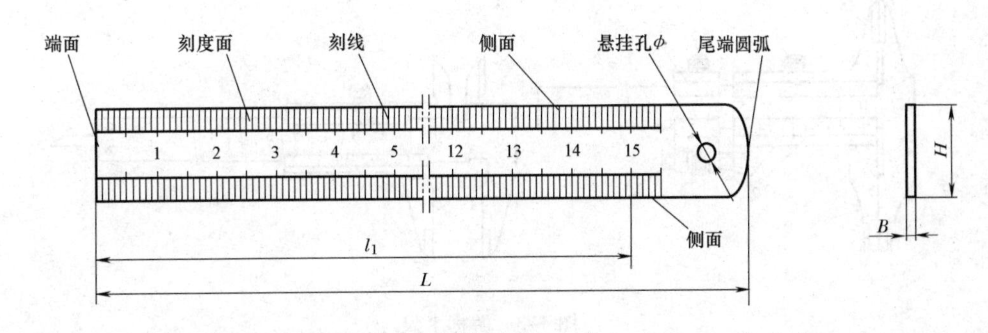

图 1-2　金属直尺

金属直尺的基本参数见表 1-2。

表1-2 金属直尺的基本参数 （单位：mm）

标称长度 *l*	全长 *L*		厚度 *B*		宽度 *H*		孔径 *ϕ*
	尺寸	偏差	尺寸	偏差	尺寸	偏差	
150	175	±5	0.5	±0.05	15或20	±0.3或±0.4	5
300	335		1.0	±0.10	25	±0.5	
500	540		1.2	±0.12	30	±0.6	
600	640		1.2	±0.12	30	±0.6	
1000	1050		1.5	±0.15	35	±0.7	7
1500	1565		2.0	±0.20	40	±0.8	
2000	2065		2.0	±0.20	40	±0.8	

金属直尺是钳工常用量具中最基本的一种。尺边平直，可以用来测量工件的长度、宽度、高度和深度，有时还可用来对一些要求较低的工件表面进行平面度误差检查。

（2）金属直尺的材料 金属直尺应选择1Cr18Ni9、1Cr13或其他类似性能的材料制造。

（3）金属直尺的硬度和表面粗糙度 金属直尺的硬度不应小于342HV，金属直尺的刻度面和背面的表面粗糙度 *Ra* 值不应大于0.8μm；侧面和端面的表面粗糙度 *Ra* 值不应大于1.6μm。

（4）金属直尺的标尺 金属直尺上每10mm应有一个标尺标数，其标尺间隔为1mm。金属直尺上的标尺标记应清晰，标尺标记的宽度应在0.10~0.25mm，标尺标记间的最大宽度差不应大于0.04mm。

金属直尺上的0.5mm、1mm、5mm和10mm的标尺标记应分别用能够区分的短、长、较长和最长的四种长度刻线来标记。

标尺长度为150mm的金属直尺，宜在0~50mm的长度上标有0.5mm的标尺标记。

2. 游标卡尺

游标卡尺是一种中等精度的量具，可以直接测量出工件的内径、外径、长度、宽度、深度等。

（1）游标卡尺的结构 游标卡尺可分为三用游标卡尺和双面量爪游标卡尺两种，其主要由尺身、游标、内量爪、外量爪、深度尺、锁紧螺钉等组成，如图1-3所示。

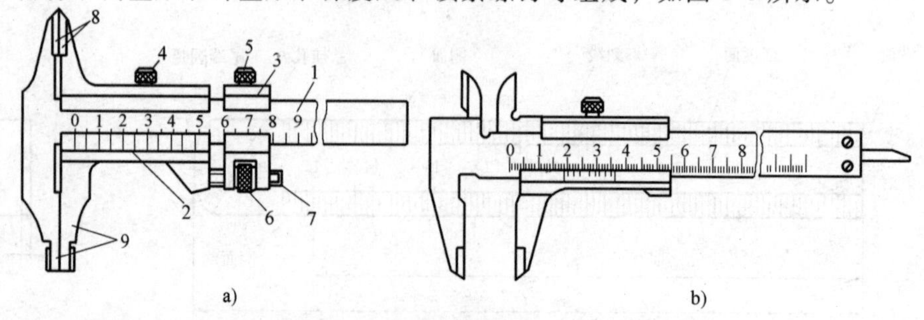

图1-3 游标卡尺

a）可微量调节的游标卡尺 b）带深度尺的游标卡尺

1—尺身 2—游标 3—辅助游标 4、5—锁紧螺钉 6—微调螺母 7—小螺杆 8—外量爪 9—内量爪

（2）游标卡尺的刻线原理与读数方法　常用游标卡尺的测量精度按游标每格的读数值有0.02mm（1/50）和0.05mm（1/20）两种。

1）刻线原理。

① 0.02mm游标卡尺的刻线原理：尺身每小格为1mm，当两测量爪合并时，游标上的50格刚好与尺身上的49mm对正。尺身与游标每格之差为（1-49/50）mm＝0.02mm，此差值即为0.02mm游标卡尺的测量精度，如图1-4a所示。

② 0.05mm游标卡尺的刻线原理：尺身每小格为1mm，当两测量爪合并时，游标上的20格刚好与尺身上的19mm对正。尺身与游标每格之差为（1-19/20）mm＝0.05mm，此差值即为0.05mm游标卡尺的测量精度，如图1-4b所示。

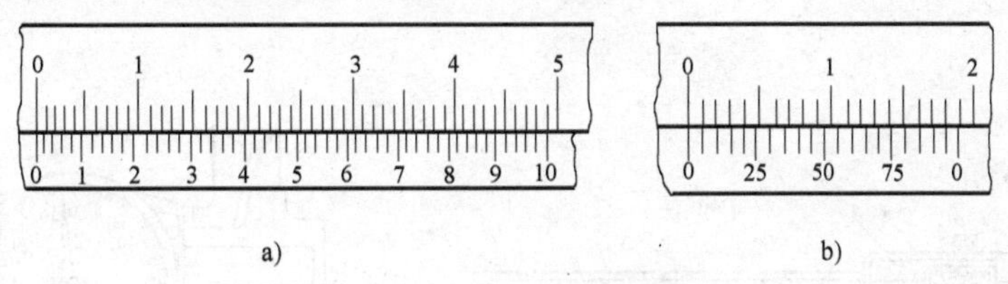

图1-4　游标卡尺刻线原理

a）0.02mm的游标卡尺　b）0.05mm的游标卡尺

2）读数方法。游标卡尺是以游标零线为基准进行读数的，其读数步骤为：

① 读整数。在尺身上读出位于游标零线左边最接近的整数游标读数值（mm）。

② 读小数。用游标上与尺身刻线对齐的刻线格数，乘以游标卡尺的测量精度值，读出小数部分。

③ 求和。将两项读数值相加，即为被测尺寸，如图1-5所示。

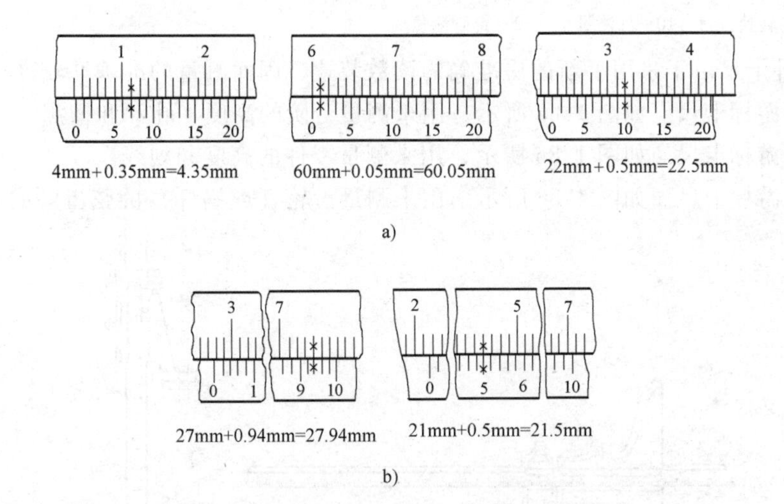

图1-5　游标卡尺的读数

a）测量精度为0.05mm游标卡尺读数方法　b）测量精度为0.02mm游标卡尺读数方法

（3）游标卡尺的测量范围和精度　三用游标卡尺按测量范围有0～125mm和0～150mm两种；双面量爪游标卡尺按测量范围有0～200mm和0～300mm两种。表1-3为游标卡尺的适用范围。

表 1-3　游标卡尺的适用范围

测量精度/mm	适用范围
0.02	IT11~IT15
0.05	IT12~IT15

（4）其他游标卡尺

1）电子数显卡尺及带表卡尺。电子数显卡尺如图 1-6 所示。其特点是读数直观准确，使用方便而且功能多样。当电子数显卡尺测得某一尺寸时，数字显示部分就清晰地显示出测量结果。使用米制-英制转换键，可用米制和英制两种长度单位分别进行测量。图 1-7 所示为带表卡尺。

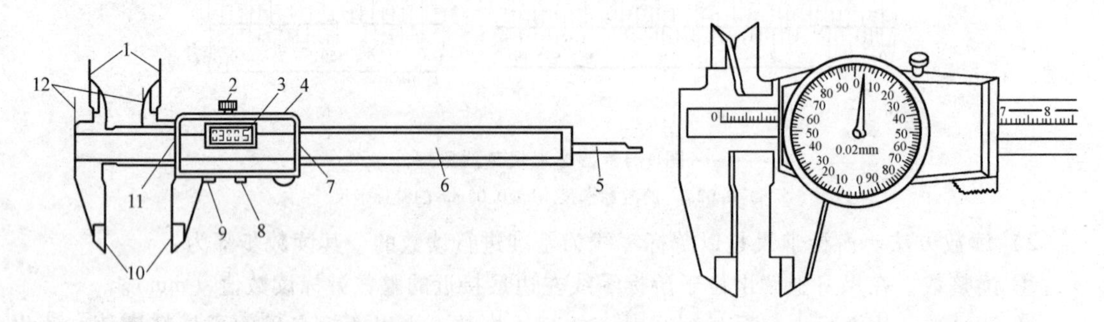

图 1-6　电子数显卡尺

1—内测量爪　2—紧固螺钉　3—液晶显示器　4—数据输出端口　5—深度尺　6—尺身　7、11—防尘板　8—置零按钮　9—米制-英制转换按钮　10—外测量爪　12—台阶测量面

图 1-7　带表卡尺

以上两种卡尺由于采用了新的更准确的读数装置，因而测量的准确性较高。

2）深度游标卡尺。如图 1-8a 所示，用来测量台阶的高度、孔深和槽深。

3）高度游标卡尺。如图 1-8b 所示，用来测量零件的高度和划线。

4）齿厚游标卡尺。如图 1-8c 所示，用来测量齿轮（或蜗杆）的弦齿厚或弦齿高。

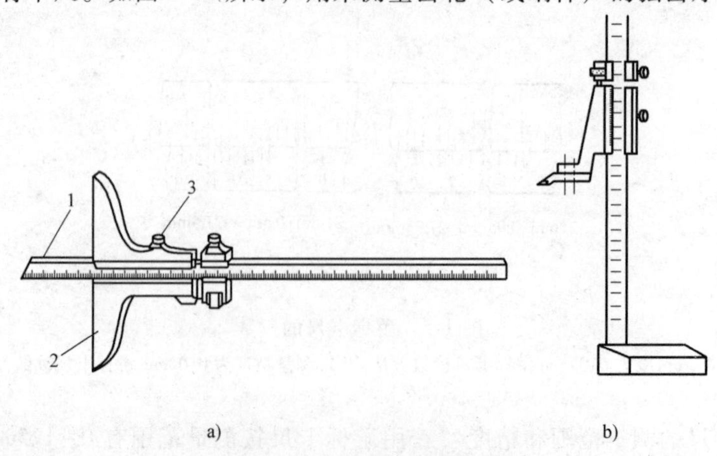

图 1-8　其他游标卡尺

a）深度游标卡尺　b）高度游标卡尺

1—尺身　2—尺框　3—螺钉

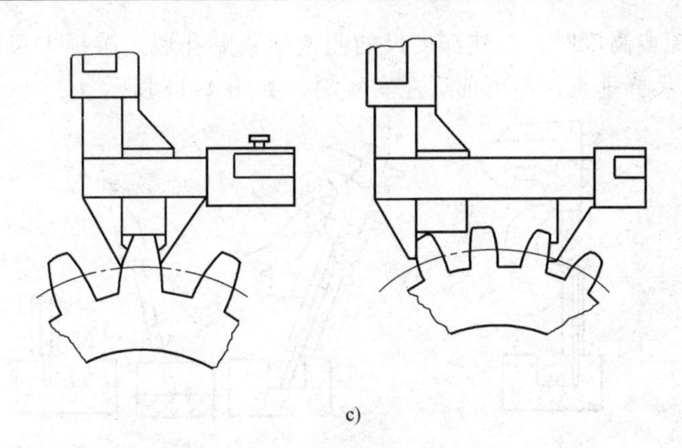

图1-8 其他游标卡尺（续）

c）齿厚游标卡尺

（5）使用游标卡尺的注意事项

1）应按工件的尺寸及精度要求选用合适的游标卡尺，不能用游标卡尺测量铸、锻件的毛坯尺寸，也不能用游标卡尺去测量精度要求过高的工件。

2）使用前要检查游标卡尺量爪和测量刃口是否平直无损，两量爪贴合时有无漏光现象，尺身和游标的零线是否对齐。

3）测量外尺寸时，量爪应张开到略大于被测尺寸，以固定量爪贴住工件，用轻微压力把活动量爪推向工件，卡尺测量面的连线应垂直于被测量表面，不能偏斜，如图1-9所示。

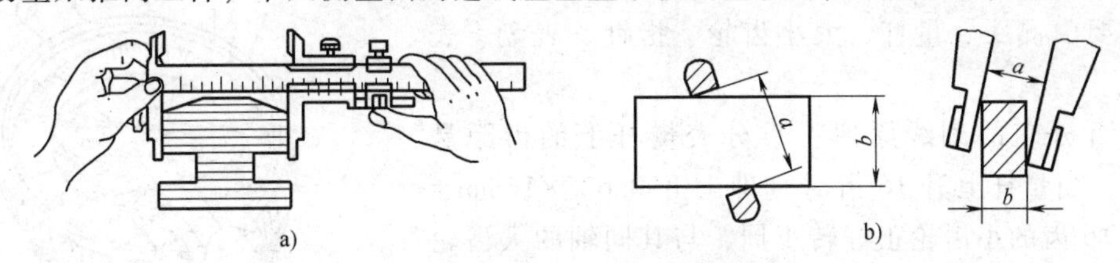

图1-9 测量外尺寸的方法

a）正确 b）错误

4）测量内尺寸时，量爪开度应略小于被测尺寸。测量时两量爪应在孔的直径上，不得倾斜，如图1-10所示。

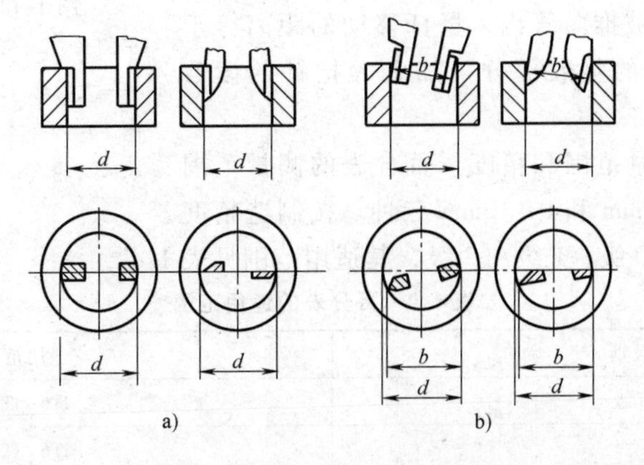

图1-10 测量内尺寸的方法

a）正确 b）错误

5）测量孔深或高度时，应使深度尺的测量面紧贴孔底，游标卡尺的端面与被测件的表面接触，且深度尺要垂直，不可前后左右倾斜，如图1-11所示。

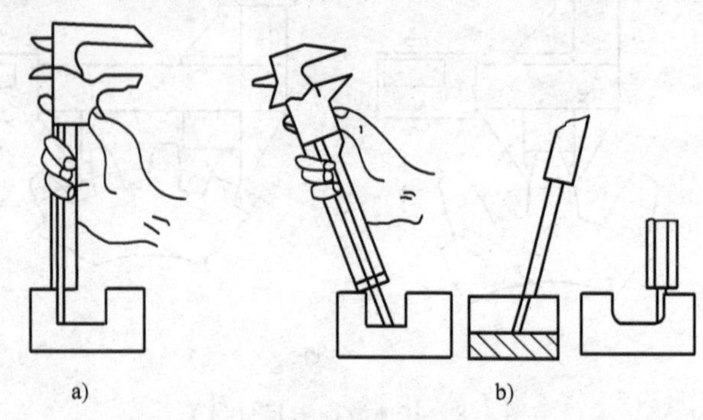

图1-11　测量孔深或高度的方法
a）正确　b）错误

6）读数时，游标卡尺置于水平位置，视线垂直于刻线表面，避免视线歪斜造成读数误差。

3. 百分表

百分表是一种指示式量仪，主要用来测量工件的尺寸、形状和位置误差，也可用于检测机床的几何精度或调整工件的装夹位置偏差。

（1）百分表的结构　百分表的外形及结构如图1-12所示，主要由测头、量杆、大小齿轮、指针、表盘、表圈等组成。

（2）百分表的刻线原理　百分表量杆上的齿距是0.625mm，当量杆上升16齿时（即上升0.625×16mm＝10mm），16齿的小齿轮正好转1周，与其同轴的大齿轮4（$z_2=100$）也转1周，从而带动齿数为10的小齿轮和长指针转10周。即当量杆向上移动1mm时，长指针转1周。由于表盘上共等分100格，所以长指针每转一格，表示量针移动0.01mm。故百分表的测量精度为0.01mm。

测量时，量杆2被推向管内，量杆移动的距离等于小指针的读数（测出的整数部分）加上大指针的读数（测出的小数部分）。

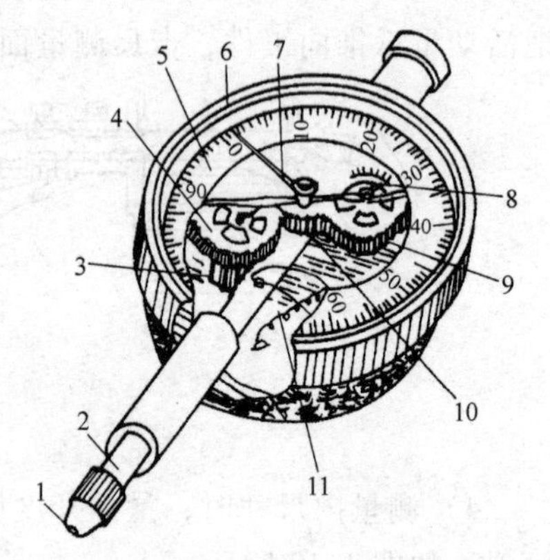

图1-12　百分表的结构
1—测头　2—量杆　3—小齿轮（$z_1=16$）　4、9—大齿轮（$z_2=100$）　5—表盘　6—表圈　7—长指针　8—短指针　10—小齿轮（$z_3=10$）　11—拉簧

（3）百分表的测量范围和精度　百分表的测量范围一般有0～3mm、0～5mm和0～10mm三种。按制造精度不同，百分表可分为0级、1级和2级，其适用范围见表1-4。

表1-4　百分表的适用范围

级别	适用范围
0级	IT6～IT14
1级	IT6～IT16
2级	IT7～IT16

（4）其他百分表

1）内径百分表。内径百分表可用来测量孔径和孔的形状误差，对于测量孔深极为方便。

内径百分表的外形与结构如图1-13所示。测量时，测头通过摆块使杆上移，推动百分表指针转动而指出读数。测量完毕，在弹簧的作用下，测头自动回位。

通过更换固定测头可改变百分表的测量范围。内径百分表的示值误差较大，一般为±0.015mm。因此，在每次测量前都必须用千分尺进行校对。

2）杠杆百分表。杠杆百分表常用于车床上找正工件的安装位置或用在普通百分表无法使用的场合。其外形如图1-14所示。

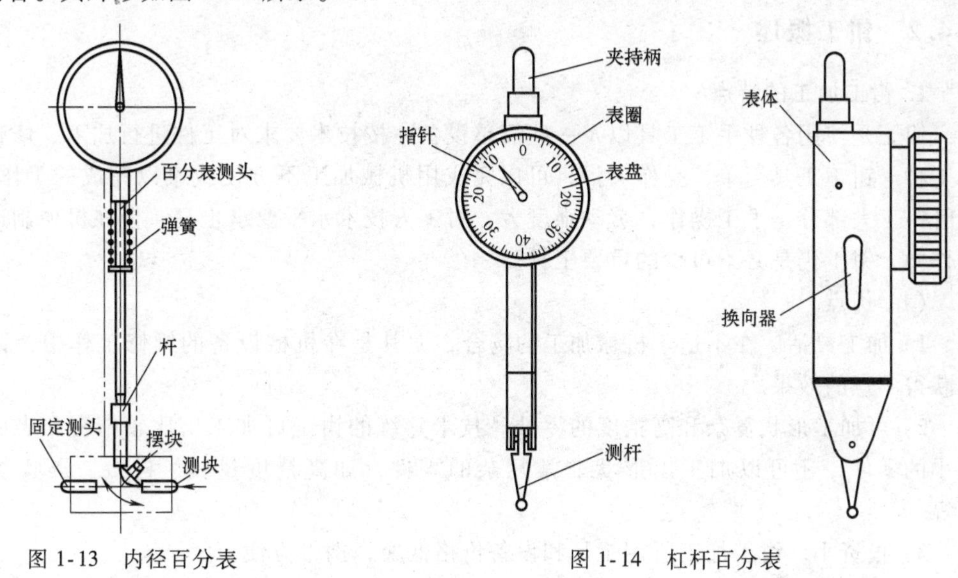

图1-13　内径百分表　　　图1-14　杠杆百分表

使用百分表的时候应注意：

① 百分表应安装在相应的表架或专门的夹具上。

② 测量平面或圆形工件时，百分表的测头应与平面垂直或与圆柱形工件轴线垂直，否则百分表量杆移动不灵活，测量结果不准确。

③ 量杆的升降范围不宜过大，以减少由于存在间隙而产生的误差。

4. 塞尺

塞尺是用来检验两个贴合面之间间隙大小的片状定值量具。它有两个平行的测量平面，每套塞尺由若干片组成，如图1-15所示。测量时，用塞尺直接塞入间隙，当一片或数片能塞进两贴合面之间时，则一片或数片的厚度（可由每片上的标记值读出）即为两贴合面的间隙值。

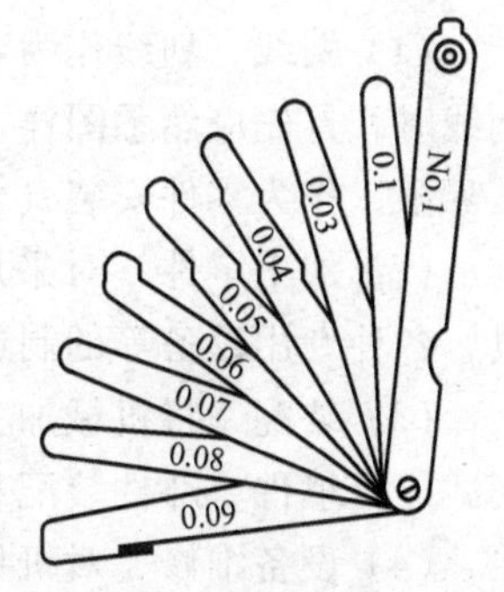

图1-15　塞尺

塞尺可单片使用，也可多片叠起来使用，但在满足所需尺寸的前提下，片数越少越好。塞尺容易弯曲和折断，测量时不能用力太大，也不能测量温度较高的工件，用完后要擦拭干净，及时合到夹板中。

5. 刀口形直尺

刀口形直尺是用光隙法检测平面零件直线度和平面度的常用量具。刀口形直尺有0级和1级精度两种，常用的规格有75mm、125mm、175mm等，如图1-16所示。

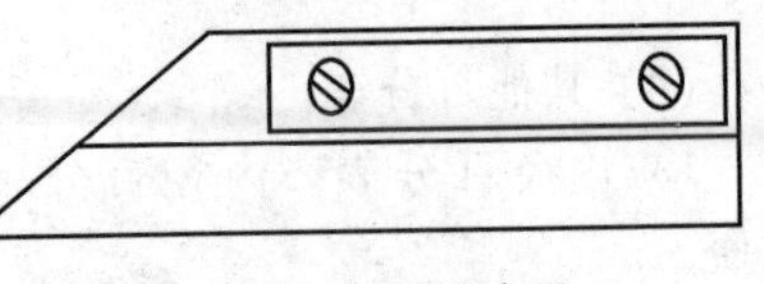
图1-16　刀口形直尺

刀口形直尺的工作刃口极易碰损，使用和存放要特别小心。若改变工件检测表面的位置时，一定要抬起刀口形直尺，使其离开工作表面，然后移到其他位置轻轻放下，严禁在工件表面上推拉移动，以免损伤精度。使用时，手握持隔热板，以免体温影响测量结果和直接握持清洗不净产生锈蚀。

1.4.2　钳工概述

1. 钳工加工的特点

钳工是使用各种手工工具以及一些简单设备，按技术要求对工件进行加工、修整、装配的工种。钳工工具简单，操作灵活，可以完成用机械加工不方便或难以完成的工作。因此，尽管钳工大部分是手工操作，劳动强度大，对工人技术水平要求也高，但在机械制造和修配工作中，钳工仍是必不可少的重要工种。

（1）优点

1）加工灵活。在不适于机械加工的场合，尤其是在机械设备的维修工作中，钳工加工可获得满意的效果。

2）可加工形状复杂和高精度的零件。技术熟练的钳工可加工出比较精密和表面粗糙度值小的零件，还可以加工出形状非常复杂的零件，如高精度量具、样板、形状复杂的模具等。

3）投资小。钳工加工所用工具和设备价格低廉，携带方便。

（2）缺点

1）生产率低，劳动强度大。

2）加工质量不稳定。加工质量的高低受工人技术熟练程度的影响。

2. 钳工的主要任务

钳工的工作范围很广，工作任务主要有划线、加工零件、装配、设备维修和创新技术。

（1）划线　划线作为零件加工的首道工序，对零件的加工质量有着直接的影响。钳工在划线时，首先应熟悉图样，合理使用划线工具，按照划线步骤在待加工工件上划出零件的加工界限，作为零件安装（定位）、加工的依据。

（2）加工零件　对采用机械加工方法不太适宜或不能解决的零件以及各种工、夹、量具，各种专用设备等的制造要通过钳工工作来完成。

（3）装配　将机械加工好的零件按图样规定的各项技术指标和精度要求通过适当的连接形式进行组件、部件装配和总装配，使之成为一台完整的机器。

（4）设备维修　对机械设备在使用过程中出现损坏、产生故障或长期使用后失去使用精度的零件要通过钳工进行修复、调整，使机器或零件恢复到原来的精度和性能要求。

（5）创新技术　为了提高劳动生产率和产品质量，不断进行技术革新，改进工具和工艺，也是钳工的重要任务。

3. 钳工的分类

随着机械工业的发展，钳工的工作范围日益扩大，专业分工更细，因此钳工分成了普通钳工（装配钳工）、机修钳工、模具钳工（工具制造钳工）等。

（1）普通钳工（装配钳工）　主要从事机器或部件的装配和调整工作，以及一些零件的钳工加工工作。

（2）机修钳工　主要从事各种机器设备的维修工作。

（3）模具钳工（工具制造钳工）　主要从事模具、工具、量具及样板的制作。

4. 钳工的常用设备

（1）钳台　钳台（钳桌）用来安装台虎钳，放置工具和工件等，如图1-17a所示。钳台高度为800~900mm，装上台虎钳后，钳口高度恰好与肘齐平为宜，即肘放在台虎钳最高点半握拳，拳刚好抵下颚，如图1-17b所示，长度和宽度随工作需要而定。

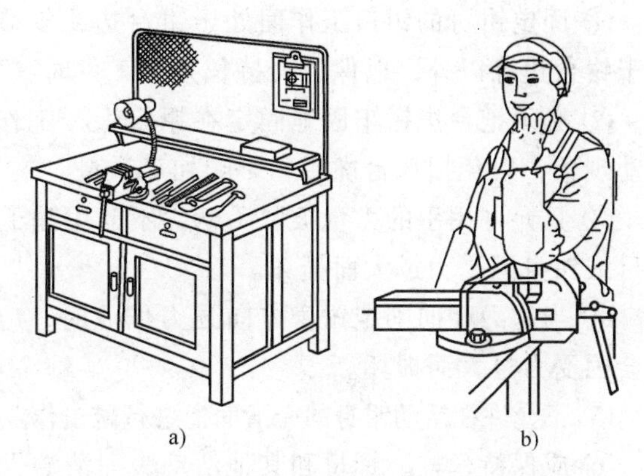

图1-17　钳台（钳桌）及台虎钳的合适高度

（2）台虎钳　台虎钳用来夹持工件。

1）台虎钳分固定式（图1-18a）和回转式（图1-18）两种结构类型。

2）台虎钳的规格以钳口的宽度表示，有100mm、125mm、150mm等。

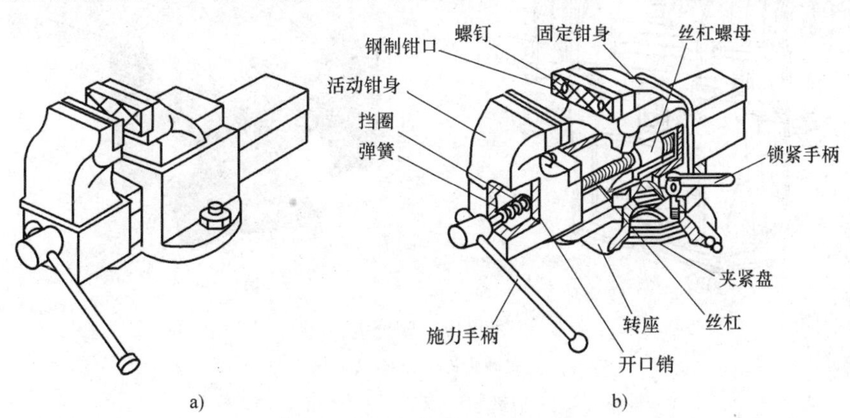

图1-18　台虎钳

a）固定式　b）回转式

3）回转式台虎钳的结构和工作原理。

① 结构。回转式台虎钳主要由活动钳身、固定钳身、丝杠、丝杠螺母、施力手柄、弹簧、挡圈、开口销、钢制钳口、螺钉、转座、锁紧手柄以及夹紧盘等组成。

② 工作原理。活动钳身通过导轨与固定钳身的导轨孔作滑动配合。丝杠装在活动钳身上，可以旋转，但不能轴向移动，并与安装在固定钳身内的丝杠螺母配合。当摇动手柄使丝杠旋转，就可带动活动钳身相对于固定钳身做轴向移动，起夹紧或放松工件的作用。弹簧借助挡圈和开口销固定在丝杠上，其作用是当放松丝杠时，可使活动钳身能及时地退出。在固

定钳身和活动钳身上，各装有钢制钳口，并用螺钉固定，钳口的工作面上制有交叉的网纹，使工件夹紧后不易产生滑动，钳口经过热处理淬硬，具有较好的耐磨性。固定钳身装在转座上，并能绕转座轴心线转动，当转到要求的方向时，扳动手柄使夹紧螺钉旋紧，便可在夹紧盘的作用下把固定钳身固定不动。转座上有三个螺栓孔，用以通过螺栓与钳桌固定。

4）台虎钳的使用要求。

① 固定钳身的钳口工作面处于钳台边缘安装台虎钳时，必须使固定钳身的钳口工作面处于钳台边缘以外，以保证夹持长条形工件时，工件的下端不受钳台边缘的阻碍。

② 必须把台虎钳牢固地固定在钳台上，工作时两个夹紧螺钉必须扳紧，保证钳身没有松动现象，以免损坏台虎钳和影响加工质量。

③ 只允许用手的力量扳紧手柄，不能用锤子敲击手柄或套上长管子扳手柄，以免丝杠、螺母或钳身因受力过大而损坏。

④ 当施力朝向固定钳身方向强力作业时，应尽量使力量朝向固定钳身，否则丝杠和螺母会因受力过大而损坏。

⑤ 不允许在活动钳身的光滑面上进行敲击作业，以免降低活动钳身与固定钳身的配合性能。

⑥ 应保持丝杠、螺母和其他活动表面清洁，应经常加润滑油和防锈。

（3）砂轮机　砂轮机用来刃磨刀具和工具。

1）砂轮机由电动机、砂轮、机体（机座）、托架和防护罩组成，如图1-19所示。

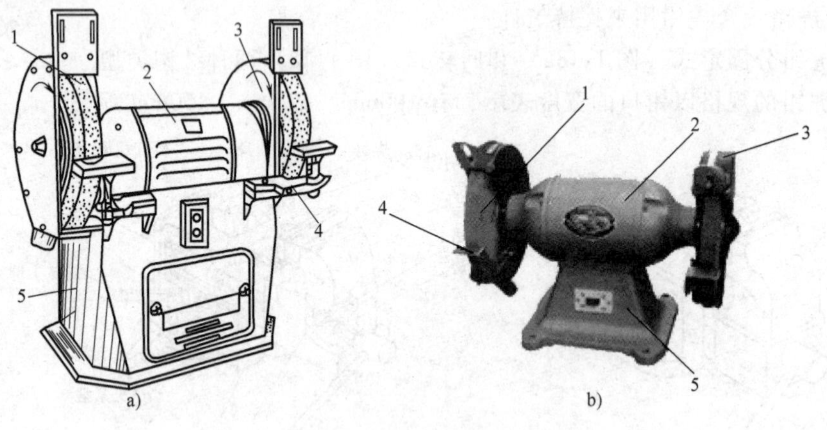

图1-19　砂轮机

a）立式砂轮机　b）台式砂轮机

1—砂轮　2—电动机　3—防护罩　4—托架　5—机座

2）砂轮机的使用要求。

① 砂轮转动要平稳。砂轮质地较脆，工作时转速很高，使用砂轮时应遵守安全操作规程，严防发生砂轮碎裂造成人身事故。因此，安装砂轮时一定要使砂轮保持平衡，装好后必须先试转3~4min，检查砂轮转动是否平稳，有无振动和其他不良现象。砂轮机起动后，应先观察运转情况，待转速正常后方可进行磨削。

② 砂轮的旋转方向应能够使磨屑向下飞向地面，使用砂轮时，要戴好防护眼镜。

③ 砂轮机在使用时，不准将磨削件与砂轮猛烈撞击或施加过大的压力以免砂轮碎裂。

④ 磨削时，操作者应站立在砂轮的侧面或斜侧位置，不要站在砂轮的正面。

⑤ 应保持砂轮表面平整，发现砂轮表面严重跳动，应及时修整。

⑥ 砂轮机的托架与砂轮间的距离一般应保持在3mm以内，以免发生磨削件轧入而使砂轮破裂。

⑦ 应定期检查砂轮有无裂纹，两端螺母是否锁紧。

（4）钻床　钻床是用来对工件进行孔加工的设备，有台式钻床、立式钻床和摇臂钻床等。

5. 常用工、量具和刃具

（1）常用工具和刃具　划线用的划针、划线盘、划规、样冲和划线平板等；錾削用的锤子和各种錾子；锉削用的各种锉刀；锯削用的手锯和锯条；孔加工用的麻花钻、各种锪钻和铰刀；螺纹加工用的丝锥、板牙和铰杠；刮削用的各种平面刮刀和曲面刮刀；各种扳手和旋具等。

（2）常用量具　常用量具有金属直尺、刀口形直尺、游标卡尺、千分尺、游标万能角度尺、塞尺和百分表等。

6. 钳工的应用范围

1）机械加工前的准备工作，如清理毛坯、在工件上划线等。

2）在单件小批生产中，制造一般的零件。

3）加工精密零件，如样板、模具的精加工，刮削或研磨机器和量具的配合表面等。

7. 钳工的安全操作技术

（1）环境要求

1）主要设备的布局要合理。

2）毛坯和工件要摆放整齐，便于工作。

3）合理、整齐存放工具。

4）工作场地应经常保持整洁。

（2）安全规则、钳工的工作场地和安全、文明生产知识　合理组织钳工的工作场地，是提高劳动生产率，保证产品质量和安全生产的一项重要措施。钳工的工作场地一般应当具备以下要求：常用设备布局安全、合理，光线充足，远离振源，道路畅通，起重、运输设施安全可靠等。

在现代工业生产中，作为一名钳工，要增强“安全第一，预防为主”的意识，严格遵守安全操作规程，养成文明生产的良好习惯，避免疏忽大意而造成人身事故和国家财产的重大损失。

（3）安全生产

1）工作时必须穿戴防护用品，否则不准上岗。

2）不得擅自使用不熟悉的设备和工具，而且工具必须牢固可靠。

3）使用电动工具，插头必须完好，外壳接地，并应配戴绝缘手套、胶靴，防止触电。如发现防护用具失效，应立即修补或更换。

4）多人作业时，必须有专人指挥调度，密切配合。

5）使用起重设备时，应遵守起重工安全操作规程。在吊起的工件下面，禁止进行任何操作。

6）高空作业必须戴安全帽，系安全带。不准上下投递工具或零件。

7）易滚易翻的工件，应放置牢靠，搬动工件要轻放。

8）试车前要检查电源连接是否正确，各部分的手柄、行程开关、撞块等是否灵敏可靠，传动系统的安全防护装置是否齐全，确认无误后方可开车运行。

9）使用的工、夹、量器具应分类依次排列整齐，常用的放在工作位置附近，但不要置于钳台的边缘处。精密量具要轻取轻放，工、夹、量器具在工具箱内应放固定位置，整齐安放。

10）清除切屑要用刷子，不得用嘴吹。

11）工作场地应保持整洁。工作完毕，对所使用的工具、设备都应按要求进行清理、润滑。

1.4.3　划线

1. 划线概述

在某些工件的毛坯或半成品上按零件图样要求的尺寸划出加工界线或作为找正检查依据的辅助线，这种操作方法叫作划线。

（1）划线的特点　根据图样的技术要求，在毛坯或工件上用划线工具划出加工界线的操作。划线是机械加工的首道工序，虽然不算加工，但能起着加工准备的作用。

（2）划线的作用

1）划线可以确定工件上各加工表面的加工位置和余量，使机械加工有明确尺寸界线。

2）能及时发现和处理不合格的毛坯，避免加工后造成损失。

3）采用借料划线可使误差不大的毛坯得到补救，提高毛坯的利用率。

4）便于复杂工件在机床上装夹，可按划线找正定位。

（3）划线的要求　划线准确与否，将直接影响产品的质量和生产率的高低。划线除要求划出的线条清晰均匀外，最重要的是保证定形、定位尺寸准确。划线精度一般为0.25~0.5mm。因此，在加工过程中，必须通过测量来保证尺寸的准确度。

（4）注意事项　不能依靠划线直接确定加工时的最后尺寸。

（5）划线的种类　划线分平面划线和立体划线。只需要在工件的一个表面上划线即能明确表示加工界线的，称为平面划线，如图1-20所示。需要在工件的几个互成不同角度（通常是互相垂直）的表面上划线，才能明确表示加工界线的，称为立体划线，如图1-21所示。在进入粗、精加工时，需要凭借划出的基准线和加工界线，作为找正和加工的依据。

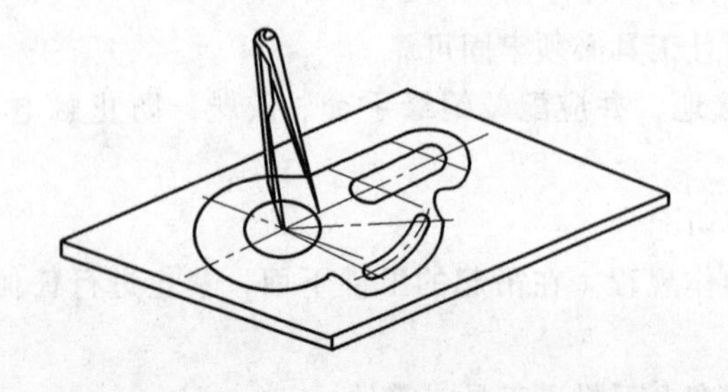

图1-20　平面划线

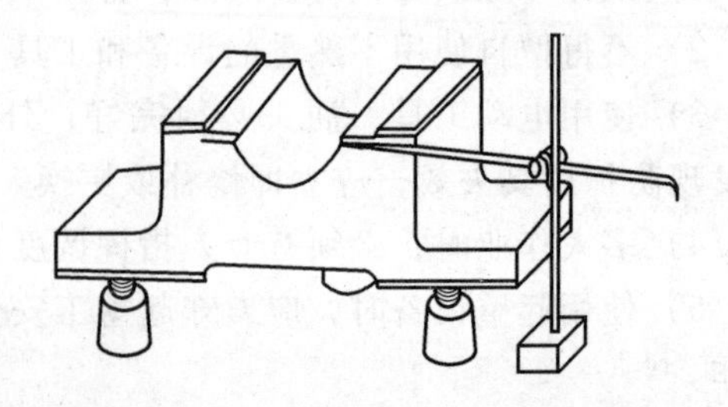

图1-21　立体划线

2. 平面划线工具

(1) 基准工具——划线平台

1) 划线平台的作用。划线平台（划线平板）用来安放工件和划线工具并完成划线过程，如图1-22所示。

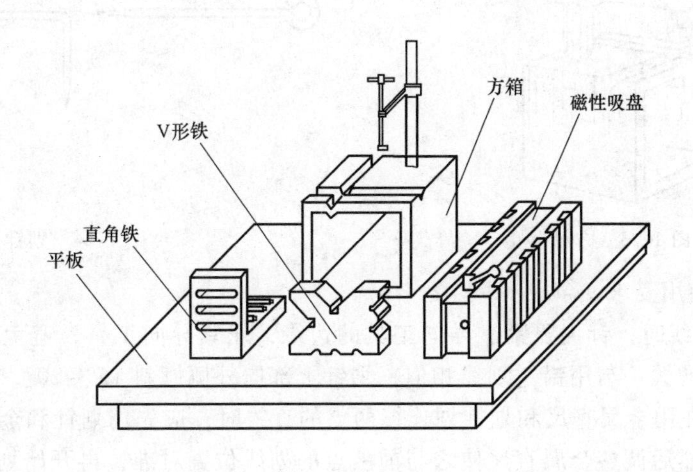

图1-22　划线平台

2) 划线平台的制造材料　划线平台一般由铸铁制成，工作表面经过精刨或刮削等精加工，作为划线时的基准平面，其平整性直接影响划线的质量。划线平台一般用木架搁置，放置时必须使平台工作表面处于水平位置。

3) 划线平台的使用要求。

① 安放划线平台时要平稳牢固，要使上表面保持水平状态，以免倾斜后发生变形。使用时要随时保持平台工作表面清洁，避免切屑、灰砂等污物在划线工具或工件的拖动下划伤平台表面，影响划线精度。用后要擦拭干净，并涂上机油防锈。

② 工件和工具在平台上都要轻拿轻放，尤其要防止重物撞击平台和在平台上进行敲击工作而损伤平台工作表面。

③ 平台工作面要均匀使用。

④ 应定期对平台进行检查，调整研修。

(2) 方箱　方箱是一个由铸铁制成的空心立方体，每个面均经过精加工，相邻平面互相垂直，相对平面互相平行。一般附有夹持装置和制有V形槽。用夹紧装置把小型工件固定在方箱上，划线时只要把方箱翻转90°，就可把工件上互相垂直的线在一次安装中全部划出，如图1-23所示。

(3) 划针

1) 划针的作用。划针用来直接在工件上划线条，划线时一般要与金属直尺、直角尺、三角尺或样板等导向工具配合使用。

2) 划针的制造材料。划针通常是用弹簧钢丝或工具钢制成，一般直径为$\phi3\sim\phi5$mm，长度为200~300mm，将尖端磨成10°~20°的尖角，并经热处理淬火使之硬化，以提高耐磨性。同时保证划出的线条宽度在0.05~0.1mm。一般用于钻孔定中心时，尖角取大值，这样就不容易磨损变钝。在铸件、锻件等加工表面划线时，可以使用尖端焊有硬质合金的划针，以便长期保持划针的锋利，此时划线宽度应在0.1~0.15mm。划针如图1-24所示。

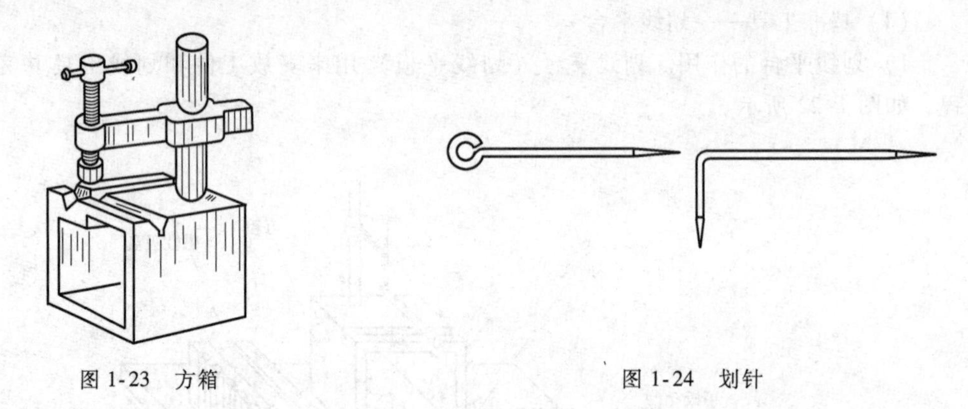

图1-23　方箱　　　　图1-24　划针

3）划针的使用要求。

① 用划针划线时，针尖要紧靠导向工具的边缘，压紧导向工具，避免滑动而影响划线的准确性。划针的握法与用铅笔划线相似，划针上部向外侧倾斜15°~20°，向划线移动方向倾斜45°~75°。在用金属直尺和划针划连接两点的直线时，应先用划针和金属直尺定好后一点的划线位置，然后调整金属直尺使之与前一点的划线位置对准，再开始划出两点的连接直线，如图1-25所示。

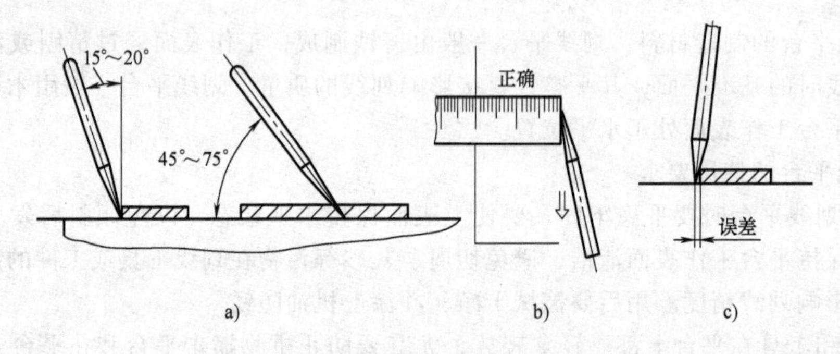

图1-25　划针的使用方法

② 水平线应自左向右划，竖直线自上向下划，倾斜线的走向趋势是自左下向右上方划，或自左上向右下划。

③ 划线时用力大小要均匀适宜。不要重复划线，用划针划线要尽量做到一次划成，使划出的线条既清晰又准确；否则线条变粗，划线模糊不清。

④ 要保持针尖锋利。只有锋利的针尖才能划出准确清晰的线条。钢丝制成的划针用钝后重磨时，要经常浸入水中冷却，以防退火变软。不用时，划针不能插在衣袋中，最好套上塑料管防止针尖外露。

（4）划规

1）划规的作用。划规用于划圆和圆弧、等分线段、等分角度以及量取尺寸等。划规和单脚划规（划卡）都是用工具钢锻造加工制成的，两脚尖端淬硬并刃磨，硬度可达48~53HRC，有的在两脚端部焊有一段硬质合金。

2）划规的种类。常用的划规有普通划规、弹簧划规、大尺寸划规及划卡等。

① 普通划规的结构简单、制造方便。铆合处松紧要适当，两脚长短要一致，过松在测量和划线时易使两脚活动，使尺寸不稳。如在普通划规上装上锁紧装置，当拧紧锁紧螺钉时，则可保持已调节好的尺寸不会松动，如图 1-26a 所示。

② 弹簧划规使用时，旋动调节螺母，使调节尺寸方便。该划规结构刚性较差，适用于在光滑表面上划线，如图 1-26b 所示。

③ 大尺寸划规又称滑杆划规，如图 1-26c 所示。

④ 单角划规（划卡）用碳素工具钢制成，尖端焊上高速钢，可用来确定轴及孔的中心位置，如图 1-26d 所示，操作比较方便，也可沿加工好的平面划平行线。

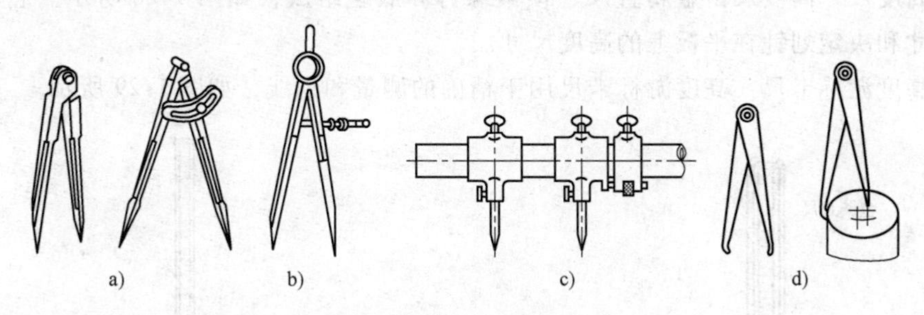

图 1-26　划规

a）普通划规　b）弹簧划规　c）大尺寸划规　d）划卡

3）划规的使用要求。使用前应将其脚尖磨锋利，脚尖要保持尖锐靠紧，旋转脚施力要大，划线脚施力要轻。划规两脚的长短要磨得稍有不同，而且两脚合拢时脚尖能靠紧，这样才可划出尺寸较小的圆弧；划规的脚尖应保持尖锐，以保证划出的线条清晰；用划规划圆时，作为旋转中心的一脚应加较大的压力，另一脚则以较轻的压力在工件表面上划出圆或圆弧。

（5）划线盘

1）划线盘的作用。划线盘用来直接划线或找正工件位置。

2）划线盘的组成。划线盘主要由底座、立柱、划针和夹紧螺母等组成。划针两端分为直头端和弯头端，直头端用来划线，弯头端常用来找正工件的位置，例如找正工件表面与划线平台表面的平行度等，如图 1-27 所示。

3）划线盘的使用要求。

① 划针夹紧牢固，呈水平状态划线时，应使划针基本处于水平位置，不要倾斜太大。划针伸出的部分应尽量短些，这样划针的刚性较好，不易产生抖动。划针的夹紧也要可靠，以避免尺寸在划线过程中有变动。

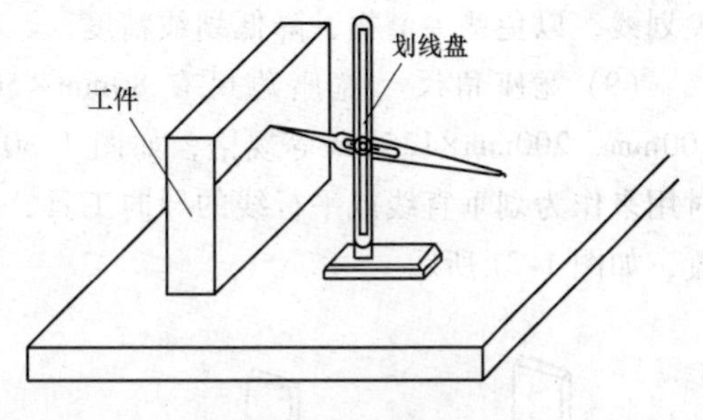

图 1-27　划线盘

② 划针沿划线方向要倾斜，划针与工件的划线表面之间沿划线方向要倾斜一定角度（40°~60°），这样可以减少划线阻力和防止针尖扎入工件表面。在用划线盘划较长直线时，应采用分段连接划法，这样可对各段的首尾作校对检查，避免在划线过程中由于划针的弹性变形和划线盘本身的移动造成划线误差。

③ 要紧贴平板表面平稳地拖动划线盘底座，在划线过程中，要拖动划线盘底座时，应使它与平台台面紧紧接触，无摇晃或跳动现象。为使底座在划线时拖动方便，还要求底座与

平台的接触面保持清洁，以减少阻力。

④ 划线盘使用完毕后，应使划针置于垂直状态，并使直头端向下，以防伤人和减少所占的空间位置。

（6）金属直尺

金属直尺主要用来量取尺寸、测量工件以及用作划直线时的导向工具。

金属直尺是一种简单的尺寸量具。在尺面上刻有尺寸刻线，最小刻线距为0.5mm，其长度规格有150mm、300mm、1000mm等多种。

（7）高度尺　高度尺由金属直尺、锁紧螺钉和底座组成，如图1-28所示。它配合划线盘量取尺寸和决定划针在平板上的高度尺寸。

（8）高度游标卡尺　高度游标卡尺用于精确的测量和划线，如图1-29所示。

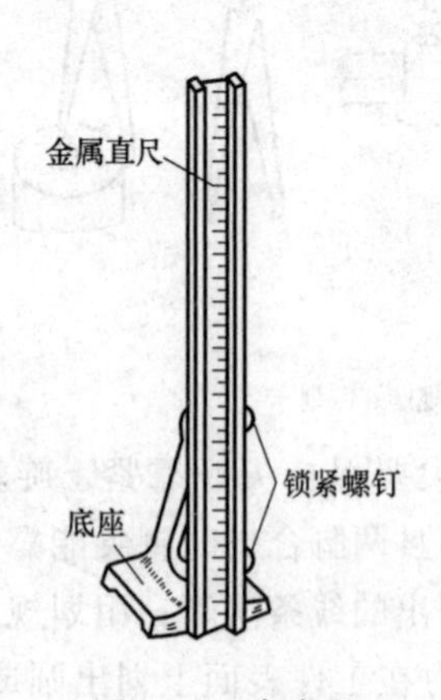

图1-28　高度尺

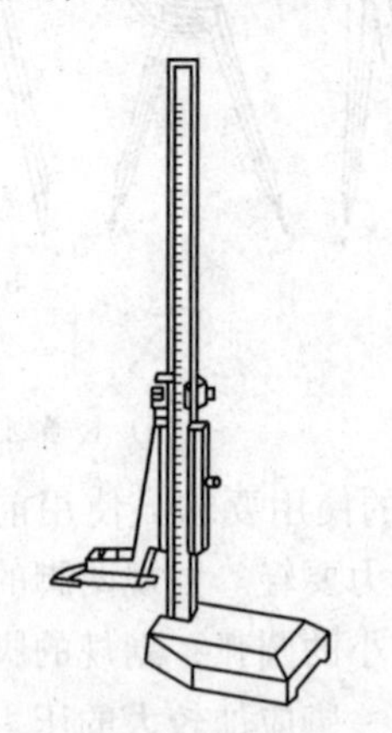
图1-29　高度游标卡尺

高度游标卡尺是高度尺和划线盘的组合，是一种比较精密的量具及划线工具，既可用来测量工件的高度，又可以用量爪直接划线，它的划线量爪前端镶有硬质合金，它的读数精度一般为0.02mm，划线精度可达0.1mm左右，一般限于半成品划线。若在毛坯上划线，易损坏其硬质合金的划线脚。使用时，应使量爪垂直于工件表面一次划出，而不能用量爪的两侧尖划线，以免侧尖磨损，降低划线精度。

（9）宽座角尺　宽座角尺有80mm×50mm、100mm×63mm、125mm×80mm、160mm×100mm、200mm×125mm等规格，如图1-30所示。宽座角尺是钳工常用的测量工具，划线时用来作为划垂直线或平行线的导向工具，同时可用来找正工件平面在划线平台上的垂直位置，如图1-31所示。

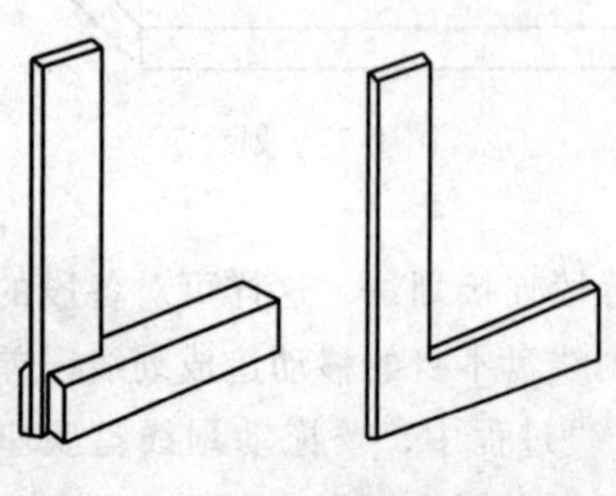
图1-30　宽座角尺

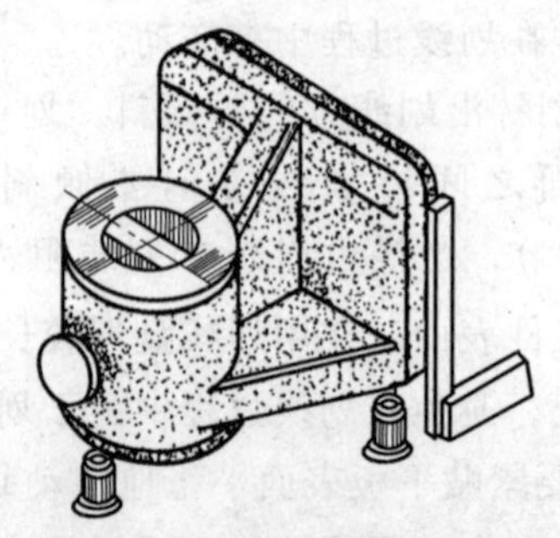
图1-31　用宽座角尺找正工件

（10）角度规　用于划角度线。

（11）样冲

1）样冲的作用。样冲用于在工件已划好的加工线条上冲点，作为加强界限标志（称检验样冲点），以保存所划的线条。冲眼的目的是使划出来的线条具有永久性的标记，同时用划规划圆和确定钻孔中心时也需要打上样冲眼作为圆心的定点。在使用划规划圆弧或钻孔前，也要先用样冲在圆心上冲眼，作为划规定心脚的立脚点或用于钻孔定中心（称中心样冲点），如图1-32所示。

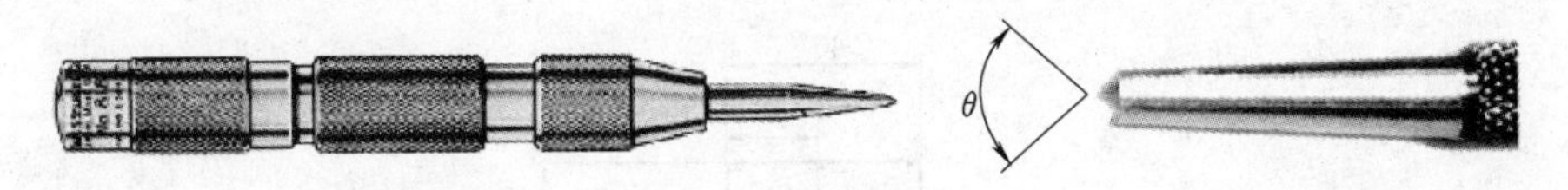

图1-32　样冲

2）样冲的制造材料。样冲一般用工具钢制成，尖端处淬硬，其顶尖角度在用于加强界限标记时大约为40°，用于钻孔定中心时约取60°。

3）冲点方法。先将样冲外倾使其尖端对准线的正中，然后再将样冲立直冲点。冲点时先轻打一个印痕，检查无误后再重打冲点以保证冲眼在线的正当中。

4）冲眼的位置和深度。冲点要求位置准确，深浅适当，中点不可偏离线条；在曲线上冲点距离要小些；在直线上冲点距离可大些，但短直线至少有三个冲点；在线条的交叉转折处则必须冲点；如直径小于20mm的圆周线上应有4个冲点，而直径大于20mm的圆周线上应有8个以上冲点；冲点的深浅要掌握适当，在薄壁上或光滑表面上冲点要浅，粗糙表面上要深些，而精加工表面绝不可以打上冲眼，如图1-33所示。

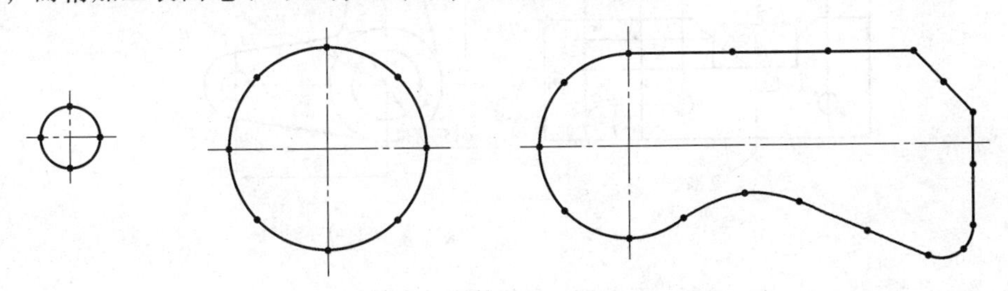

图1-33　冲眼要点

3. 划线基准的选择

（1）划线基准的选择　基准是指图样（或工件）上用来确定其他点、线、面位置的依据。

设计时，在图样上所选定的用来确定其他点、线、面位置的基准，称为设计基准。

划线时，在工件上所选定的用来确定工件上的各部分尺寸、几何形状和相对位置的点、线、面位置的基准，称为划线基准。划线应从划线基准开始。划线基准选择的基本原则是应尽可能使划线基准与设计基准相一致。

划线基准就是划线时的起始位置，也就是划线时，工件上用来确定其他点、线、面位置时所依据的点、线或面。通常，选择工件的平面、对称中心面或线、重要工作面作为划线基准。

合理地选择划线基准是做好划线工作的关键。只有划线基准选择得好，才能提高划线的质量和效率，以及相应提高工件合格率。

虽然工件的结构和几何形状各不相同，但是任何工件的几何形状都是由点、线、面构成的。因此，不同工件的划线基准虽有差异但都离不开点、线、面的范围。

划线基准的选择类型有以下三种：

1）以两个互相垂直的平面或直线作为划线基准，如图 1-34a 所示。

2）以一个平面和一条中心线作为划线基准，如图 1-34b 所示。

3）以两个互相垂直的中心平面或直线作为划线基准，如图 1-34c 所示。

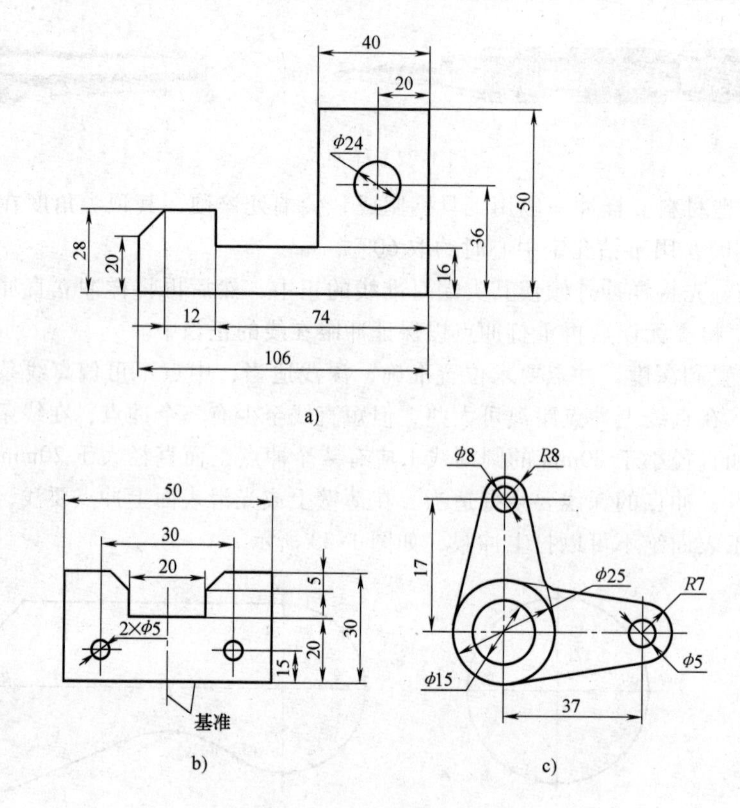

图 1-34 划线基准的选择

a）以两个互相垂直的平面或直线作为基准 b）以一个平面和一条中心线作为基准 c）以两个互相垂直的中心平面或直线作为基准

由于划线时，零件的每一个方向的尺寸都需要一个基准，因此，平面划线时一般选两个划线基准，而立体划线时一般要选择三个划线基准。

（2）划线基准的选择原则

1）划线基准应尽量与设计基准重合。

2）对称形状的工件，应以对称中心线作为基准。

3）有孔或凸台的工件，应以主要的孔或凸台中心线作为基准。

4）在未加工的毛坯上划线，应以主要不加工面作为基准。

5）在加工过的工件上划线，应以加工过的表面作为基准。

4. 划线前的准备工作

1）阅读图样。初步检查工件的形状尺寸，在划线前，要仔细阅读图样，详细了解工件

上需要划线的部位，明确工件及其划线的有关部分的作用和要求，了解有关工件的加工工艺。按照图样初步检查毛坯的误差情况，检查毛坯尺寸是否能保证所有要加工的表面均有足够的加工余量，不加工表面是否存在图样上不允许的缺陷（如气孔、裂纹等）。

2）工件的清理及检查　对铸、锻毛坯件，应将型砂、毛刺、氧化皮除掉，并用钢丝刷刷净，对已生锈的半成品，将浮锈刷掉。

3）工件的涂色。

① 为了使划出的线条清楚，一般都要在工件的划线部位涂上一层涂料。涂色时，涂层厚度要薄，且均匀，太厚的涂层反而容易脱落。

② 划线的涂料常用的有石灰水、蓝油和硫酸铜溶液。在石灰水中加入适量的牛皮胶来增加附着力，一般用于表面粗糙的铸、锻件毛坯上的划线；蓝油用于已加工表面上的划线，硫酸铜溶液用于在形状复杂的工件上划线，也可在工件上涂粉笔墨汁等。

4）在工件孔中心装中心塞块。当在有孔的工件上划圆或等分圆周时，为了在求圆心时能固定划规的一脚，须在孔中塞入塞块。

常用的塞块有铅条、木块或可以调的塞块。铅条用于较小的孔，木块和可以调的塞块用于较大的孔。

5）擦净划线平板，准备好划线工具。

5. 划线的步骤

1）看清图样。

2）初步检查毛坯的误差情况，清理工件并涂色。

3）根据工件的形状及尺寸标注情况，确定合适的划线基准。

4）正确安放工件和选用工具。

5）划线。

6）详细检查划线的正确性及是否有线条漏划。

7）在线条上冲眼做标记。

6. 划线时的找正与借料

（1）找正　对于毛坯工件，划线前一般要先做好找正工作。找正就是利用划线工具使工件上有关的表面与基准面（如划线平台）之间处于合适的位置。找正时应注意：

1）当工件上有不加工表面时，应按不加工表面找正后再划线，这样可使加工表面与不加工表面之间保持尺寸均匀。如图 1-35 所示，轴承架毛坯的内孔和外圆不同心，底面和 A 面不平行，划线前应找正。在划内孔加工线之前，应先以外圆（不加工）为找正依据，用单脚划规找出其中心，然后按求出的中心划出内孔的加工线，这样内孔和外圆就可达到同心要求。在划轴承座底面之前，应以 A 面（不加工）为依据，用划线盘找正成水平位置，然后划出底面加工线，这样底座各处的厚度就比较均匀。

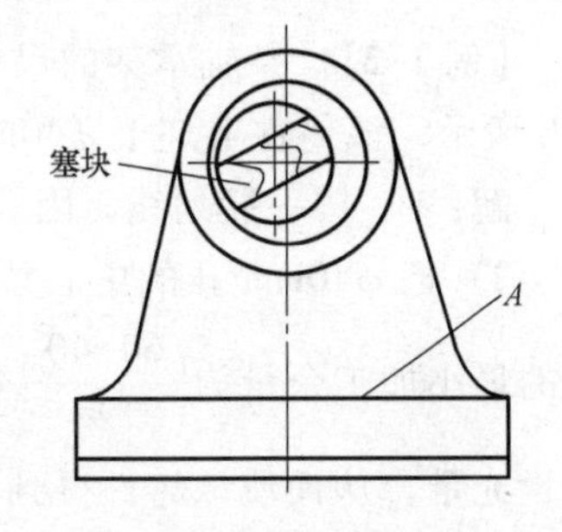

图 1-35　毛坯工件的找正

2）当工件上有两个以上的不加工表面时，应选重要的或较大的表面为找正依据，并兼顾其他不加工表面，这样可使划线后的加工表面与不加工表面之间尺寸比较均匀，而使误差集中到次要或不明显的部位。

3）当工件上没有不加工表面时，通过对各加工表面自身位置的找正后再划线，可使各加工表面的加工余量得到合理分配，避免加工余量相差悬殊。

（2）借料　当毛坯工件存在尺寸和形状误差或缺陷，使得某些加工面的加工余量不足，利用找正的方法也不能补救时，就可以通过试划和调整，将各加工表面的加工余量分配，互相借用，从而保证各加工表面都有足够的加工余量，使得各个加工表面都能顺利加工，而误差或缺陷可在加工后排除，这种补救性的划线方法称为借料。借料的一般步骤是：

1）测量工件的误差情况，找出偏移部位和测出偏移量。

2）确定借料方向和大小，合理分配各部位的加工余量，划出基准线。

3）以基准线为依据，按图样要求，依次划出其余各线。

对于借料的工件，首先要详细地测量，根据工件的各加工面的加工余量判断能否借料。若能借料，再确定借料的方向及大小，然后从基准出发开始逐一划线。若发现某一加工面余量不足，则再次借料，重新划线，直到加工面都有允许的最小加工余量为止。

【例1-1】　某套筒的锻造毛坯，其内、外圆都要加工。图1-36a所示为合格毛坯划线。如果锻造毛坯的内、外圆偏心量较大，以外圆找正划内孔加工线时，内孔加工余量不足，如图1-36b所示；按内孔找正外圆加工线，则外圆加工余量不足，如图1-36c所示。只有将内孔、外圆同时兼顾，采用借料的方法才能使内孔和外圆都有足够的加工余量，如图1-36d所示。

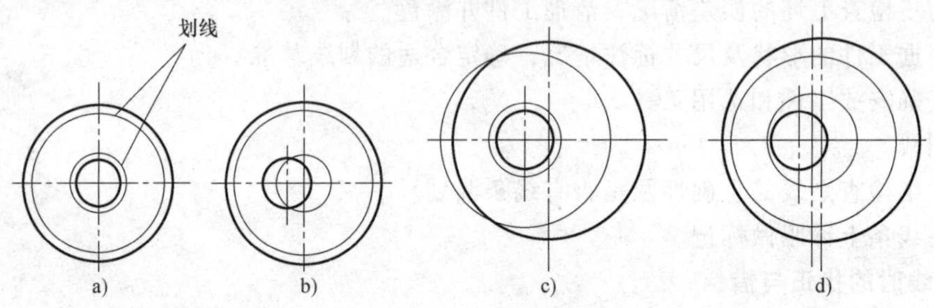

图1-36　套筒划线

a）合格毛坯划线　b）以外圆找正　c）以内孔找正　d）借料找正

【例1-2】　某轴承架的尺寸要求如图1-37a所示，铸造后的毛坯内孔出现偏心，如图1-37b所示，该铸件毛坯上ϕ40mm孔的中心向下偏移了6mm。试对轴承架坯料进行划线。

解：1）按一般划线，因孔偏移量较大，轴承架底面已没有加工余量，所以须进行借料。

2）把ϕ40mm孔的中心线向上移动（即借用）4mm，如图1-37b所示。这样，ϕ60mm孔的最小加工余量为$\left(\frac{60-40}{2}-4\right)$mm = 6mm，底面的加工余量为4mm，加工余量合理借用且余量充足，从而使该铸件得到补救。

7. 立体划线

（1）立体划线的工具及使用　同时在工件的几个不同表面上划出加工界线，叫作立体划线。除一般平面划线工具和前面已使用过的划线盘和高度尺以外，还有下列几种工具。

1）V形铁。通常是两个V形铁一起使用，夹角为90°或120°，主要用来支承轴类工件，如图1-38所示。

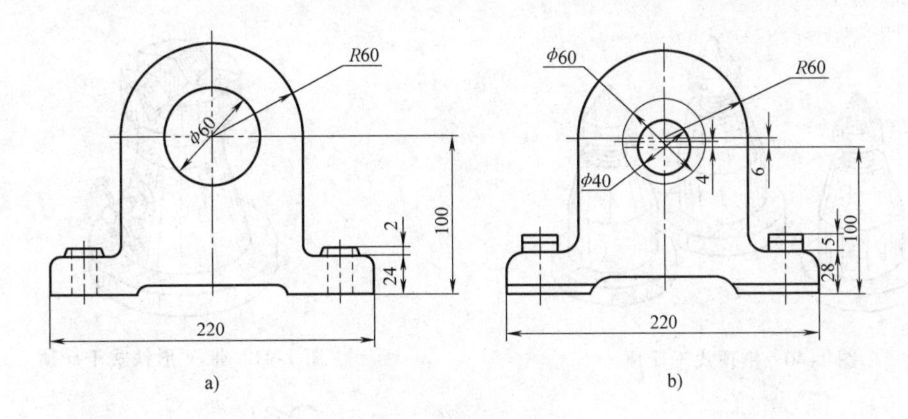

图1-37 轴承架划线

a）轴承架 b）借料划线

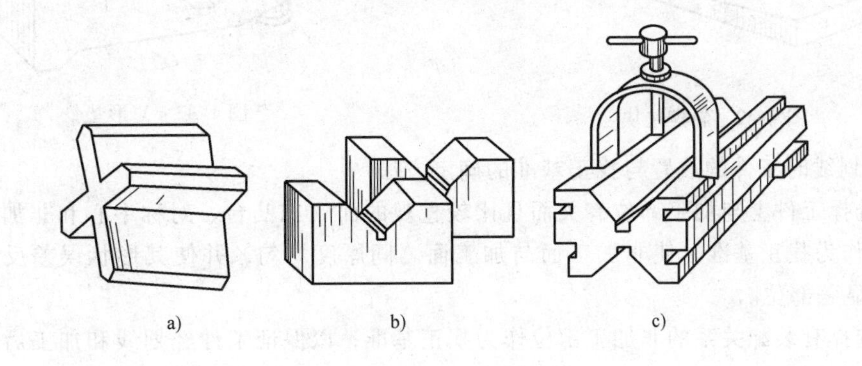

图1-38 V形铁

2）直角铁。直角铁用来夹持划线工件，一般常与压板或C形夹头配合使用。直角铁有两个互相垂直的平面。通过直角尺对工件的垂直度进行找正后，再用划线盘划线，可使所划线条与原来找正的直线或平面保持垂直，如图1-39所示。

3）调节支承工具。千斤顶用来支承形状不规则的工件以便调整高度。千斤顶通常是三个一组，要求三个千斤顶的支承点离工件的重心应尽量远，三个支承点所组成的三角形面积应尽量大。一般在工件较重的部位放两个千斤顶，较轻的部位放一个千斤顶。工件的支承点尽量不要选择在容易发生滑移的地方。

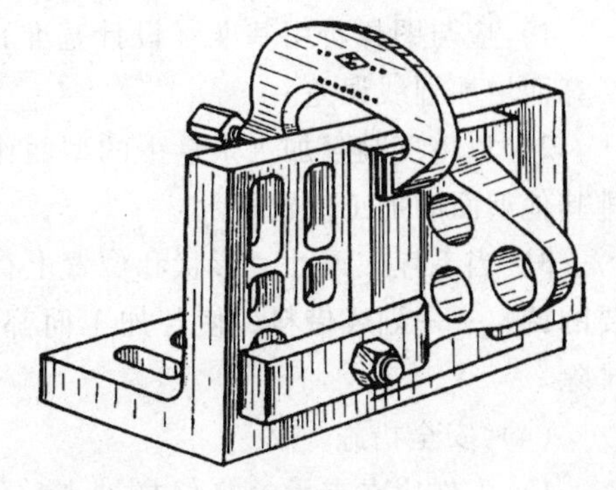

图1-39 直角铁

① 锥顶式千斤顶通常是三个一组，用于支承不规则的工件，其支承高度可作一定调整，如图1-40所示。

② 带V形铁式千斤顶用于支承工件的圆柱面，如图1-41所示。

③ 斜楔垫块和V形垫铁用于支承毛坯工件，使用方便，但只能作少量的高低调节，如图1-42和图1-43所示。

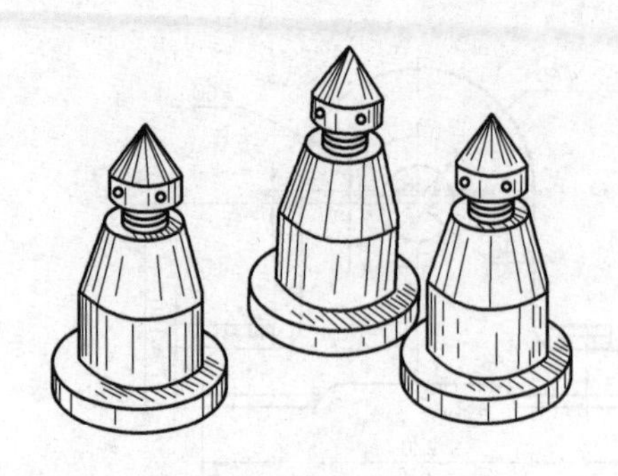

图1-40　锥顶式千斤顶

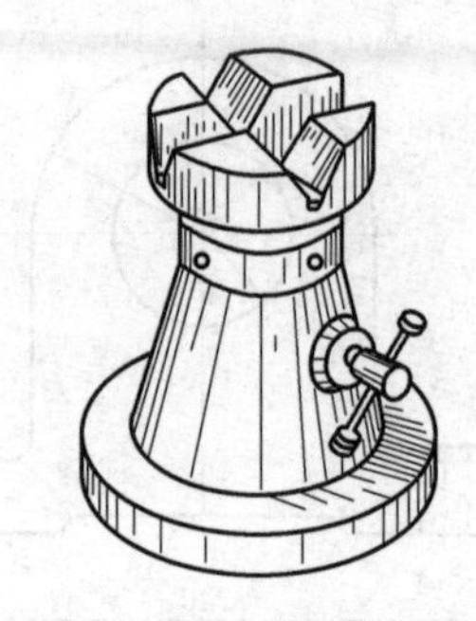

图1-41　带V形铁式千斤顶

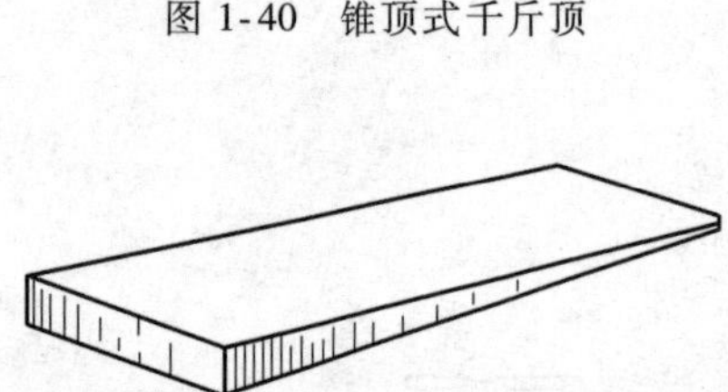

图1-42　斜楔垫块

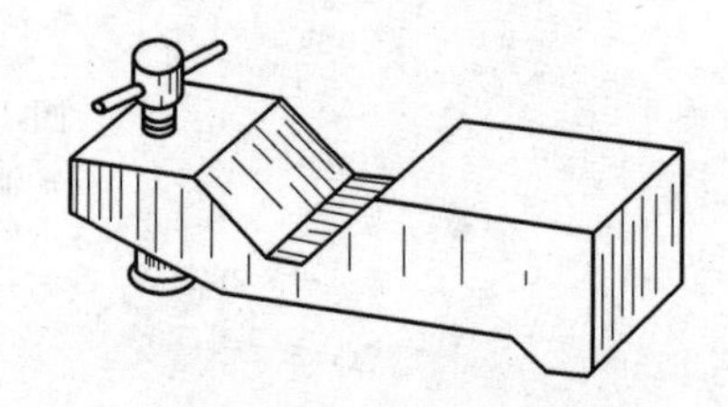

图1-43　V形垫铁

(2) 划线时工件的放置与找正基准的确定方法

1) 选择工件上与加工部位有关而且比较直观的面（如凸台、对称中心和非加工的自由表面等）作为找正基准，使非加工面与加工面之间厚度均匀，并使其形状误差反映在次要部位或不显著部位。

2) 选择有装配关系的非加工部位作为找正基准，以保证工件经划线和加工后能顺利进行装配。

3) 在多数情况下，还必须有一个与划线平台垂直或倾斜的找正基准，以保证该位置上的非加工面与加工面之间的厚度均匀。

(3) 划线步骤的确定　划线前，必须先确定各个划线表面的先后划线顺序及各位置的尺寸基准线。尺寸基准的选择原则如下：

1) 应与图样所用基准（设计基准）一致，以便能直接量取划线尺寸，避免因尺寸间的换算而增加划线误差。

2) 以精度高且加工余量少的型面作为尺寸基准，以保证主要型面的顺利加工和便于安排其他型面的加工位置。

3) 当毛坯在尺寸、形状和位置上存在误差和缺陷时，可将所选的尺寸基准位置进行必要的调整——划线借料，使各加工面都有必要的加工余量，并使其误差和缺陷能在加工后排除。

(4) 安全措施

1) 工件应在支承处打好样冲点，使工件稳固地放在支承上，防止倾倒。对较大工件，应加附加支承，使安放稳定可靠。

2) 在对较大工件划线，必须使用吊车吊运时，绳索必须安全可靠，吊装的方法应正确。大件放在平台上，用千斤顶顶上时，工件下应垫上木块，以保证安全。

3) 调整千斤顶高低时，不可用手直接调节，以防工件掉下被砸伤。

【例 1-3】 某轴承座尺寸如图 1-44 所示，试对轴承座坯料进行划线。

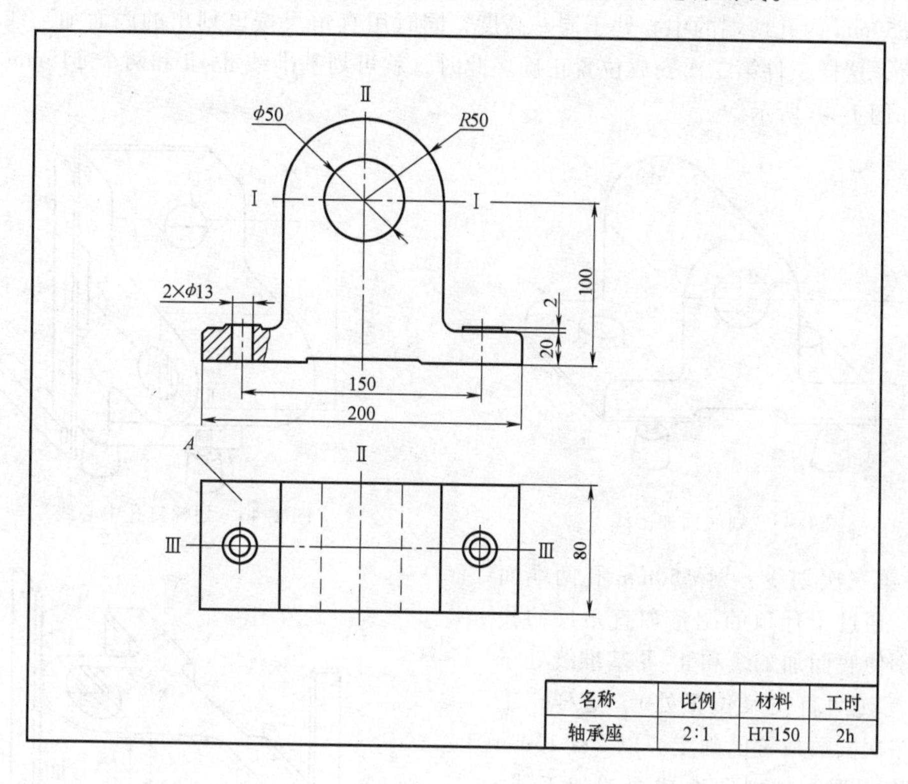

图 1-44 轴承座划线图

解： 轴承座加工部位有底面、轴承座内孔、两个螺钉孔及其上的平面。两个大端面需要划线的尺寸共有三个方向，划线时每个尺寸方向都必须选定一个基准，所以轴承座划线需要三个划线基准。由此可见，轴承座划线属于立体划线。

1）分析划线部位和选择划线基准。图样所标的尺寸要求和加工部位，需要划线的尺寸共有三个方向，所以工件要经过三次安放才能划完所有线条。其划线基准选定为 ϕ50mm 孔的中心平面Ⅰ-Ⅰ、Ⅱ-Ⅱ和两个螺钉孔的中心平面Ⅲ-Ⅲ。

2）工件的安放。用三只千斤顶支承轴承座的底面，调整千斤顶的高度，用划线盘找正。使 ϕ50mm 孔的两端面的中心调整到同一高度。因 *A* 面是不加工面，为保证底面加工厚度尺寸 20mm 在各处均匀一致，用划线盘弯脚找正，使 *A* 面尽量达到水平。当 ϕ50mm 孔的两端中心和 *A* 面保持水平位置的要求发生矛盾时，就要兼顾两方面进行安放，直至这两个部位都达到满意的安放效果。

3）清理工件，去除铸件上的浇冒口、坡缝、疤痕、毛刺及表面粘砂等。

4）工件涂色，并在毛坯孔中装上中心塞块。

5）第一次划线。首先划底面加工线，这一方向的划线工作将涉及主要部分的找正和借料。在试划底面加工线时，如果发现四周加工余量不够，还要把中心适当借高（即重新借料），直至不需要变动时，即可划出基准线 I-I 和底面加工线，并且在工件的四周都要划出，以备下次在其他方向划线和在机床上加工时找正用，如图 1-45 所示。

6）第二次划线。划 2×ϕ13mm 中心线和基准线Ⅱ-Ⅱ，通过千斤顶的调整和划线盘的找正，使 ϕ50mm 内孔两端的中心处于同一高度，同时用直角尺按已划出的底面加工线找正到垂直位置，这样工件第二次安放位置正确。此时，就可划基准线Ⅱ-Ⅱ和两个 ϕ13mm 孔的中心线，如图 1-46 所示。

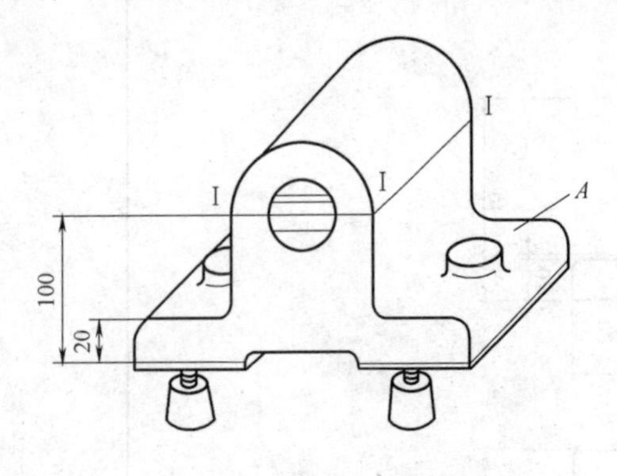

图 1-45　划底面加工线

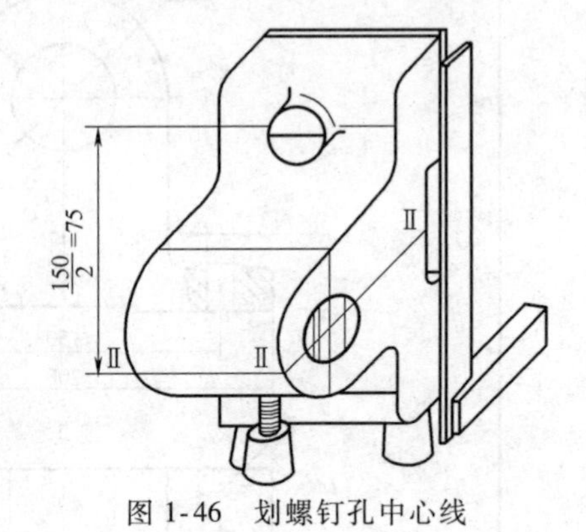

图 1-46　划螺钉孔中心线

7）第三次划线。划 ϕ50mm 孔两端面加工线。通过千斤顶的调整和直角尺的找正，分别使底面加工线和Ⅱ-Ⅱ基准线处于垂直位置（两直角尺位置处），这样，工件的第三次安放位置已确定。以 2×ϕ13mm 的中心为依据，试划两大端面的加工线，如两端面加工余量相差太大或其中一面加工余量不足，可适当调整 2×ϕ13mm 中心孔位置，并允许借料。最后即可划Ⅲ-Ⅲ基准线和两端面的加工线。此时，第三个方向的尺寸线已划完，如图 1-47 所示。

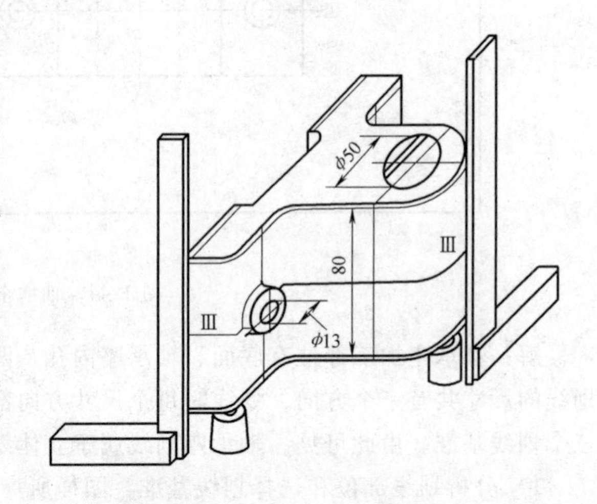

图 1-47　划大端面加工线

8）划圆周尺寸线。用划规划出 ϕ50mm 和 2×ϕ13mm 圆周尺寸线。

9）复查。对照图样检查已划好的全部线条，确认无误和无漏后，在所划好的全部线条上打样冲眼，划线结束。

8. 分度头划线

（1）万能分度头　万能分度头是钳工在划线时将工件分成任意等份的划线设备。利用分度刻度环和游标，定位销和分度盘以及交换齿轮将装卡在卡盘上的工件分成任意角度，等分圆周划线。

图 1-48 为常用的万能分度头的结构，主要由底座、转动体、分度盘、主轴等组成。主轴可随转动体在垂直平面内转动。通常在主轴前端安装三爪自定心卡盘，用它来安装工件。转动手柄可使主轴带动工件转过一定角度，这称为分度。

（2）简单分度方法　根据图 1-49 所示的万能分度头传动图可知，分度前应先将分度盘 7 固定（使之不能转动），再调整定位销 8，转动分度手柄带动主轴转至所需要分度的位置，然后将定位销 8 重新插入分度盘中。

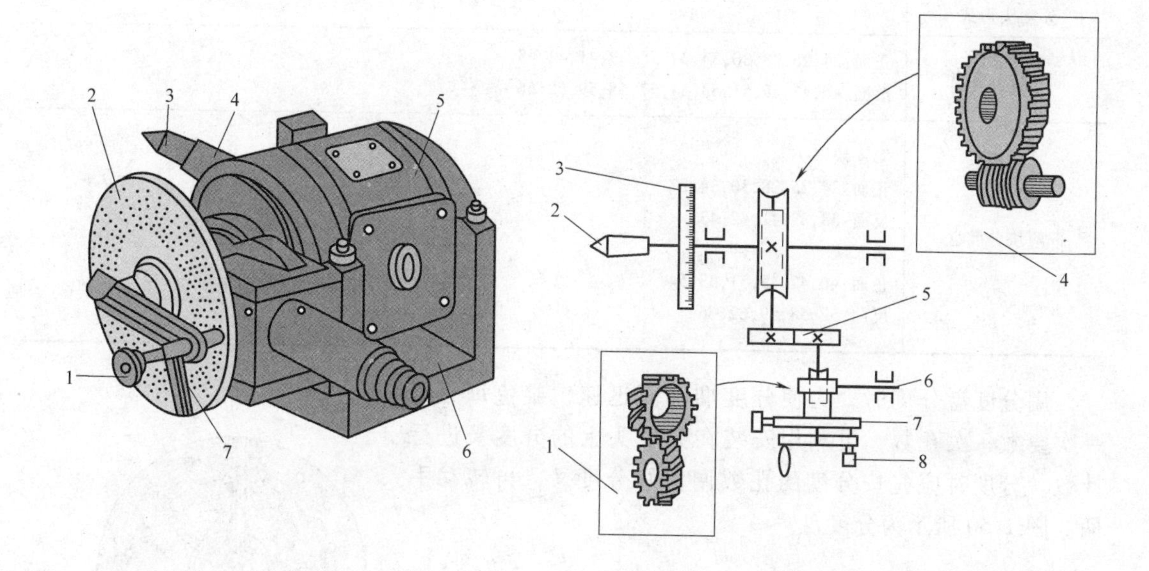

图 1-48　万能分度头的结构
1—分度手柄　2—分度盘　3—顶尖　4—主轴
5—转动体　6—底座　7—扇形夹

图 1-49　万能分度头传动图
1—螺旋齿轮传动　2—主轴　3—刻度盘　4—蜗杆传动
5—齿轮传动　6—交换齿轮轴　7—分度盘　8—定位销

分度头的分度原理：当手柄转一周，单头蜗杆也转一周，与蜗杆啮合的 40 个齿的蜗轮转一个齿，即转 1/40 周，被三爪自定心卡盘夹持的工件也转 1/40 周。如果工件作 Z 等分，则每次分度主轴应转 $1/Z$ 周，分度手柄每次分度应转过的转数为

$$n = \frac{40}{Z}$$

式中　n——分度手柄转数；

　　Z——工件的等分数。

【例 1-4】　要将一圆盘端面进行 7 等分，试求每划一条线后，分度手柄应转多少圈再划第二条线？

解：

$$n = \frac{40}{Z} = \frac{40}{7} = 5\frac{5}{7}$$

这就是说，每划一线，手柄需转过 5 整圈再多转 5/7 圈。此处 5/7 圈是通过分度盘来控制的。

分度前，先在上面找到分母 7 的倍数的孔圈（例如有 42、49），从中任选一个。一般情况下，应尽可能选孔数较多的孔圈，因为孔数较多的孔圈离轴心较远，摇动比较方便，准确度也比较高。此例选 49 孔的孔圈进行分度，则分度手柄应在 49 孔的孔圈上转过 5 整圈之后再转过 35 个孔距。这样主轴就转过了 5/7 转，达到分度目的。

为了避免每次分度时重复数孔之烦和确保手柄转过孔距准确，把分度盘上的两个扇形夹之间的夹角调整到正好为手柄转过非整数圈的孔间距。这样每次分度就可做到快又准。

分度盘各孔圈的孔数见表 1-5。

表1-5　分度盘各孔圈的孔数

分度头形式	分度盘的孔数
带一块分度盘	正面:24,25,28,30,34,37,38,39,41,42,43 反面:46,47,49,51,53,54,57,58,59,62,66
带两块分度盘	第一块 正面:24,25,28,30,34,37 反面:38,39,41,42,43 第二块 正面:46,47,49,51,53,54 反面:57,58,59,62,66

用分度盘分度时，为使分度准确而迅速，避免每分度一次要数一次孔数，可利用安装在分度头上的分度叉进行计数。分度时应先按分度的孔数调整好分度叉，再转动手柄。图1-50所示为分度盘。

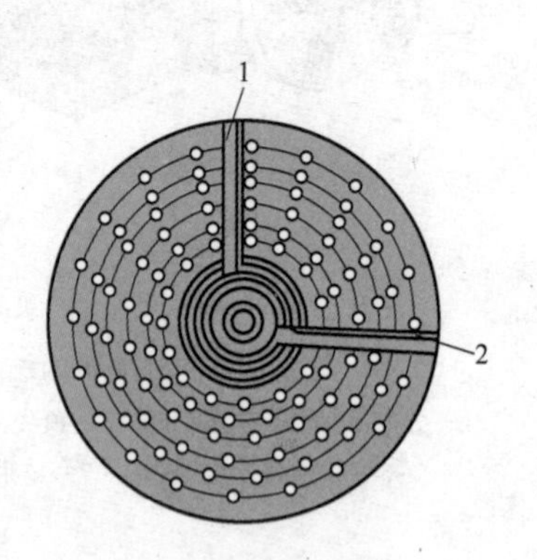

图1-50　分度盘
1、2—扇形夹

1.4.4　锯削

1. 锯削概述

用手锯对工件或材料进行切断，或在工件上锯出沟槽的操作称为锯削。锯削是一种粗加工，平面度一般可控制在0.2mm之内。它具有操作方便、简单、灵活的特点，应用较广。

2. 锯削的应用

锯削工具可以锯断各种原料或半成品、工件多余部分、在工件上锯槽等，锯削的应用如图1-51所示。

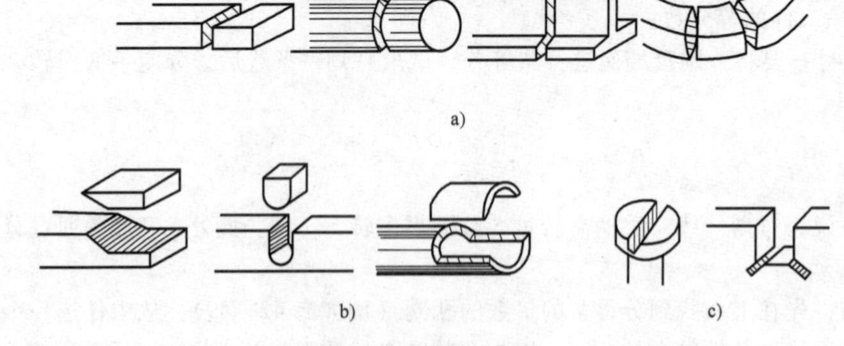

图1-51　锯削的应用
a）锯断各种原材料或半成品　b）锯掉工件上多余部分　c）在工件上锯沟槽

3. 手锯的构造

手锯由锯弓和锯条组成。锯弓是用来夹持和拉紧锯条的工具，有固定式和可调式两种，如图1-52所示。固定式锯弓的弓架是整体的，只能装一种长度规格的锯条。可调式锯弓的弓架分成前后两段。由于前段在后段套内可以伸缩，因此可以安装几种长度规格的锯条，故

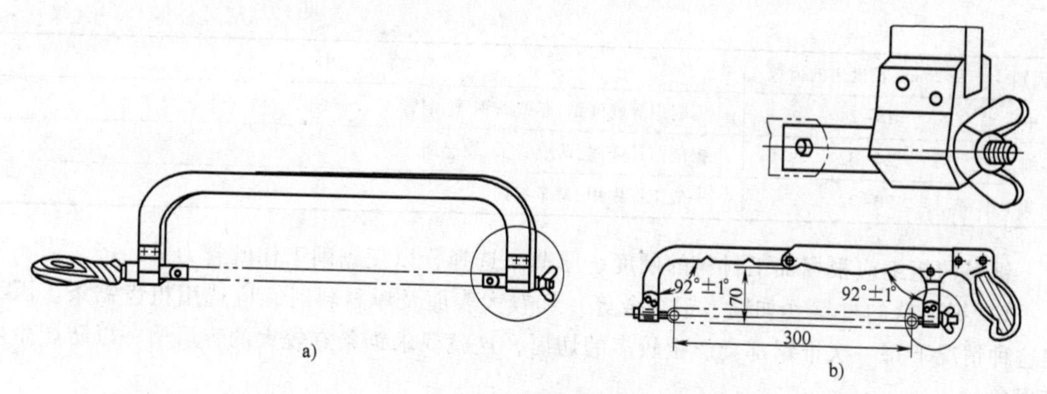

图1-52 锯弓种类
a）固定式 b）可调式

目前广泛使用的是可调式。

（1）锯条的材料与尺寸规格 锯条是直接锯削材料或工件的刃具，一般用渗碳钢冷轧而成，也可用碳素工具钢（如T10或T12）或合金工具钢制成，并经热处理淬硬。

锯条的规格以锯条两端安装孔的中心距来表示（长度有150~400mm）。钳工常用的锯条是长300mm、宽10~25mm、厚0.6~1.25mm。

（2）锯齿角度 锯齿角度有前角γ、楔角β和后角α。

锯条的切削部分由许多均布的锯齿组成，每一个锯齿如同一把錾子，起切削作用。常用锯条的前角γ为0°、后角α为40°~50°、楔角β为45°~50°。制成这种后角和楔角的目的，是为使切削部分具有足够的容屑空间和使锯齿具有一定的强度，以便获得较高的工作效率。

（3）锯路 锯条在制造时，将锯条上的锯齿按一定规律左右错开，排列成一定的形状，称为锯路。锯路排列形状有交叉形和波浪形，如图1-53所示。锯路的作用是使锯缝宽度大于锯条背部的厚度，防止锯削时锯条卡在锯缝中，并减少锯条与锯缝的摩擦阻力，使排屑顺利，减轻锯条的发热与磨损，延长锯条的使用寿命，锯削省力，提高锯削的效率。

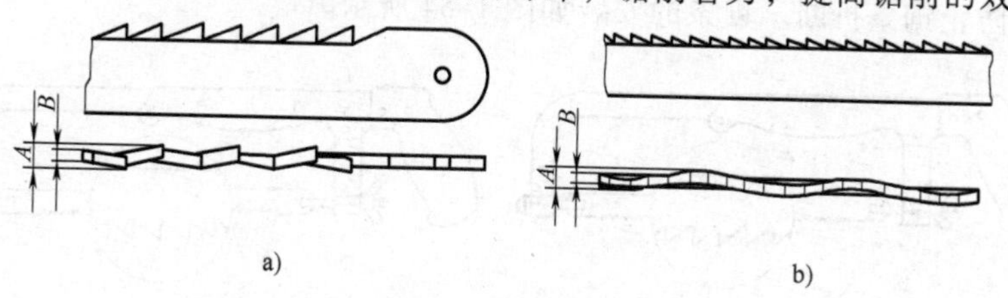

图1-53 锯路
a）交叉形 b）波浪形

（4）锯齿的粗细及锯条的正确选用 锯齿的粗细是按锯条上每25mm长度内锯齿个数表示的。一般分粗、中、细三种，齿数越多，锯齿就越细，其规格及应用见表1-6。锯齿的粗细也可按齿距t的大小来划分：粗齿的齿距$t=1.5$mm，中齿的齿距$t=1.2$mm，细齿的齿距$t=0.8$mm。

表1-6 锯齿的规格及应用

类别	每25mm长度内的齿数	应用
粗	14~18	锯削软钢、黄铜、铝、铸铁、纯铜、人造胶质材料

（续）

类别	每25mm长度内的齿数	应　　用
中	18~24	锯削中等硬度钢,厚壁的钢管、铜管
细	24~32	锯削薄片金属、薄壁管子、硬金属
细变中	20~32	一般工厂中用,易于起锯

锯条的粗细应根据加工材料的硬度、厚薄来选择，以使锯削工作既省力又经济。

1）锯削软的材料（如铜、铝合金等）和较大表面及厚材料时，应选用粗齿锯条。因为在这种情况下每一次推锯都会产生较多的切屑，这就要求锯条有较大的容屑槽，以防产生堵塞现象。

2）锯削硬材料（如合金钢等）或薄板、薄管时，应选用细齿锯条。因为材料硬，锯齿不易切入，锯屑量少，不致堵塞容屑槽，不需要大的容屑空间；由于细齿锯条的锯齿较密，能够使同时参加切削的齿数增加，从而使每齿的切削量减少，材料容易被切除，锯削比较省力，锯齿也不容易磨损。锯薄板或管子时，主要是为防止锯齿被工件勾住，甚至使锯条折断。

3）锯削中等硬度材料（如普通钢、铸铁等）和中等硬度的工件时，一般选用中齿锯条。

（5）锯条的安装与松紧　手锯是向前推时进行切削的，在向后返回时不起切削作用，所以在锯弓中安装锯条时具有方向性。安装时要使齿尖的方向朝前，此时前角为零，如果装反了，则前角为负值，不能正常锯削。

将锯条安装在锯弓中，通过调节翼形螺母，就可调整锯条的松紧程度。锯条的松紧程度要适当，如果锯条张得太紧，会使锯条受张力太大，失去应有的弹性，以致于在工作时稍有卡阻、受弯曲时就易折断；如果装得太松，又会使锯条在工作时易扭曲摆动，同样容易折断，且锯缝易发生歪斜，锯条也容易崩断。调节好的锯条应与锯弓在同一中心平面内，以保证锯缝正直，防止锯条折断。锯条的安装如图1-54所示。

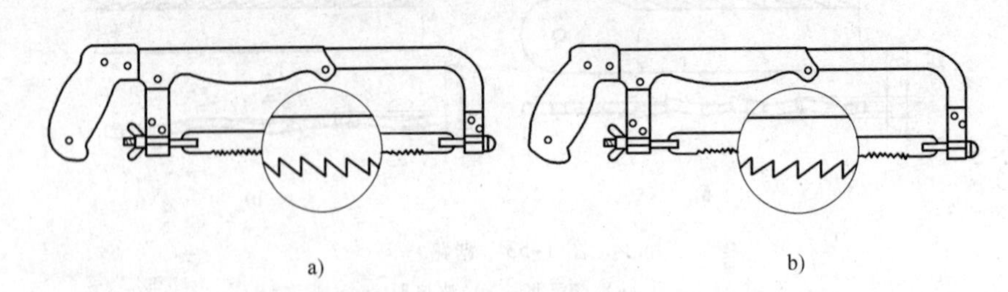

a)　　b)

图1-54　锯条的安装

a）正确　b）不正确

（6）工件的夹持　工件的夹持要牢固，不可有抖动，以防锯削时工件移动而使锯条折断。同时也要防止夹坏已加工表面和工件变形。

工件尽可能夹持在台虎钳的左面，以方便操作；伸出台虎钳的部分不应太长（20mm左右）；锯削线应与钳口垂直，以防锯斜；锯削线离钳口不应太远，以防锯削时产生抖动。

（7）锯削方法　起锯是锯削工作的开始。起锯质量的好坏直接影响锯削质量。

1）起锯方法分远起锯和近起锯，如图1-55所示。远起锯是指从工件远离操作者的一端起锯。此时锯条逐步切入材料，不易被卡住。近起锯是指从工件靠近操作者的一端起锯。如果这种方法掌握不好，锯齿会一下子切入较深，而易被棱边卡住，使锯条崩裂。因此，一般应采用远起锯的方法。

无论用哪一种起锯方法，起锯角度都要小些，一般不大于15°，如图1-55a所示。如果起锯角太大，则起锯不易平稳，锯齿易被工件的棱边卡住，如图1-55b所示。但起锯角也不宜太小，否则，由于锯齿与工件同时接触的齿数较多而不易切入材料，锯条还可能打滑，多次起锯往往容易使锯缝发生偏离，使工件表面被拉出多道锯痕，而影响表面质量，如图1-55c所示。为了使起锯平稳，位置准确，可用左手大拇指确定锯条位置，如图1-55d所示。起锯时要压力小，行程短。

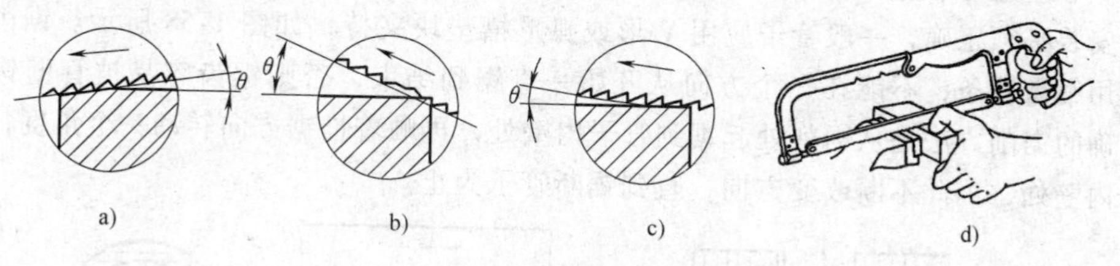

图1-55　起锯方法

2）锯削时，手握锯弓要舒展自然，右手握住手柄向前施加压力，左手轻扶在锯弓架前端，稍加压力。人体重量均布在两腿上。锯削时速度不宜过快，锯削运动的速度，一般以40次/min左右为宜。速度过快，易使锯条发热，磨损加重；速度过慢，又直接影响锯削效率。一般锯削硬材料要慢些，锯削软材料要快些，必要时可用切削液对锯条冷却润滑。同时，锯削行程应保持均匀，返回行程的速度应相对快些，以提高锯削效率，延长锯条的使用寿命，并应用锯条全长的2/3工作，以免锯条中间部分迅速磨钝。

推锯时锯弓运动方式有两种：一种是直线往复运动，适用于锯缝底面要求平直的槽和薄壁工件的锯削；另一种是摆动式，锯弓上下摆动，即在前进时，右手下压而左手上提，这样操作自然省力，两手不易疲劳，切削效率高。锯削到材料快断时，用力要轻，以防碰伤手臂或折断锯条。锯断材料时，一般采用摆动式运动。握锯方法如图1-56所示。

锯弓前进时，一般要加不大的压力，而后拉时不加压力。

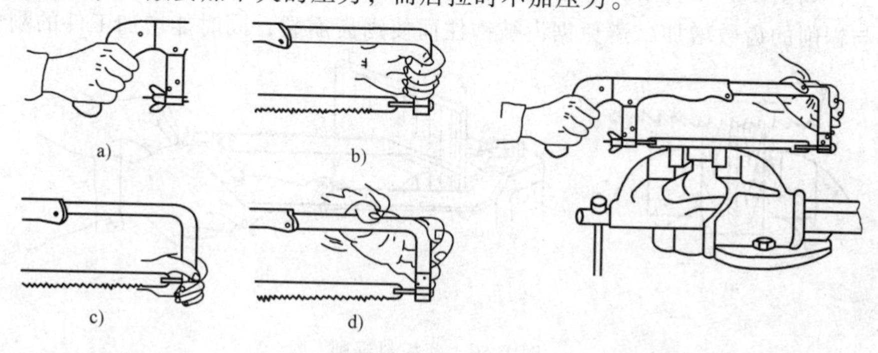

图1-56　握锯方法

4. 几种常见的锯削方法

（1）棒料锯削　锯削棒料时，如果要求锯出的断面比较平整，则应从一个方向起锯直到结束，称为一次起锯。这种起锯方法断面质量较好，但较费力；若对断面的要求不高，为减小切削阻力和摩擦力，可以在锯入一定深度后再将棒料转过一定角度重新起锯。如此反复几次从不同方向锯削，最后锯断，称为多次起锯，这种起锯效率高，但断面质量一般较差，如图1-57所示，显然多次起锯较省力。

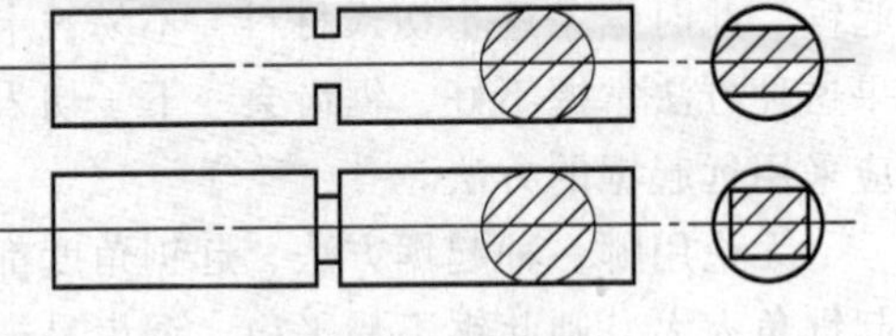

图1-57　棒料锯削

（2）平面锯削　为能准确地切入所需要的位置，避免锯条在工件表面打滑，起锯时，要保持小于15°的起锯角。起锯时用左手的大拇指挡住锯条，往复行程要短，压力要轻，速度要慢，起锯好坏直接影响断面锯削质量。

（3）薄壁管子锯削　锯削薄壁管子和精加工的管子时，为了防止夹扁或夹坏管子表面，管子的安装必须正确，一般管子应用V形或弧形槽垫块夹持，如图1-58所示。锯削时，锯条应选用细齿锯条，不能在一个方向从开始一直锯到结束，否则锯齿容易被管壁钩住而崩裂。正确的锯削方法是从锯削处起锯到管子内壁处，再顺着推锯方向转动一个角度，仍旧锯到管子内壁处，如此不断改变方向，直到锯断管子为止。

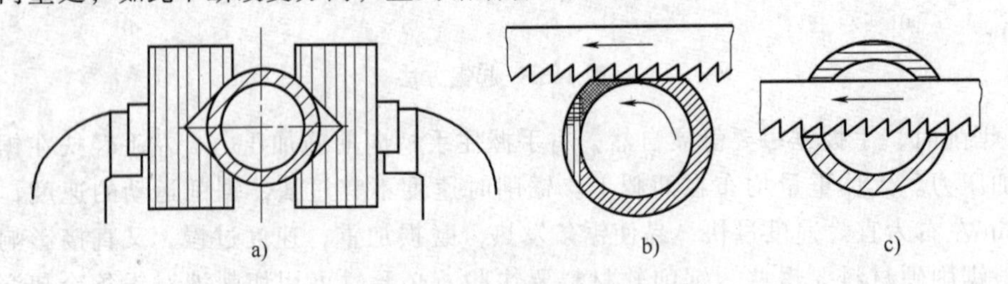

图1-58　管子锯削

a）管子夹持　b）转位锯削　c）不正确的锯削

（4）薄板料锯削　薄板料由于截面小，锯齿容易被钩住而崩齿，除选用细齿锯条外，还要尽可能从宽面上锯削，这样锯齿就不易被钩住。常用的薄板料锯削方法有两种：一种是将薄板料夹在两木块或金属块之间，连同木块或金属块一起锯下去，如图1-59a所示，这样既避免了锯齿被钩住，又增加了薄板的刚性，锯削不会出现颤动。另一种方法是将薄板料夹在台虎钳上，如图1-59b所示，手锯沿着钳口作横向斜推，这样使锯齿与薄板料接触的截面增大，参与锯削的齿数增加，避免锯齿被钩住而使锯齿崩裂，同时能增加工件的刚性。

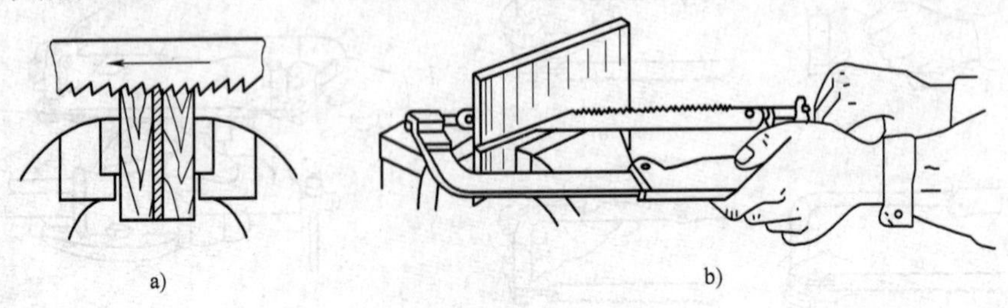

图1-59　薄板料锯削

a）夹持在木块中　b）斜推锯法

（5）深缝锯削　当锯缝的深度超过锯弓高度时，称这种缝为深缝。深缝锯削可视情况来变换锯条的角度进行锯削。当锯缝的深度超过锯弓的高度时，应将锯条转过90°重新安

装，使锯弓转到工件的侧面，平握锯柄进行锯削。当锯弓横下来其高度仍不够时，也可将锯弓转过180°，锯弓放在工件底面，锯条安装成使锯齿朝向锯弓内部进行锯削，如图1-60所示。

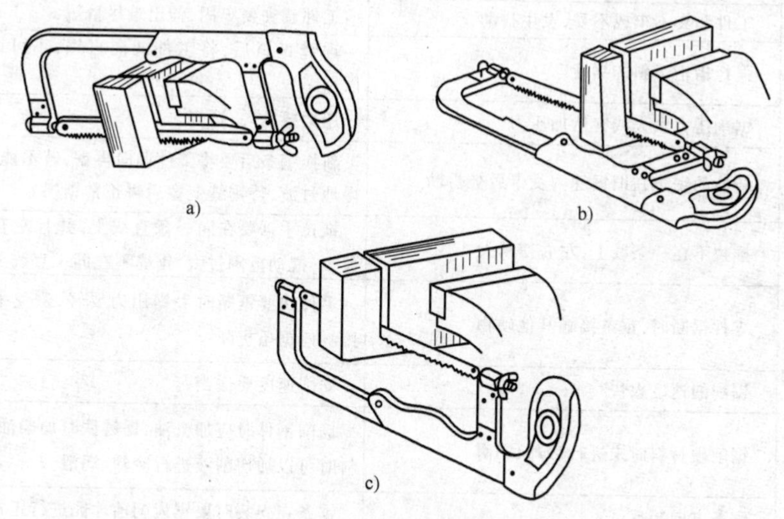

图1-60 深缝锯削

a）锯缝深度大于锯弓高度 b）锯条转90° c）锯弓转180°

深缝锯削时，由于台虎钳钳口的高度有限，工件应不断改变装夹位置，使锯削部分始终处于钳口附近，而不是离钳口过高或过低，否则工件因振动而影响锯削质量，同时也极易损坏锯条。

5. 锯削的安全技术和文明生产

1）工件装夹要牢固。

2）注意工件的装夹、锯条的安装。

3）要适时注意锯缝的平直情况，及时矫正。

4）要防止锯条折断弹出伤人。

5）工件快要锯断时，应用手扶持被锯下的部分，以防落下砸脚或损坏工件，当工件过大时可使用支撑物。

6）无柄或无箍的直柄手锯不可用，以防尾尖刺伤手掌。

6. 废品分析

锯削时锯条的损坏形式、产生原因及改进措施见表1-7；锯削时零件的报废形式、产生原因及改进措施见表1-8；锯削的制件容易出现的误差及改正方法见表1-9。

表1-7 锯条的损坏形式、产生原因及改进措施

损坏形式	产生原因	改进措施
锯齿崩断	锯齿的粗细选择不当，锯管子或薄板时锯条过粗	根据工件的材料的硬度选择锯条的粗细，锯薄板或薄壁管时，选择细齿锯条
	起锯的方法不正确，起锯角度过大或近起锯	起锯角度要小，远起锯时用力要小
	碰到砂眼、杂质时突然加大压力	碰到砂眼、杂质时，用力要减小，锯削时避免突然加压
	起锯时用力过大	起锯时用力要轻，以免锯缝歪斜和锯齿崩断

（续）

损坏形式	产生原因	改进措施
锯条折断	锯条安装时松紧不当	锯条松紧要适当
	工件装夹不牢或不妥，发生抖动	工件装夹要牢固，伸出端尽量短
	强行借正歪斜的锯缝	锯缝歪斜后，将工件调向再锯，不可调向时，要逐步借正
	锯削压力太大或突然加压力	用力要均匀、适当
	新换的锯条在旧锯缝内受卡后被折断	新换锯条后要将工件调向再锯，若不能调向，要较轻较慢地过渡，待锯缝变宽后再正常锯削
锯条折断	推拉不在一条线上，左右摆动大	推拉手锯要在同一条直线上，并且左右摆动范围不能太大，摆动范围过大，锯缝不在同一直线上
	零件锯断时，锯条接触其他硬物	零件快要锯断时手锯用力要轻，避免手锯与其他硬物接触使锯条折断
锯齿过早磨损	锯削的速度太快	锯削速度要适当
	锯削硬材料时未进行冷却、润滑	锯削钢件时应加机油，锯铸铁时加柴油，锯其他金属材料时可以加切削液进行冷却、润滑
	锯条方向装反	锯条在安装时要锯齿朝前才能进行正常锯削
	锯缝歪斜	锯削过程中要经常目测锯缝是否平直，若歪斜需及时纠正

表1-8　零件的报废形式、产生原因及改进措施

报废形式	产生原因	改进措施
锯缝歪斜	锯条安装的过松或扭曲	调整锯条到适当的松紧状态
	目测不及时	安装工件时使锯缝的划线与钳口的外侧平行，锯削过程中经常进行目测。扶正锯弓，按线锯削
	锯齿一侧遇硬物易磨损	锯条磨损后及时更换新锯条
	锯削时所施加压力过大	保证锯削时双手用力的平稳性
	工件夹持不准	正确安装和夹持工件，保证正常锯削
	锯削时没有按划好的线条校正	锯削时要经常目测，并及时按划好的线条校正工件锯缝
尺寸锯小	划线不正确	按照图样正确划线
	锯削线偏离划线	起锯和锯削过程中始终使锯缝与划线重合
起锯时工件表面被拉毛	起锯的方法不对	起锯时左手大拇指要挡好锯条，起锯角度要适当。待有一定的深度后再正常锯削，以免锯条弹出

表1-9　锯削的制件容易出现的误差及改正方法

容易出现的误差	改正方法
尺寸锯小或锯大	按照划线的线条锯削，并留有尺寸线
锯缝歪斜过大，超出要求范围	早发现，早矫正。当锯缝向左偏时，向前推锯，锯弓向左倾斜，向下的压力要减小，退回时，按原路退回；当锯缝向右偏时则相反。如果矫正不过来，检查锯条是否偏斜，将工件调换方向进行锯削
起锯时工件表面划伤	找好起锯角

1.4.5　锉削

1. 锉削的特点及应用

用锉刀对工件表面进行切削加工，使工件达到所要求的尺寸、形状和表面粗糙度的机械加工方法称为锉削。锉削的加工范围有：内外平面、内外曲面、内外角、沟槽及各种复杂形状的表面。锉削是钳工中重要的工作之一，尽管它的效率不高，但在现代工业生产中，用途仍很广泛。例如，对装配过程中的个别零件做最后修整；在维修工作中或在单件小批生产条件下，对一些形状较复杂的零件进行加工；制作工具或模具；手工去毛刺、倒角、倒圆等。总之，在一些不易用机械加工方法来完成的表面，采用锉削方法更简便、经济，且能获得较小的表面粗糙度值。锉削尺寸精度可达 0.01mm 左右，表面粗糙度 Ra 值最小可达 0.8μm 左右。

2. 锉刀的组成

锉削的主要工具是锉刀。锉刀是用高碳工具钢 T12、T13 或 T12A、T13A 制成的，经热处理后，硬度可达 62~67HRC 的一种手工用切削工具，目前已标准化。

（1）锉刀的构造　锉刀由锉身和锉柄两部分组成，如图 1-61 所示。

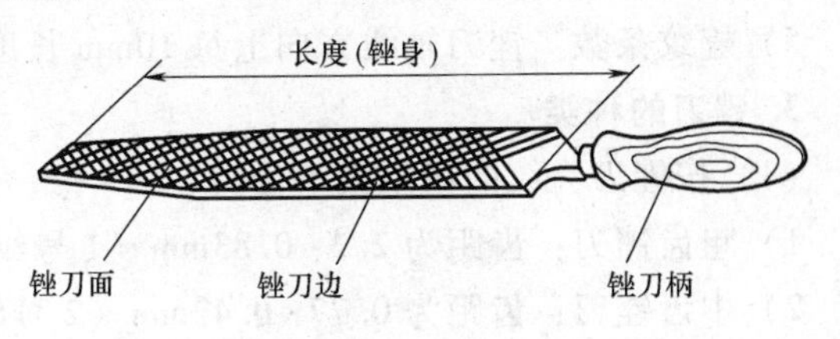

图 1-61　锉刀结构

1）锉身。锉梢端至锉肩之间所包含的部分为锉身。对无锉肩的整形锉和异形锉，锉身为有锉纹的部分。

锉身包括锉刀面、锉刀边、锉刀尾三部分。

① 锉刀面是指锉刀的上下两面，是锉削的主要工作面。锉刀面在前端做成凸弧形，上下两面都有锉齿，便于进行锉削。锉刀在纵长方向做成凸弧形的作用是能够抵消锉削时由于两手上下摆动而产生的表面中凸现象，以使工件锉平。

② 锉刀边是指锉刀的两个侧面，有齿边和光边之分。齿边可用于切削，光边只起导向作用。有的锉刀两边都没有齿，有的其中一个边有齿。没有齿的一边叫光边，其作用是在锉削内直角形的一个面时，用光边靠在已加工的面上去锉另一直角面，防止碰伤已加工表面。

③ 锉刀尾（舌）是用来装锉刀柄的。锉刀尾不经淬火处理。

2）锉柄。锉身以外的部分为锉柄。锉柄作用是便于锉削时握持传递推力。通常是木质制成的，在安装孔的一端应有铁箍。

（2）锉刀的锉纹

1）主锉纹。在锉刀工作面上起主要锉削作用的锉纹称为主锉纹。

2）辅锉纹。被主锉纹覆盖着的锉纹为辅锉纹，即辅锉纹的齿较低，主锉纹的齿较高。

3）边锉纹。锉身的窄边或窄边上的锉纹为边锉纹。

4）齿纹。锉刀的宽面是锉削的主要工作面，前端略带圆弧形，宽面上有齿纹，锉刀的齿纹有单齿纹和双齿纹两种，一般都是由剁齿机剁制而成。剁出的齿纹其前角都大于 90°，故锉削的工作过程属于刮削类型。

锉刀上齿纹只有一个方向的称为单齿纹锉刀，如图 1-62a 所示。齿纹一般与锉刀中心线成 90°或 70°左右。用这种锉刀锉削时由于锉刀全齿宽都同时参加工作，故切削较费力，因而只适用于锉削软材料。

锉刀上齿纹有两个方向交叉排列的称为双齿纹锉刀，如图1-62b所示。其中，浅的齿纹是底齿纹，它与锉刀中心线之间的夹角称为底齿角，通常为45°；深的齿纹是面齿纹，它与锉刀中心线夹角称为面齿角，通常为65°。由于面齿角与底齿角的角度不同，构成无数小齿前后交错排列，并向一边倾斜，故工件被锉出的锉痕交错而不重叠，锉出的表面粗糙度值小。若面齿角与底齿角的角度相同，则构成的许多锉齿将平行于锉刀中心线依次排列，锉出的工件表面就会出现一条条沟纹而影响表面质量。

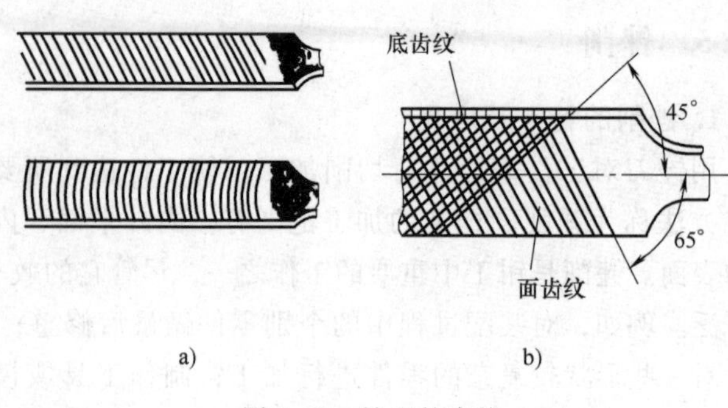

图1-62　锉刀的齿纹
a）单齿纹　b）双齿纹

5）锉纹条数。锉刀轴线方向上每10mm长度内的锉纹数目为锉纹条数。

3. 锉刀的种类

（1）按锉刀齿纹的齿距大小分类

1）粗齿锉刀：齿距为2.3~0.83mm（1号纹）。

2）中齿锉刀：齿距为0.77~0.42mm（2号纹）。

3）细齿锉刀：齿距为0.33~0.25mm（3号纹）。

4）油光锉刀：齿距为0.25~0.20mm（4号纹）。

5）细油光锉刀：齿距为0.20~0.16mm（5号纹）。

锉纹号是表示锉齿粗细的参数。按照每10mm轴向长度内主锉纹的条数划分五种，分别为1号、2号、3号、4号、5号。锉纹号越小，锉齿越粗。

（2）按锉刀用途分类　按锉刀的用途不同，锉刀可分为钳工锉、异形锉和整形锉三类，如图1-63所示。

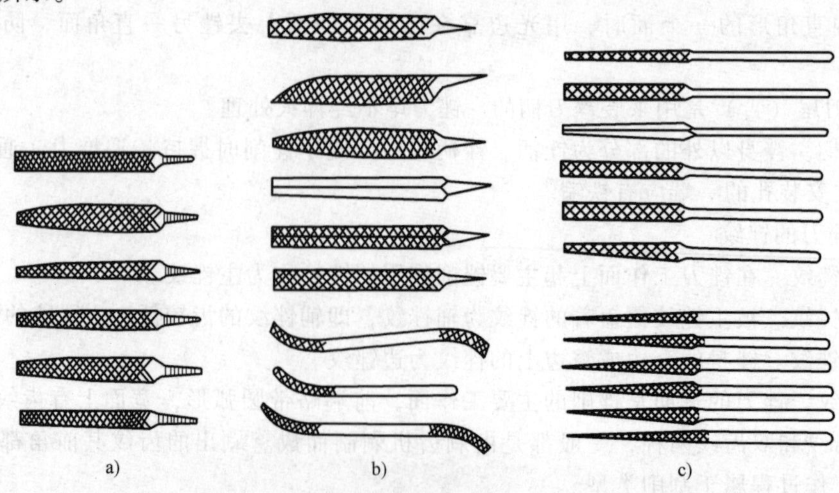

图1-63　锉刀的类型
a）钳工锉　b）异形锉　c）整形锉

1）钳工锉。钳工锉的应用广泛，如图 1-63a 所示。按其断面形状不同，钳工锉又可分为扁锉、方锉、三角锉、半圆锉、圆锉五种，其断面形状如图 1-64a 所示。

2）异形锉。异形锉是在加工特殊表面时使用，有弯的和直的两种，如图 1-63b 所示，其断面形状如图 1-64b 所示，用于加工特殊表面。

3）整形锉。整形锉主要用于修整工件上的细小部分，通常以多把不同断面形状的锉刀组成一组，它可由 5 把、6 把、8 把、10 把、12 把不同断面形状的锉刀组成一组（套），成组供货，如图 1-63c 所示，其断面形状如图 1-64c 所示。

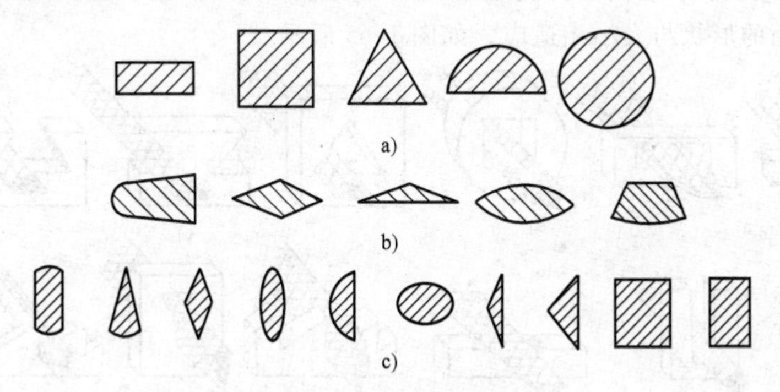

图 1-64　锉刀断面形状

a）钳工锉断面形状　b）异形锉断面形状　c）整形锉断面形状

4. 锉刀的规格及选择

（1）锉刀的规格　锉刀的规格有尺寸规格和粗细规格两种分法。

1）尺寸规格。圆锉以其断面直径、方锉以其边长为尺寸规格，其他锉刀以锉身长度表示。常用的锉刀有 100 mm、125 mm、150 mm、200mm、250 mm、300mm、350mm 和 400mm 等几种。异形锉和整形锉的尺寸规格是指锉刀全长。

2）粗细规格。以锉刀每 10mm 轴向长度内的主锉纹条数来表示，见表 1-10。

表 1-10　锉刀的粗细规格

长度规格/mm	主锉纹条数(10mm 以内)				
	锉纹号				
	1	2	3	4	5
100	14	20	28	40	56
125	12	18	25	36	50
150	11	16	22	32	45
200	10	14	20	28	40
250	9	12	18	25	36
300	8	11	16	22	32
350	7	10	14	20	—
400	6	9	12	—	—
450	5. 5	8	11	—	—

（2）锉刀的选择　每种锉刀都有它适当的用途，锉削时要合理地选择锉刀，才能充分发挥其效能和延长其使用寿命。锉刀选用是否合理，对工件加工质量、工作效率和锉刀寿命都有很大的影响。锉刀齿纹粗细等级的选择决定于工件加工余量的大小，以及工件材料的性质、加工精度的高低和表面粗糙度的要求。

1）锉齿的粗细选择是由工件的加工余量、尺寸精度、表面粗糙度和材质决定的。加工余量大、加工精度低、表面粗糙度值大的工件选择粗齿锉刀；加工余量小、加工精度高、表面粗糙度值小的工件选择细齿锉刀；铜、铝等材质软的金属，选粗齿锉刀，反之选细齿锉刀；最后修光工件表面时选择油光锉。

2）切削加工非铁金属时选择单齿纹、粗齿锉刀，可以防止切屑堵塞；切削加工钢、铸铁时选择双齿纹锉刀，便于断屑、分屑，使切削省力高效。

3）锉刀断面形状和长度的选择决定于工件的大小和表面形状。锉刀断面形状及尺寸应与工件被加工表面的形状与大小相适应，如图1-65所示。

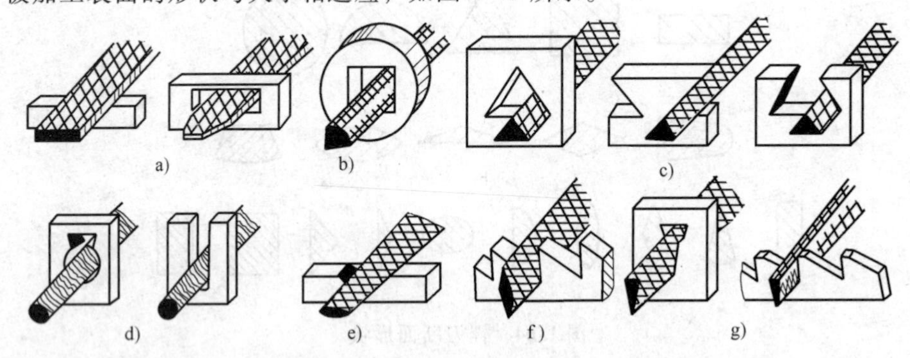

图1-65　不同加工表面使用的锉刀

a）扁锉　b）方锉　c）三角锉　d）圆锉　e）半圆锉
f）菱形锉　g）刀形锉

4）根据加工表面的大小及加工余量的大小选择锉刀的规格。为保证锉削效率，合理使用锉刀，一般大的表面和大的加工余量宜用长的锉刀，反之则用短的锉刀。

锉刀粗细规格的选用见表1-11。

表1-11　锉刀粗细规格的选用

粗细规格	适用场合		
	锉削余量/mm	尺寸精度/mm	表面粗糙度 $Ra/\mu m$
1号(粗齿锉刀)	0.5~1	0.2~0.5	100~25
2号(中齿锉刀)	0.2~0.5	0.05~0.2	12.5~6.3
3号(细齿锉刀)	0.1~0.3	0.02~0.05	6.3~1.6
4号(双细齿锉刀)	0.1~0.2	0.01~0.02	3.2~0.8
5号(油光锉)	0.1以下	0.01	0.8 ~ 0.4

5. 锉刀的正确使用和保养

合理选用锉刀是保证锉削质量、充分发挥锉刀效能的前提，正确使用和保养则是延长锉刀使用寿命、降低生产成本、提高工作效率的一个重要环节。因此锉刀使用时必须注意下列问题：

1）为防止锉刀过快磨损而丧失锉削能力，不要用锉刀锉削毛坯件的硬皮或工件的淬硬表面，而应先用其他工具或用锉梢进行前端、边齿加工。

2）锉削时应先用锉刀一面，用钝后再用另一面。因为使用过的锉齿易锈蚀。

3）锉削时要充分使用锉刀的有效工作面，避免局部磨损。

4）不能用锉刀作为装拆、敲击和撬物的工具，防止因锉刀材质较脆而折断。

5）用整形锉和小锉刀时，用力不能太大，防止锉刀折断。

6）在锉削过程中，若发现锉纹上嵌有切屑，要及时将其除去，以免切屑刮伤已加工表面。锉刀用完后，应及时用铜丝刷或铜片顺着锉纹刷掉残留下的切屑，以防生锈，如图 1-66 所示。千万不能用嘴吹切屑，以防切屑飞入眼内。

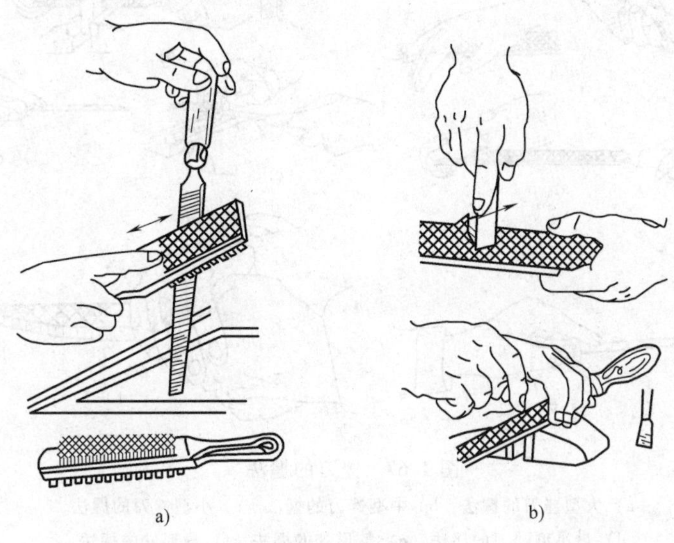

图 1-66　清除切屑
a）用铜丝刷　b）用铜片

7）锉削中不得用手摸锉削表面，以免再锉时打滑。锉刀严禁接触油类。粘着油脂的锉刀一定要用煤油清洗干净，涂上白粉。

8）放置锉刀时要避免与硬物相碰，避免锉刀与锉刀重叠堆放，防止损坏锉刀。

6. 锉削方法

（1）锉刀的握法　正确握持锉刀对于锉削质量的提高，锉削力的运用和发挥，以及操作时的疲劳程度都有一定的影响。由于锉刀的大小和形状不同，所以锉刀的握持方法也有所不同。

1）大型锉刀的握法。右手紧握锉刀柄，将柄外端抵在拇指根部的手掌上，大拇指放在手柄上，其余手指由下而上地握着手柄；左手的基本握法是左手掌斜放在锉梢上方，拇指的根部肌肉压在锉刀头上，拇指自然伸直，其余四指弯向手心，用中指、无名指捏住梢部右下方；左手掌斜放在锉梢部，大拇指自然伸出，其余各指自然蜷曲，小指、无名指、中指抵住锉刀前下方；左手掌斜放在锉梢上，各指自然平放。右手推动锉刀并决定推动方向，左手协同右手使锉刀保持平衡，如图 1-67a 所示。

2）中型锉刀的握法。对于 200mm 左右的中型锉刀，其右手握法与大型锉刀的握法相同，左手用大拇指、食指轻轻地扶持锉梢即可，如图 1-67b 所示。

3）小型锉刀的握法。对于 150mm 左右的小型锉刀，所需锉削力小，右手的食指平直扶在手柄外侧面；左手手指压在锉刀的中部，以防锉刀弯曲，如图 1-67c 所示。150mm 以下的更小锉刀，只需右手握住即可，如图 1-67d 所示。

4）整形锉的握法。单手握持手柄，食指放在锉身上方，如图 1-67e 所示。

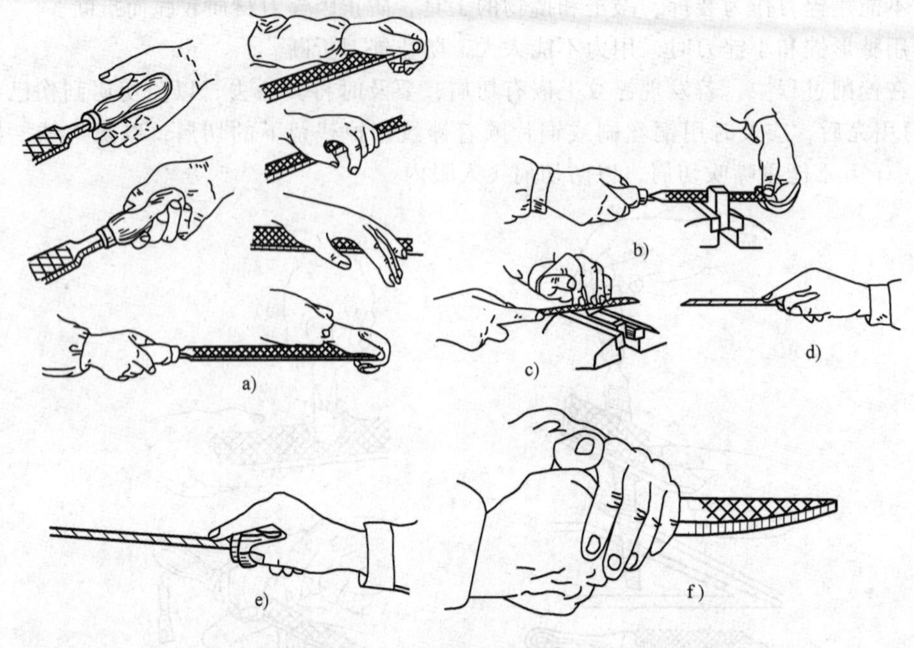

图1-67　锉刀的握法

a）大型锉刀的握法　b）中型锉刀的握法　c）小型锉刀的握法

d）最小型锉刀的握法　e）整形锉的握法　f）异形锉的握法

5）异形锉的握法。右手与握小型锉的手形相同，左手轻压在右手掌左外侧，以压住锉刀，小指勾住锉刀，其余指抱住右手，如图1-67f所示。

（2）正确的锉削方法　平面锉削的姿势正确与否，对锉削质量、锉削力的运用和发挥以及操作时的疲劳程度都起着决定影响。锉削姿势的正确掌握，必须从握锉、站立步位和姿势动作以及操作用力这几方面进行协调一致的反复练习才能达到。锉削是钳工的一项重要基本操作。正确的姿势是掌握锉削技能的基础，因此要求必须练好。初次练习，会出现各种不正确的姿势，特别是身体和双手动作不协调，要随时注意纠正，若要让不正确的姿势成为习惯，纠正就困难了。

在姿势动作练习时，要注意掌握两手用力如何变化才能使锉刀在工件上保持直线的平衡运动。锉削时锉刀推进时的推力大小由右手控制，而压力的大小由两手同时控制。为了保持锉刀直线的锉削运动，必须满足以下条件：锉削时，锉刀在工件的任意位置上，前后两端所受的力矩应相等。由于锉刀的位置在不断改变，因此两手所加的压力也会随之做相应的变化。锉削时右手的压力随锉刀推动而逐渐增加，左手的压力要随锉刀推动而逐渐减小，如图1-68所示。这是锉削操作最关键的技术要领，只有认真练习，才能掌握。

（3）锉削速度　锉削速度一般应在40次/min左右。推出时稍慢，回程时稍快，动作要自然协调。

7. 平面的锉削方法

（1）顺向锉（直锉法、普通锉法）　顺向锉是指锉刀始终沿着同一方向运动的锉削，如图1-69a所示。

1）顺向锉的特点。锉痕正直、整齐美观，这是一种最基本的锉削方法。

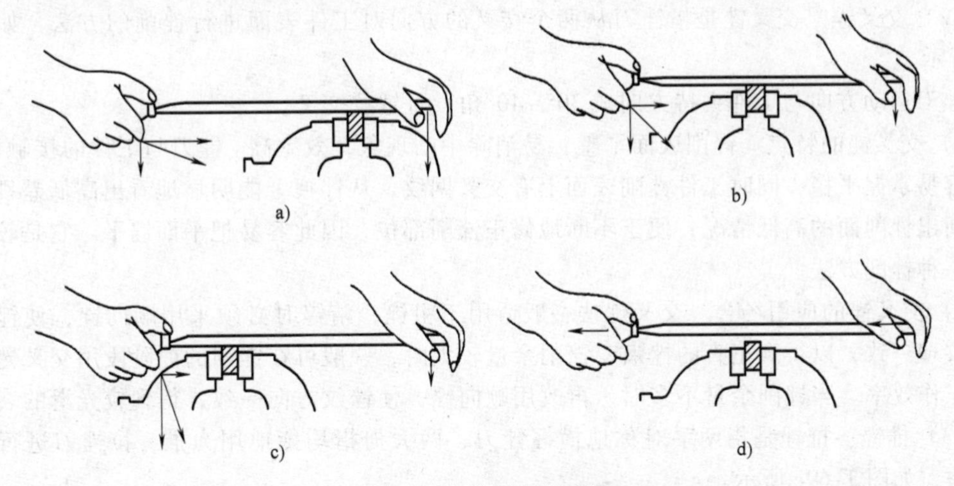

图 1-68　锉削力的平衡

2）顺向锉的应用场合。常用于最后锉光和小平面的锉削，以得到正直的刀痕。

锉削技术低时，易产生中凸现象。在锉宽平面时，为使整个加工表面能均匀地锉削，每次退回锉刀时应在横向作适当的移动，以便使整个加工表面能均匀地锉削。

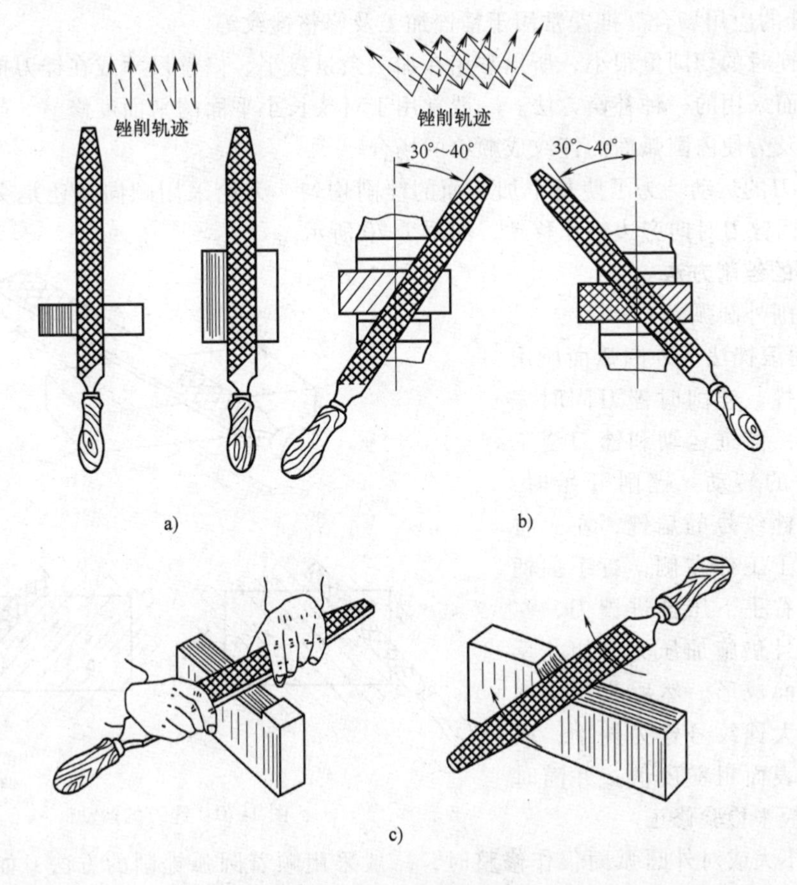

图 1-69　平面锉削

a）顺向锉　b）交叉锉　c）推锉

（2）交叉锉　交叉锉是指锉刀从两个交叉的方向对工件表面进行锉削的方法，如图1-69b所示。

锉刀运动方向与工件夹持方向成30°~40°角，且锉纹交叉。

1）交叉锉的特点。锉削表面平整，易消除中凸现象，效率高。锉刀与工件的接触面大，锉刀容易掌握平稳，同时工件锉削表面上有交叉网纹，从锉痕上能明显地看出高低差别，可以判断出锉削面的高低情况，便于不断地修正锉削部位，因此容易把平面锉平。它是较常采用的一种锉削方法。

2）交叉锉的应用场合。交叉锉法一般适用于粗锉，精锉时必须采用顺向锉，使锉痕变直，纹理一致，以得到正直的锉痕。锉削余量较大时，一般可在锉削的前阶段用交叉锉，以提高工作效率。当锉削余量不多时，再改用顺向锉，使锉纹方向一致，得到较光滑的表面。

（3）推锉　推锉是指两手对称地横握锉刀，两大拇指均衡地用力推、拉锉刀进行锉削的方法，如图1-69c所示。

1）推锉的特点。锉削表面平整，精度高，效率低。

由于推锉时锉刀的平衡易于掌握，且切削量小，因此便于获得较平整的加工平面和较小的表面粗糙度值，并能获得顺向锉纹。由于推锉时锉刀的运动方向不是锉齿的切削方向，因此，不能充分发挥手的推力，切削效率不高。

2）推锉的应用场合。推锉常用于精锉加工及修整锉纹等。

由于推锉时的切削量很小，所以常用在加工余量较小、修整尺寸或在锉刀推进受阻时要求锉纹一致而采用的一种补偿方法。一般常用于对狭长小平面的平面度修整，或对有凸台的狭窄平面以及为使内圆弧面的锉纹成顺纹的场合。

（4）锉刀的运动　为了使整个加工面的锉削均匀，无论采用顺向锉还是交叉锉，一般应在每次抽回锉刀时向旁边略作移动，如图1-70所示。

8. 曲面的锉削方法

（1）锉削外圆弧面

1）顺向滚锉法。外圆弧面所用的锉刀为扁锉，锉削时锉刀同时完成两个运动：前进运动和锉刀绕工件圆弧中心的转动。锉削开始时，一般选用小锉纹号的扁锉，左手将锉刀头部置于工件左侧，右手握柄抬高，接着右手下压推进锉刀，左手随着上提且仍施加压力，如此反复直到圆弧面成形。然后改用中锉纹号锉刀或大锉纹号锉刀锉削，以得到较小的表面粗糙度值，并随时用外圆弧样板来检验修正。

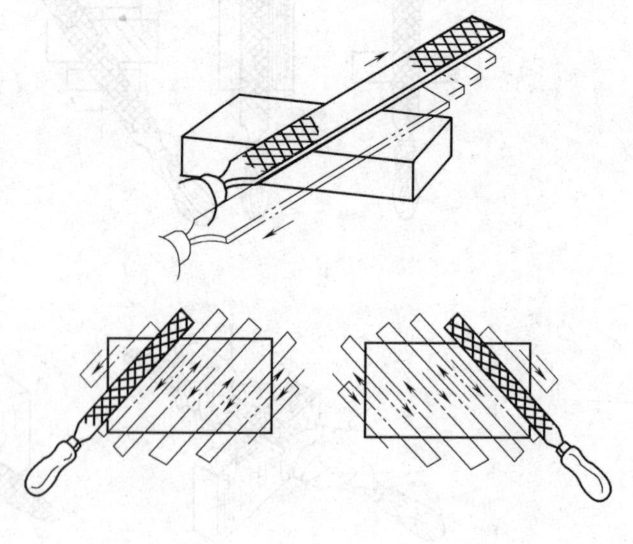

图1-70　锉刀的运动

当余量不大或对外圆弧面仅作修整时，一般采用顺着圆弧锉削的方法，如图1-71a所示，顺向滚锉法锉削时能得到较光滑的圆弧面和较小的表面粗糙度值，但锉削位置不易掌握且效率不高，适用于精锉圆弧面。

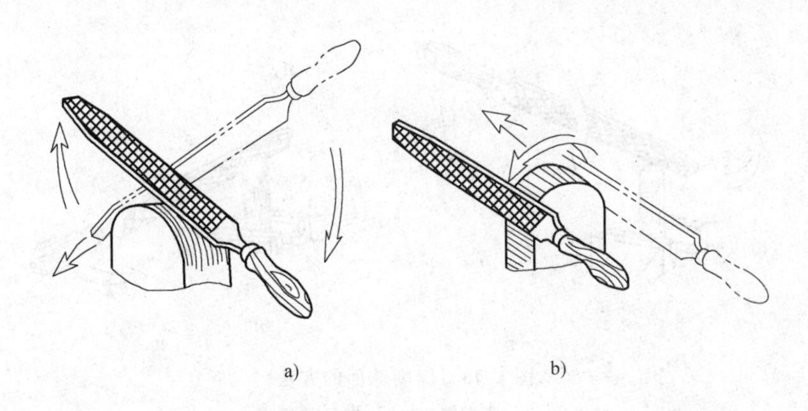

图 1-71　外圆弧面的锉削方法

a）顺向滚锉法　b）横向滚锉法

2）横向滚锉法。横向滚锉法锉削时如图 1-71b 所示，锉刀的主要运动是沿着圆弧面的轴线方向做直线运动，同时锉刀不断沿着圆弧面摆动。这种方法锉削效率较高，便于按划线均匀地锉近弧线，但只能锉成近似圆弧面的多棱形面，适用于圆弧面粗加工阶段。当锉削余量较大时，可采用横着圆弧锉的方法，按圆弧要求锉成多棱形面，然后再用顺着圆弧锉的方法，精锉成圆弧。

（2）锉削内圆弧面　锉削内圆弧面时锉刀选用圆锉、半圆锉、方锉（圆弧半径较大时）。锉削时如图 1-72 所示，锉刀要同时完成三个运动。

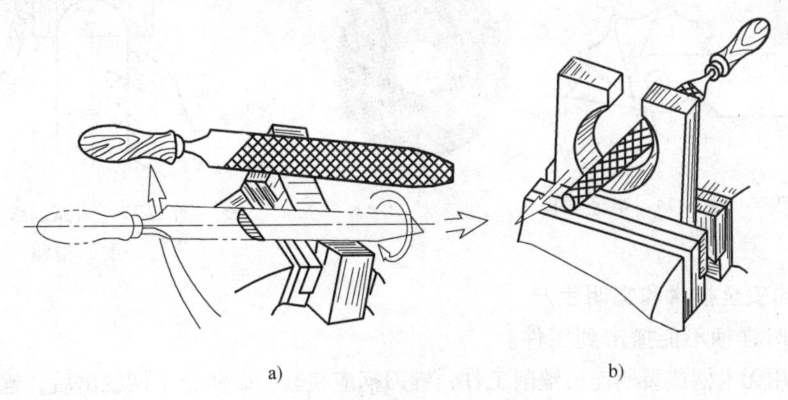

图 1-72　内圆弧面锉削

a）锉刀同时完成三个动作　b）横着圆弧面锉

1）锉刀沿轴线前进运动，保证锉刀沿轴线方向全程参加切削。

2）沿圆弧面向左或向右移动，避免加工表面出现棱角（0.5~1 个锉刀直径）。

3）绕锉刀中心线转动（按顺时针或逆时针方向转动 90°左右）。

三种运动需同时进行，协调配合，缺一不可，才能锉好内圆弧面。如果不同时完成上述三种运动，就不能保证锉出的内圆弧面光滑、正确。

（3）锉削球面　锉削球面的方法：锉刀一边沿凸圆弧面作顺向滚锉动作，一边绕球面的球心和周向作摆动，如图 1-73 所示。

（4）锉削平面与圆弧的连接　一般情况下，应先加工平面再加工圆弧，以使圆弧与连

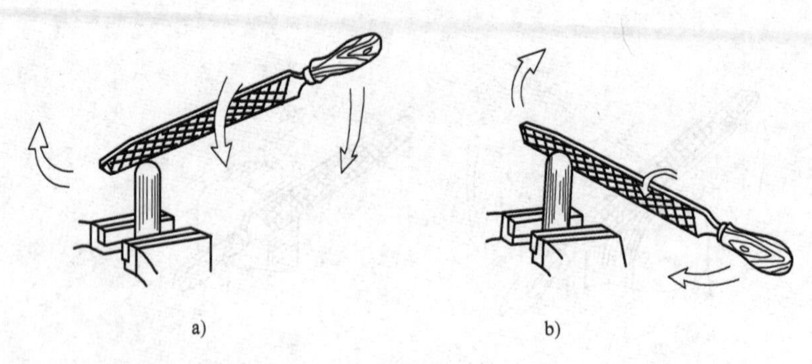

图1-73　锉削球面的方法
a）直向锉法　b）横向锉法

接圆滑。若先加工圆弧面再加工平面，则在加工平面时，由于锉刀左右移动，会使圆弧面损伤，且连接处不易锉圆滑或不相切。

（5）半径样板及圆弧线轮廓度的检测方法　半径样板一般是成套组成的，其外形如图1-74所示，由凸形样板和凹形样板组成，常用的半径样板有$R1 \sim R6.5$mm、$R7 \sim R14.5$mm和$R15 \sim R25$mm三种。

圆弧面线轮廓度的检测如图1-75所示，用半径样板光隙法检查。半径样板与工件圆弧面间的缝隙均匀、透光微弱，则圆弧面轮廓尺寸、形状、精度合格，否则达不到要求。

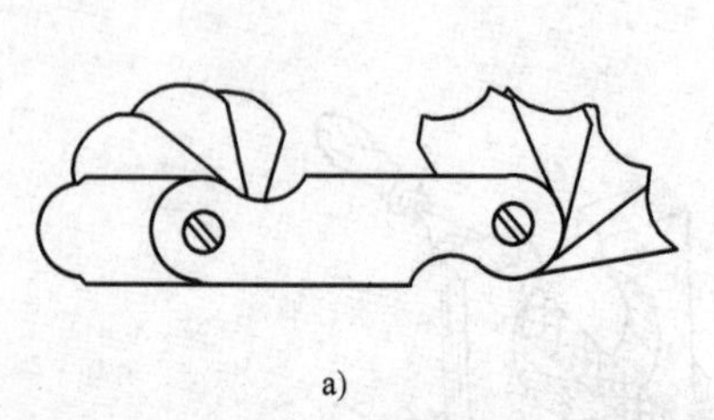

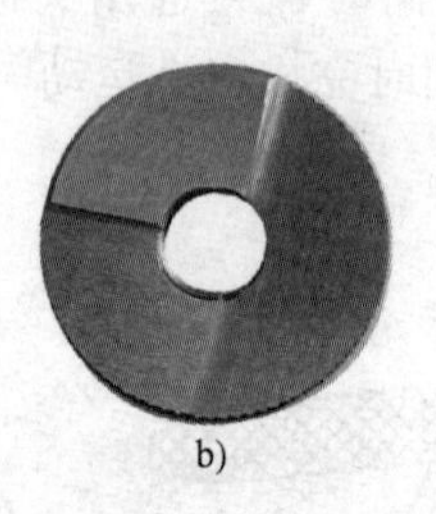

图1-74　半径样板

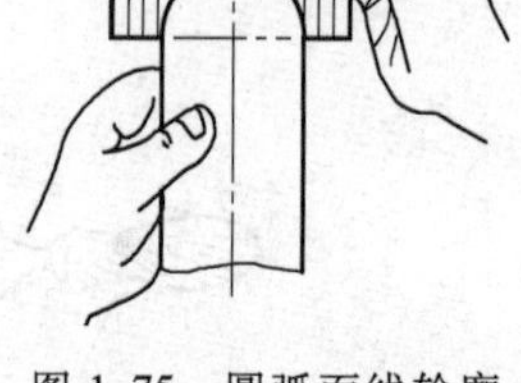

图1-75　圆弧面线轮廓度的检测

9. 锉削的安全技术和文明生产

1）锉削时锉柄不能撞击到工件。

2）不使用无木柄或裂柄锉刀锉削工件，锉刀柄应装紧，以防止手柄脱出后，锉舌把手刺伤。

3）锉削工件时，不可用嘴吹切屑，以防止切屑飞入眼内；也不可用手去清除切屑，应用刷子扫除。

4）放置锉刀时不能将其一端露出钳桌外面，以防止锉刀跌落而把脚扎伤。

5）锉削时，不可用手摸被锉过的工件表面，因手有油污会使锉削时锉刀打滑，而造成事故。

10. 确定锉削顺序的一般原则

1）选择工件所有锉削面中最大的平面，先进行光锉，达到规定的平面度要求后作为其他平面锉削的测量基准。

2）先锉平行面，达到规定的平面度、平行度后，再锉与其相关的垂直面或角度面，以便控制尺寸和精度要求。

3）平面与曲面连接时，应先锉平面，后锉曲面，以便于圆滑连接。

4）先锉外面，后锉内面。

5）先锉大平面，后锉小平面。

11. 废品分析

锉削时产生废品的形式、产生原因及改进措施见表1-12。

表1-12 锉削时产生废品的形式、产生原因及改进措施

形式	产生原因	改进措施
工件夹坏	台虎钳钳口太硬，将工件表面夹出凹痕	夹精加工工件时应用铜钳口
	夹紧力太大，将空心件夹扁	夹紧力要适当，夹薄壁管子时，一般管子应夹在V形或弧形槽的垫块之间
	薄而大的工件未夹好，锉削时变形	对薄而大的工件要用辅助工具夹持
平面中凸	锉削时锉刀摇摆	加强锉削技术的训练
	锉削姿势不正确	调整锉削姿势，保证站姿正确
	锉削时双手的用力不当，使锉刀不能保持平衡	调整双手的用力大小，使锉刀保持平衡
	锉刀本身中凹	更换新的锉刀进行锉削
工件尺寸太小	划线不正确	按图样尺寸正确划线
	锉刀锉出加工界线	锉削时要经常测量，对每次锉削量要做到心中有数
表面粗糙度值大	锉刀粗细选择不当	合理选用锉刀
	锉屑嵌在锉刀中未及时清除	嵌在锉刀中的锉屑要及时用铜丝刷或铜片清除
不应锉的部分被锉掉	锉垂直面时未选用光边锉刀	应选用光边锉
	锉刀打滑锉伤邻近表面	注意及时清除油污等引起打滑的因素
	锉削技术不熟练	多练习，掌握锉削要领做到熟练操作
对角扭曲或塌角	左手或右手施加压力时重心偏在锉刀的一侧	调整左右手压力大小，保证锉削时压力的平衡
	锉刀本身扭曲	更换新的锉刀进行锉削加工
平面横向中凸或中凹	锉刀在锉削时左右移动不均匀	在一次锉削结束时要向旁边略作移动，确保锉削平面平直
平面倾斜	左手或右手用力过大	锉削时保证锉削力的平衡

1.4.6 孔加工

孔的加工是钳工工作的重要内容之一。根据孔的用途不同，孔加工的方法大致可分为两类：一类是在实体材料上加工孔的方法，即用麻花钻、中心钻等进行钻孔，钻孔属于粗加工，其尺寸公差等级一般为IT12~IT14级，表面粗糙度 Ra 值为25~12.5μm；另一类是对已有的孔进行再加工，即用扩孔钻、锪钻、铰刀等进行扩孔、锪孔和铰孔。扩孔是用钻头将已加工的孔径扩大的方法。扩孔的公差等级能达到IT9~IT10级，表面粗糙度 Ra 值能达到12.5~3.2μm。铰孔是用铰刀从工件孔内壁上切除微量金属层的工艺过程。铰孔的公差等级能达到IT7~IT9级，表面粗糙度 Ra 值能达到3.2~0.8μm。

钳工中的钻、扩、铰孔，多在钻床上进行。用钻床不方便的场合，可用手电钻进行钻孔、扩孔，用铰刀进行铰孔。

1. 钻床

钻床是用来加工孔的设备，常用的钻床有台式钻床、立式钻床和摇臂钻床。但考虑到工作效率和劳动成本，钳工常用台式钻床进行钻孔、扩孔和铰孔。

钻孔时，钻头装在钻床或其他设备上，依靠钻头与工件间的相对运动进行切削，其切削运动由以下两个运动合成，如图1-76所示。将切屑切下所需的基本运动，即钻头的旋转运动，称为主运动；使被切削金属继续投入切削的运动，即钻头的直线运动，称为进给运动。

(1) 台式钻床　台式钻床简称台钻，如图1-77所示。它是一种放在台桌上使用的小型钻床，其最大钻孔直径为13mm。台钻主轴的进给是手动的。台钻小巧灵活，使用方便，主要用来加工小型零件上的各种小孔。

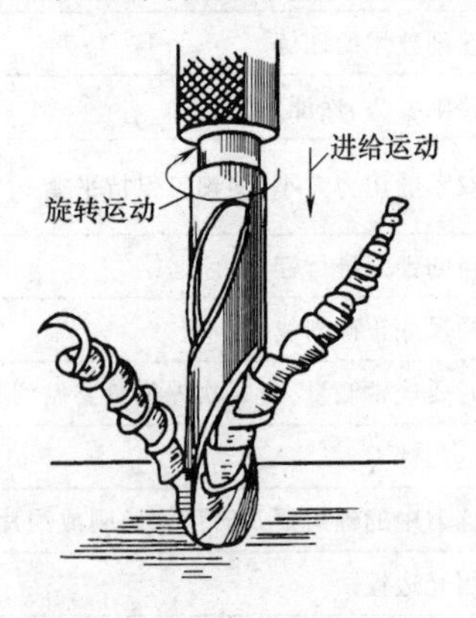

图1-76　钻孔时钻头的运动

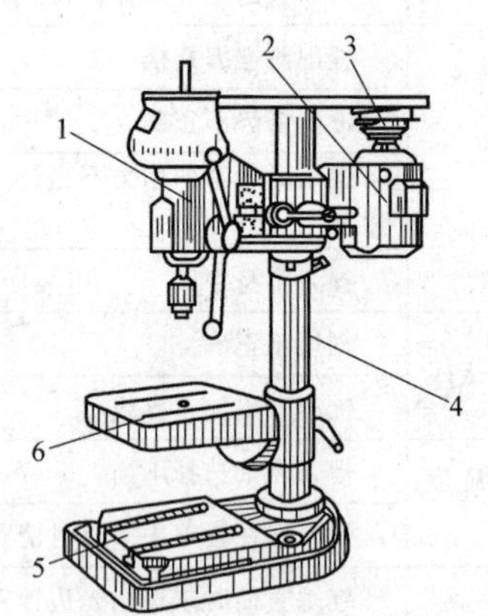

图1-77　台式钻床

1—机头　2—电动机　3—塔式带轮
4—立柱　5—底座　6—回转工作台

台式钻床的电动机和机头上分别装有5级塔式带轮，通过改变V带在两个塔式带轮中的位置，可使主轴获得五种转速，机头与电动机连为一体，可沿立柱上下移动，根据钻孔工件的高度，将机头调整到适当位置后，通过锁紧手柄使机头固定方能钻孔。回转工作台可沿立柱上下移动，或绕立柱轴线作水平转动，也可在水平面内作一定角度的转动，以便钻斜孔时使用。较大或较重的工件钻孔时，可将回转工作台转到一侧，直接将工件放在底座上，底座上有两条T形槽，用来装夹工件和固定夹具。在底座的四个角上有安装孔，用螺栓将其固定。

(2) 立式钻床　立式钻床简称立钻，如图1-78所示。其规格是以最大钻孔直径来表示的，常用的有25mm、35mm、40mm和50mm四种。立钻可用来进行钻孔、扩孔、镗孔、铰孔、攻螺纹和锪端面等。

在立钻上钻完一个孔后，再钻另一孔时，必须移动工件，以使钻头对准另一个孔的中心。因此，立钻主要用来对中、小型工件进行钻孔。

立式钻床的电动机通过主轴箱驱动主轴旋转，改变变速手柄2的位置，可使主轴得到多种转速。通过进给箱，可使主轴得到多种机动进给速度，转动手柄5可以实现手动进给。工作台上有T形槽，用来装夹工件或夹具。工作台能沿立柱导轨上下移动，根据钻孔工件的高度，适当调整工作台位置，然后通过压板、螺栓将其固定在立柱导轨上。底座用来安装和固

定立钻，并设有冷却系统，为孔加工提供切削液，以保证有较高的生产率和加工质量。

（3）摇臂钻床　摇臂钻床有一个能绕立柱旋转的摇臂，摇臂带着主轴箱可沿立柱上下移动，主轴箱能沿摇臂上的水平导轨移动，如图1-79所示。由于摇臂钻床结构上的这些特点，钻头可方便地找到孔的中心，而不用移动工件。它适于加工在同一平面内、不同位置的多孔系大、中型工件。

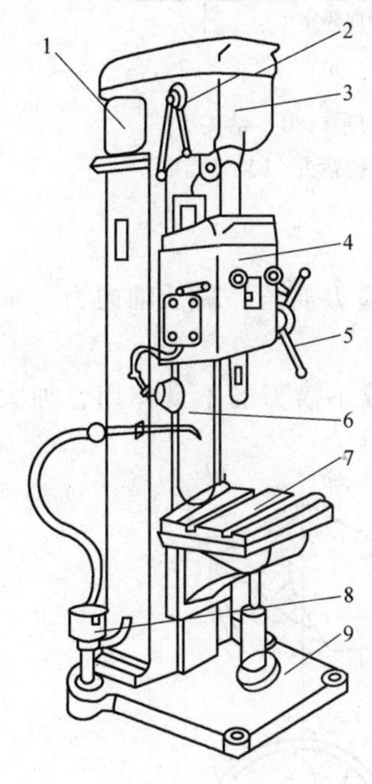

图1-78　立式钻床

1—电动机　2—变速手柄　3—主轴箱
4—进给箱　5—手柄　6—立柱
7—工作台　8—冷却系统　9—底座

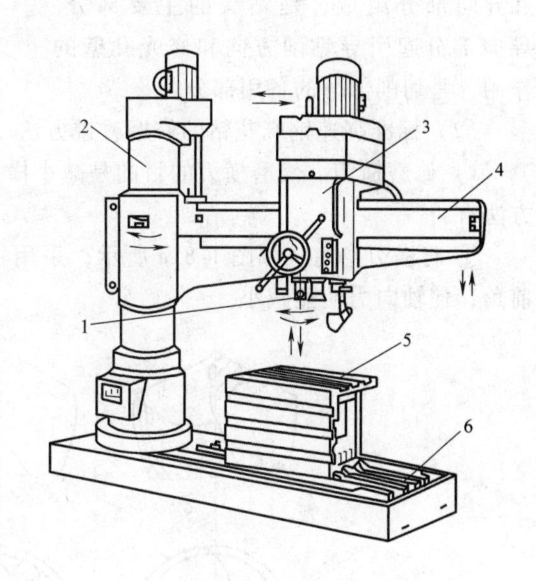

图1-79　摇臂钻床

1—主电动机　2—立柱　3—主轴箱
4—摇臂　5—工作台　6—底座

摇臂钻床的主电动机旋转直接带动主轴箱中的齿轮系，使主轴得到十几种转速和进给速度，可实现机动进给、微量进给、定程切削和手动进给。

主轴箱能在摇臂上左右移动，以加工同一平面上相互平行的孔系。摇臂在升降电动机驱动下能沿立柱轴线任意升降，操作者可手拉摇臂绕立柱作360°任意旋转。根据工作台的位置，将其固定在适当角度。工作台面上有多条T形槽，用来安装大、中型工件或钻床夹具。加工大型工件时，可将工作台移开，工件直接安放在底座上加工。必要时可通过底座上的T形槽螺栓将工件固定，然后进行加工。

2. 标准麻花钻

钻头种类较多，如标准麻花钻、扁钻、深孔钻、中心钻等。其中，标准麻花钻是目前钻孔应用最广泛的刀具，简称麻花钻或钻头，它主要用来在实体材料上钻削直径为0.1~80mm的孔。

（1）麻花钻的组成　麻花钻一般用高速钢（W18Cr4V或W9Cr4V2）制成，淬火后硬度达62~68HRC。它由柄部、颈部及工作部分组成，如图1-80所示。

1）柄部。柄部是钻头的夹持部分，用来传递钻孔时所需的转矩和轴向力。它有直柄和锥柄两种。一般直径小于13mm的钻头做成直柄，直径大于13mm的钻头做成莫氏锥柄。

2）颈部。颈部位于柄部和工作部分之间，用于磨制钻头外圆时供砂轮退刀用，也是钻头规格商标、材料的打印处。

3）工作部分。工作部分由切削部分和导向部分组成，是钻头的主要部分。导向部分起引导钻削方向和修光孔壁的作用，是切削部分的备用部分。

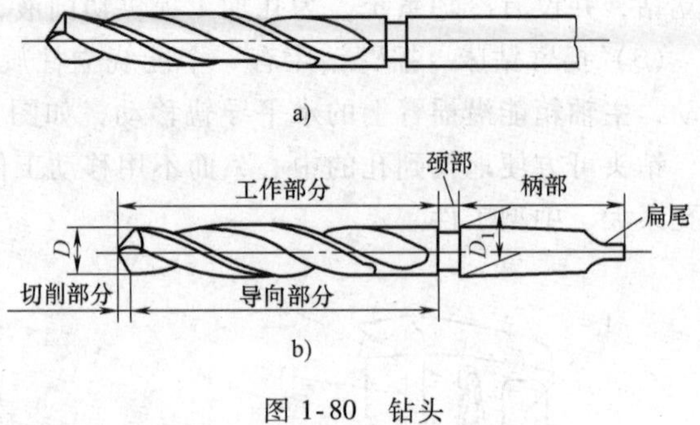

图1-80　钻头

a）直柄钻头　b）锥柄钻头

（2）标准高速钢麻花钻的修磨改进方法

1）修磨横刃。修磨横刃的目的是减小横刃长度，增大横刃前角，降低轴向力。常用的方法有：

① 将横刃磨短。如图1-81a所示，采用这种方法可以减小横刃的不良作用，加大该处前角，使轴向力明显减小。

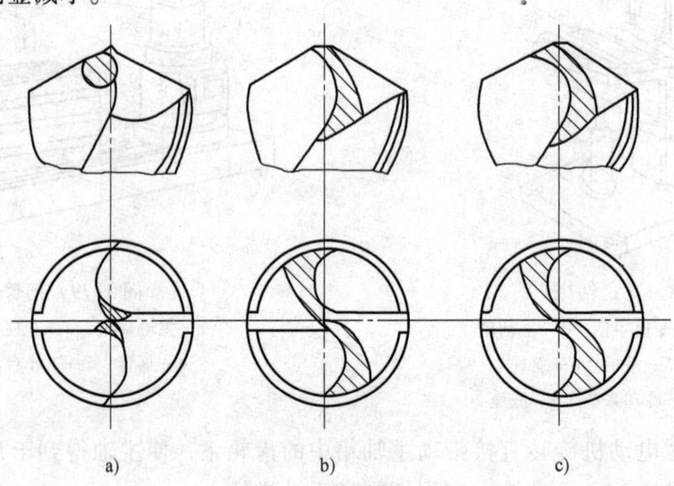

图1-81　修磨横刃

② 加大横刃前角。如图1-81b所示，横刃长度不变，而将其分为两半，分别磨出新的前角（可磨成正前角），从而改善切削性能，但修磨后的钻尖削弱很大，不宜加工硬度高的材料。

③ 磨短横刃及加大前角。如图1-81c所示，这种方法较好，经修磨的钻头不仅分屑好，还能保持一定强度。

2）修磨前刀面。加工较硬材料时，可将主切削刃外缘处的前面磨去一部分，以减小该处前角，保证足够强度及改善散热条件，如图1-82a所示；加工较软材料时，在前面上磨卷屑槽，一方面便于切屑卷曲，还加大了前角，减小切削变形，改善孔面加工质量，如图1-82b所示。

3）修磨切削刃。为改善散热条件，在主切削刃交接处磨出过渡刃（$0.2d_0$），形成双重顶角或三重顶角，如图1-83a所示。后者用于大直径钻头。生产中还有把主切削刃磨成圆弧

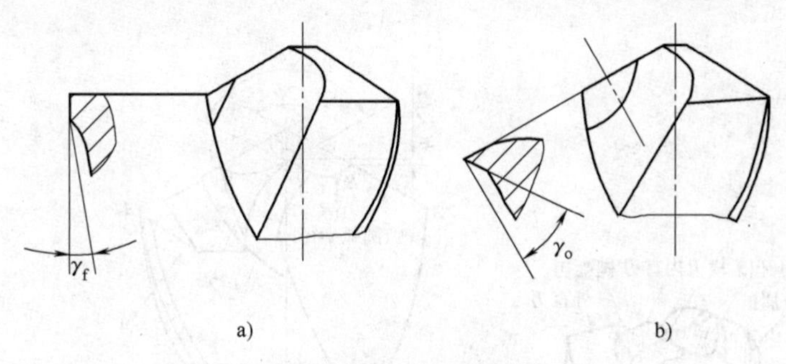

图1-82　修磨前刀面

a）加工较硬材料　b）加工较软材料

状，如图1-83b所示，这种圆弧刃钻头切削刃长，切削刃单位长度上的负荷明显下降，而且还改善了主副切削刃相交处的散热条件，提高刀具使用寿命。

4）磨出分屑槽。沿钻头主切削刃在后面磨出分屑槽，有利于排屑及切削液的注入，有利于改善切削条件，特别是在韧性材料上加工深孔，效果尤为显著。刃磨时，两条主切削刃上的分屑槽必须相互错开，如图1-84所示。

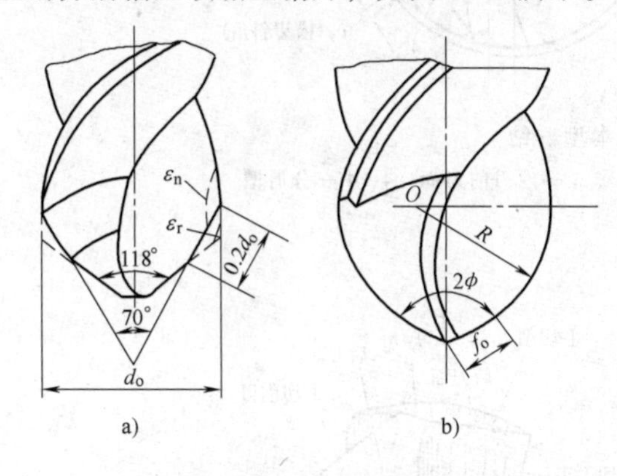

图1-83　修磨切削刃

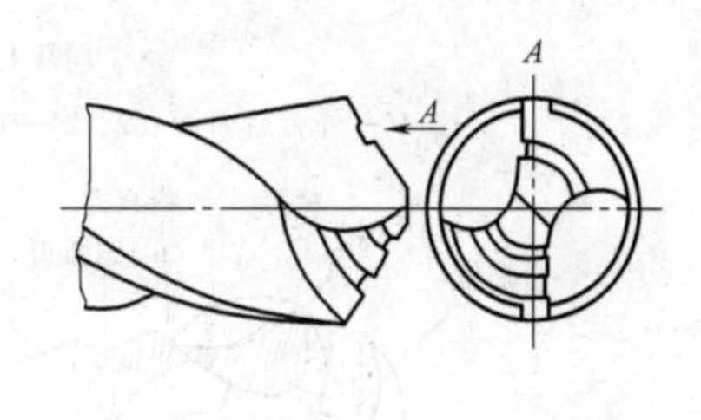

图1-84　磨出分屑槽

5）综合修磨。综合修磨能够全面改善钻头的切削性能，效果显著。群钻就是对麻花钻应用综合修磨的典型。加工钢材的基本型群钻，如图1-85所示，其修磨特点如下：

① 将横刃磨窄、磨低，改善横刃处的切削条件。

② 将靠近钻心附近的主刃修磨成一段顶角较大的内直刃及一段圆弧刃，以增大该段切削刃的前角。同时，对称的圆弧刃在钻削过程中起到定心及分屑作用。

③ 在外直刃上磨出分屑槽，改善断屑、排屑情况。

经过综合修磨而成的群钻，切削性能显著提高。钻削时轴向力下降35%~50%，转矩下降10%~30%，刀具使用寿命提高3~5倍，生产率、加工度都有显著提高。图1-86所示为基本型群钻与普通麻花钻的刃形比较。

3. 钻孔方法

（1）钻孔工件的划线　首先，按孔的尺寸要求划出十字中心线，然后打上样冲眼，样冲眼要正确、垂直，直接关系起钻的定心位置。如图1-87所示，为了便于及时检查和找正钻孔的位置，可以划出几个大小不等的检查圆。对于尺寸位置要求较高的孔，为避免样冲眼

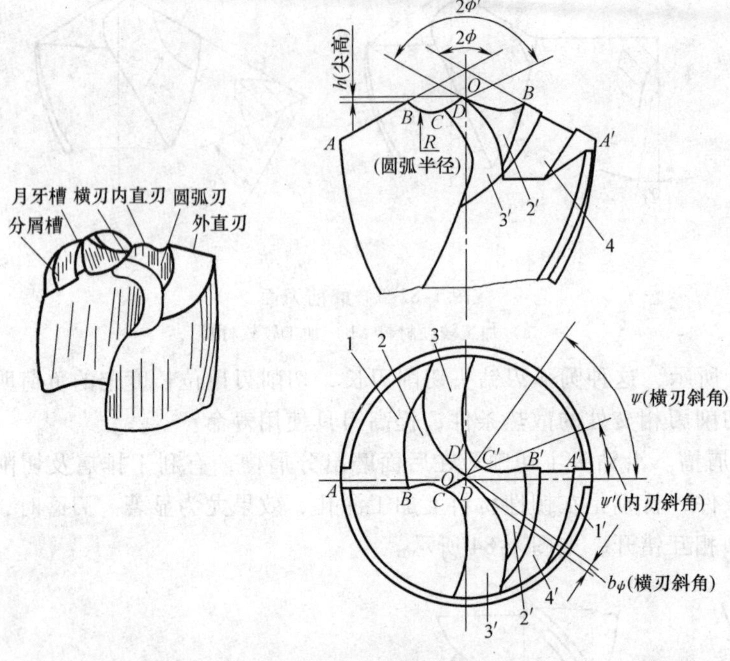

图1-85　基本型群钻

1、1'—外刃后刀面　2、2'—月牙槽　3、3'—内刃前刀面　4、4'—分屑槽

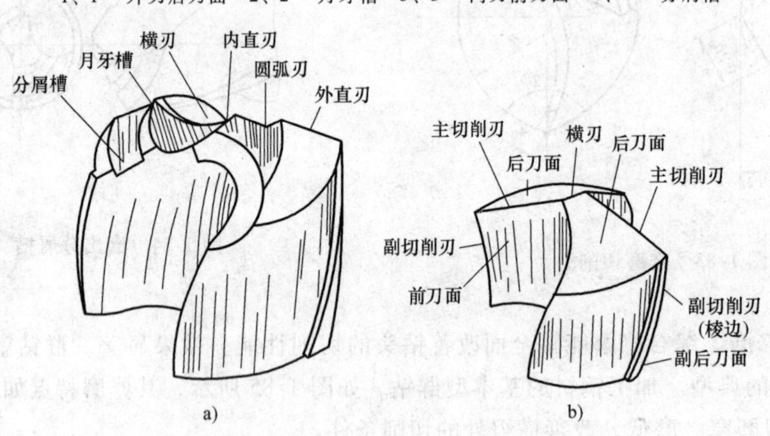

图1-86　基本型群钻与普通麻花钻的刃形比较

a）基本型群钻的刃形　b）普通麻花钻的刃形

产生的偏差，可在划十字中心线时，同时划出大小不等的方框，作为钻孔时的检查线。

（2）钻头的装夹　对于直径小于13mm的直柄钻头，直接在钻夹头中夹持，钻头伸入钻夹头中的长度不小于15mm，通过钻夹头上的三个小孔来转动钻夹头钥匙，如图1-88a所示，使三个卡爪伸出或缩进，将钻头夹紧或松开。

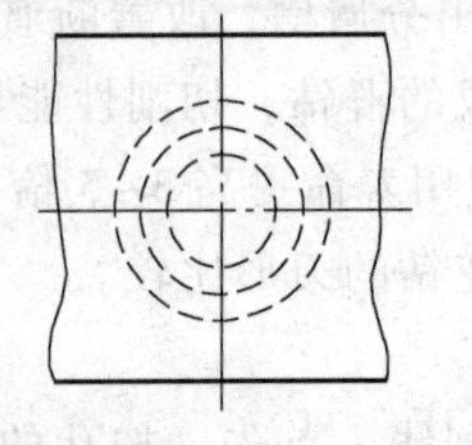

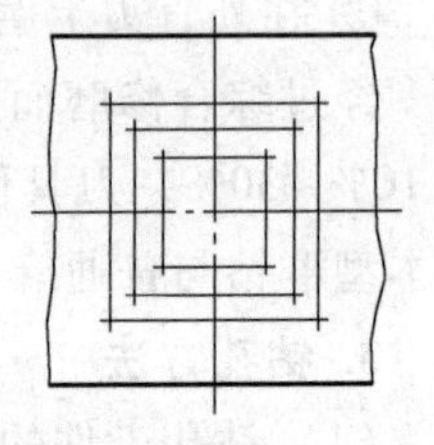

图1-87　孔位置检查线

对于直径大于13mm以上的锥柄钻头，用柄

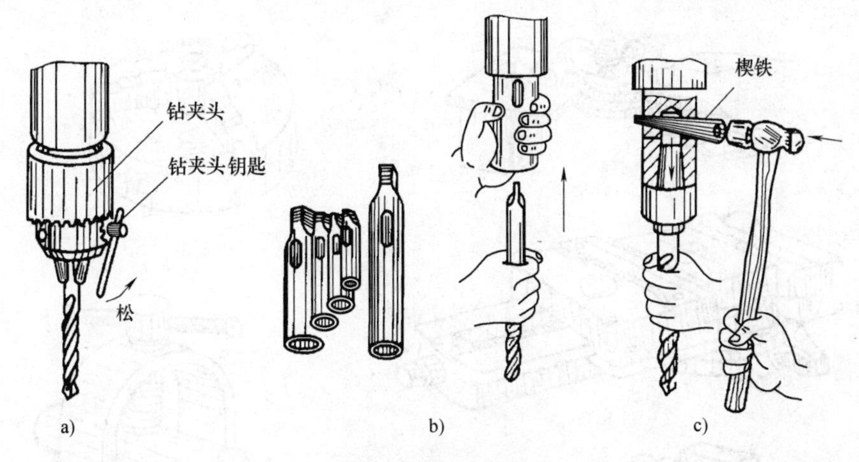

图1-88　钻头装拆

部的莫氏锥体直接与钻床主轴相连。较小的钻头不能直接与钻床主轴的内莫氏锥度相配合，须选用相应的钻套与其联接起来才能进行钻孔。每个钻套上端有一扁尾，套筒内腔和主轴锥孔上端均有一扁槽，安装时如图1-88b所示，将钻头或钻套的扁尾沿锥孔方向装入扁槽中，以传递转矩，使钻头顺利切削。拆卸时如图1-88c所示，用楔铁敲入套筒或主轴锥孔的扁槽内，利用楔铁斜面的向下分力，使钻头与套筒或主轴分离。在装夹钻头前，钻头、钻套、主轴必须分别擦干净，联接要牢固，必要时可用木块垫在钻床工作台上，摇动钻床手柄，使钻头向木块冲击几次，即可将钻头装夹牢固。严禁用锤子等硬物敲击钻夹头。钻头装好后应使径向圆跳动尽量小。

（3）工件的夹持　钻孔前，要先用直角尺检测工件是否与主轴垂直。钻孔时，工件的装夹方法应根据钻孔直径的大小及工件的形状来决定。一般钻削直径小于8mm的孔，而工件又可用手握牢时，可用手拿住工件钻孔，但工件上锋利的边角要倒钝，当孔快要钻穿时要特别小心，进给量要小，以防发生事故。除此之外，还可采用其他不同的装夹方法来保证钻孔质量和安全。

1）用手虎钳夹紧。在小型工件、板上钻小孔或不能用手握住工件钻孔时，必须将工件放置在定位块上，用手虎钳夹持来钻孔，如图1-89a所示。

2）用平口钳夹紧。钻孔直径超过8mm，且表面平整的工件上钻孔，可用平口钳来装夹，如图1-89b所示。装夹时，工件应放置在垫铁上，防止钻坏平口钳，工件表面与钻头要保持垂直。

3）用压板夹紧。钻大孔或不便用平口钳夹紧的工件，可用压板、螺栓、垫铁直接固定在钻床工作台上进行钻孔，如图1-89c所示。

4）用三爪自定心卡盘夹紧。圆柱工件端面上进行钻孔，用三爪自定心卡盘来夹紧，如图1-89d所示。

5）用V形块夹紧。在圆柱形工件上进行钻孔，可用带夹紧装置的V形块夹紧，也可将工件放在V形块上并配以压板压牢，以防止工件在钻孔时转动，如图1-89e所示。

（4）钻孔时切削用量的选择　在保证加工精度和表面粗糙度及刀具合理使用寿命的前提下选择切削用量，使生产率得到提高。具体选用时，钳工应根据钻头直径、钻头材料、工件材料、表面粗糙度等来决定，一般情况下可查表选取，必要时，可做适当的修正或由试验确定。

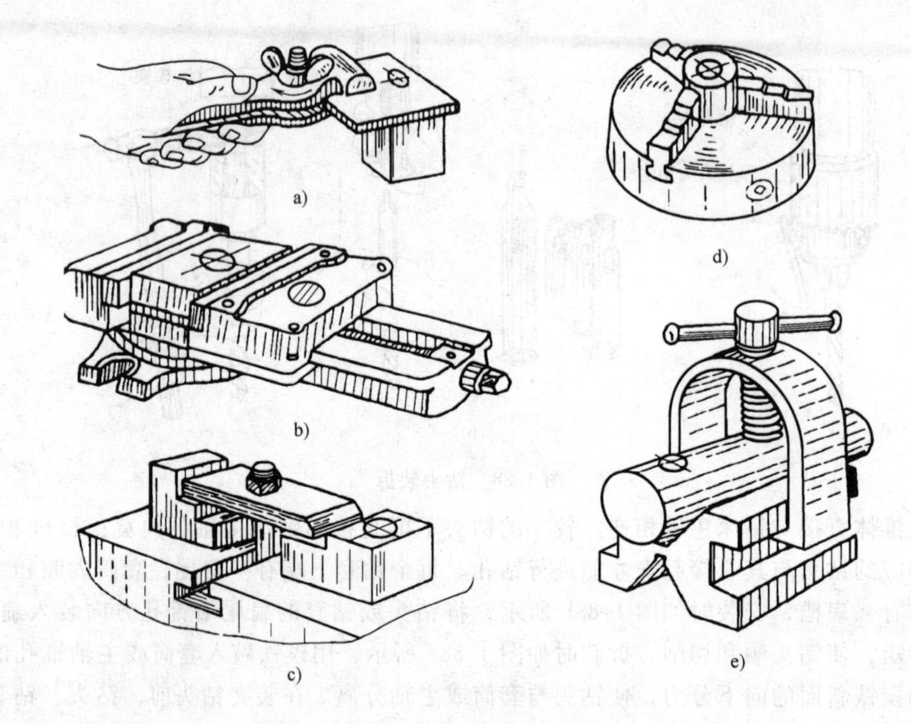

图1-89　工件的装夹方法

1）钻头直径的选择。直径小于30mm的孔一次钻出，直径为30~80mm的孔可分两次钻削，先用（0.5~0.7）D（D为要求的孔径）的钻头钻底孔，然后用直径为D的钻头将孔扩大，这样可以减少切削深度及降低轴向力，保护机床，同时提高钻孔质量。

2）进给量的选择。高速钢标准麻花钻的进给量见表1-13。

表1-13　高速钢标准麻花钻的进给量　（单位：mm）

钻头直径 d/mm	<3	3~6	>6~12	>12~25	>25
进给量 f/mm	0.025~0.05	>0.05~0.10	>0.10~0.18	>0.18~0.38	>0.38~0.62

孔的精度要求较高和表面粗糙度值要求较小时，应取较小的进给量；钻孔较深、钻头较长、刚度和强度较差时，也应取较小的进给量。

3）钻削速度的选择。当钻头的直径和进给量确定后，钻削速度应按钻头的寿命选取合理的数据，一般根据经验选取。孔径较大时，应取较小的切削速度。

（5）切削液的选择　在钻削过程中，由于钻头处于半封闭状态下工作，钻头与工件的摩擦和切屑的变形等产生大量的切削热，严重降低了钻头的切削能力，甚至引起钻头的退火。为了提高生产率，延长钻头的使用寿命，保证钻孔质量，钻孔时要注入充足的切削液。切削液一方面有利于切削热的传导，起到冷却作用；另一方面切削液流入钻头与工件的切削部位，起到润滑作用，有利于减少两者之间的摩擦，降低切削阻力，提高孔壁质量。

由于钻削属于粗加工，切削液主要是为了提高钻头的寿命和切削性能，因此以冷却为主，钻削各种材料的切削液见表1-14。

表1-14 钻削各种材料的切削液

工件材料	切削液
各类结构钢	3%~5%乳化液或7%硫化乳化液
不锈钢、耐热钢	3%肥皂加2% 亚麻油水溶液或硫化切削液
纯铜、黄铜、青铜	不用或5%~8% 乳化液
铸铁	不用或5%~8%乳化液，煤油
铝合金	不用或5%~8% 乳化液，煤油，煤油与菜油的混合油
有机玻璃	5%~8% 乳化液或煤油

(6) 钻孔方法

1) 一般工件的加工方法。

① 试钻。起钻的位置是否正确，直接影响到孔的加工质量。起钻前先把孔中心的样冲眼冲大一些，这样可使横刃在钻前落入冲眼内，钻孔时钻头就不易偏离中心了。判断钻尖是否对准钻孔中心，先要在两个互相垂直的方向上观察。当观察到已对准后，起动主轴先试钻一浅坑，看所钻的锥坑是否与所划的钻孔圆周线同心，如果同心，可以继续钻孔，如果不同心，则要找正之后再钻。

② 找正。当发现试钻的锥坑与所划的钻孔圆周线不同心时，应及时找正。

具体找正方法：若偏位较少，可在起钻的同时用力将工件向偏位的反方向推移，达到逐步找正；若偏位较多，可在找正方向打上几个样冲眼或用油槽錾在需要多钻去材料的部位錾出几条槽，以减少此处的切削阻力，达到找正目的，如图1-90所示；当在摇臂钻床上钻孔时，要移动钻床主轴。无论采用何种方法，都必须在浅坑外圆小于钻头直径之前完成，否则找正就困难了。

③ 限位限速。当起钻达到钻孔位置要求后，即可按要求完成钻孔。手动进给时，进给用力不应使钻头产生弯曲，以免钻孔轴线歪斜，如图1-91所示。当孔将要钻穿时，必须减少进给量，如果是采用自动进给，此时最好改为手动进给。因为当钻尖将要钻穿工件材料时，轴向阻力突然减少，由于钻床进给机构的间隙和弹性变形的恢复，将使钻头以很大的进给量自动切入，以致造成钻头折断或钻孔质量降低等现象。

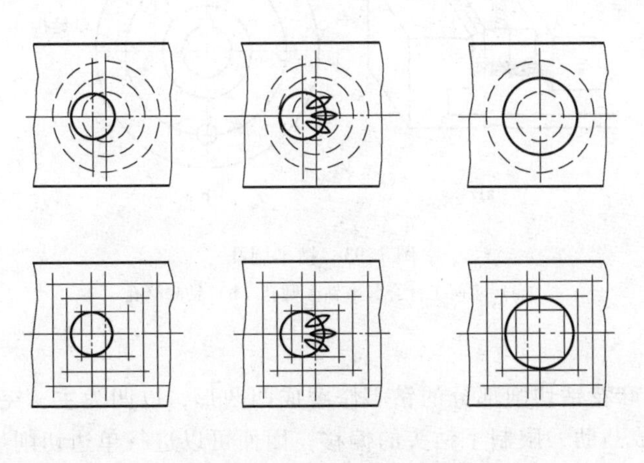

图1-90 起钻偏位找正

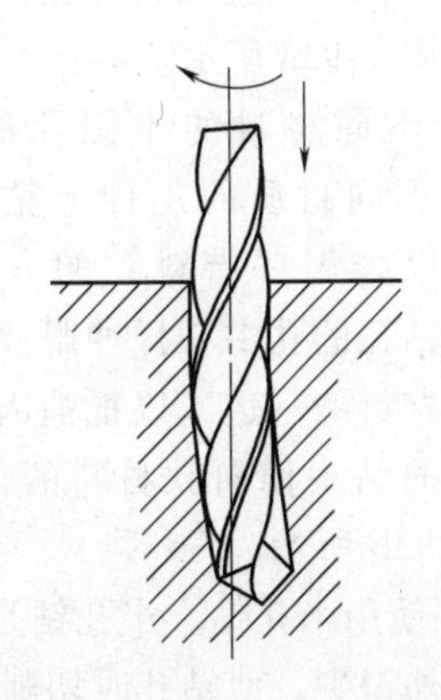

图1-91 钻孔轴线歪斜

钻不通孔时，可按钻孔深度调整挡块，并通过测量实际尺寸来检查钻孔的深度是否达到要求。

④ 直径超过30mm的大孔可分两次钻削，先用0.5~0.7倍孔径的钻头钻孔，再用所需孔径的钻头扩孔。这样可以减少轴向力，保护机床，同时又可提高钻孔质量。

⑤ 钻深孔时，钻头要经常退出排屑，一般当钻进的深度达到孔直径的3倍时，钻头就要退出排屑。且每钻进一定的深度，钻头就要退刀排屑一次，以免钻头因切屑阻塞而扭断。

2）在圆柱形工件上钻孔的方法。

① 孔的中心线与工件上的中心线对称度要求较高时。钻孔前在钻床主轴下安放V形块来支撑工件，并将工件的钻孔中心线找正到与钻床主轴的中心线在同一直线上。然后在钻夹头上夹一个定心工具，并用百分表找正定心工具，使之与主轴达到同轴度要求，并使它的振摆量在0.01~0.02mm，如图1-92所示。然后调整V形块使之与圆锥体彼此结合，最后用压板把V形块位置固定。

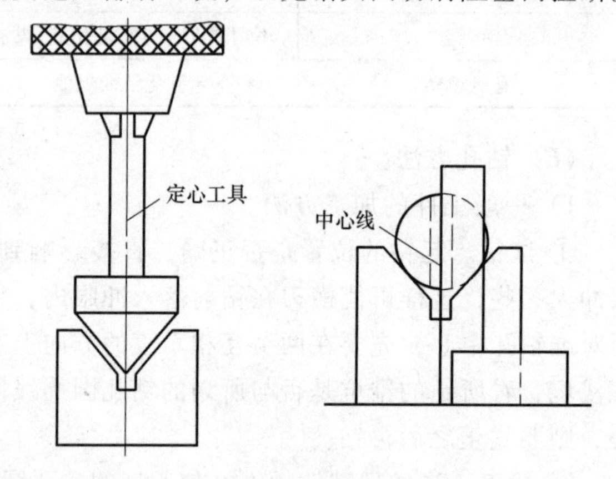

图1-92　在圆柱形工件上钻孔

找正工作结束后开始划线。先在工件端面用90°角尺找正端面的中心线，并使之保持垂直。然后就可换上钻头，压紧工件，试钻一个浅坑，判断中心位置是否正确。如有误差，可找正工件再试钻。

② 孔的中心线与工件上的中心线对称度要求不高时。可以不用定心工具，而利用钻头的钻尖来找正V形块的位置，再利用直角尺找正工件端面的中心线，并使钻尖对准钻孔中心，进行试钻和钻孔。

3）钻半圆孔的方法。

① 相同材料的半圆孔的钻法。当相同材质的两工件边缘需要钻半圆孔时，可以把两个工件合起来，用台虎钳夹紧。若只需要做一件，可以用一块相同的材料与工件合并在一起夹在台虎钳内进行钻削，如图1-93a所示。

② 不同材料的半圆孔的钻法。在两件不同材质的工件上钻骑缝孔时，可以采用“借料”的方法来完成。即钻孔的孔中心样冲眼要打在略偏向硬材料的一边，以抵消因阻力小而引起的钻头偏向软材料的偏移量，如图1-93b所示。

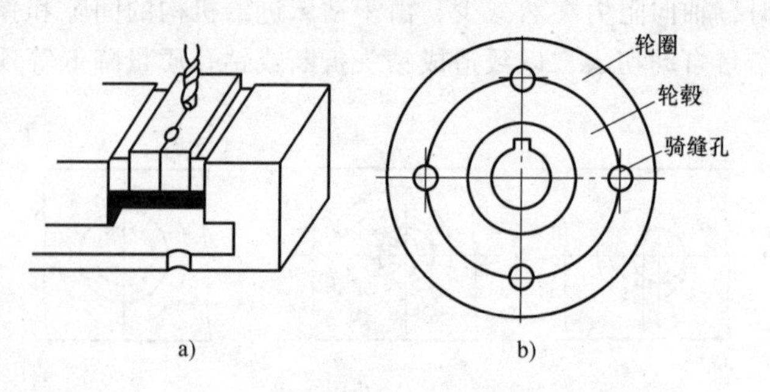

图1-93　钻半圆孔
a）将两工件合起来钻半圆孔　b）钻骑缝孔

③ 使用半孔钻。半孔钻是把标准麻花钻切削部分的钻心修磨成凹凸形，以凹为主，突出两个外刃尖，使钻孔时切削表面形成凸肋，限制了钻头的偏移，因而可以进行单边切削。为防止振动，最好采用低速手动进给。

4. 特殊孔的钻削要点

(1) 钻小孔

1) 钻小孔的加工特点。

① 钻孔直径为 3mm 以下的小孔。

② 小钻头螺旋槽窄，使排屑困难，钻头容易折断。

③ 切削液很难注入切削区，致使刀具冷却润滑不良，使用寿命降低。

④ 刀具重磨困难，直径小于 1mm 的钻头需在放大镜下刃磨，操作难度大。

2) 钻小孔的要点。

① 选择精度高的钻床、钻夹头和合理的转速。一般情况下，孔直径为 2~3mm 时，转速可选 1500~2000r/min；钻头直径小于 1mm 时，转速可选 2000~3000r/min 甚至更高。

② 起钻时，进给力要小，防止钻头弯曲和滑移，以保证起钻的正确位置。

③ 进给时要控制好手劲的感觉，钻削阻力不正常时要立即停止进给，以防钻头折断。钻削过程中经常提钻排屑，并加注切削液冷却。

(2) 钻深孔　当钻孔深度与孔径比大于 5~10 时称为深孔。加工深孔一般采用分步进给的加工方法，即在钻削过程中，钻头进给一定深度后退出钻头，排出切屑，有利于加注切削液冷却润滑。也可采用两面钻孔的方法完成深孔钻削。对于孔壁表面粗糙度值要求较小的深孔，一般先钻出底孔，然后经一次或几次扩孔，扩孔余量应逐次减少。

(3) 钻斜孔　斜孔是孔的中心线与钻孔工件表面不垂直的孔。由于钻头在单向径向力的作用下，切削刃受力不均匀而产生偏切现象，致使钻孔偏歪、滑移，不易钻进，即使勉强钻进，钻出的孔的圆度和中心轴线的位置也难以保证，甚至可能折断钻头。

采用方法如下：

1) 不改变工件位置钻斜孔。

① 用样冲在钻孔中心打出一个较大的中心眼，或用錾子錾出一个小平面后，先用中心钻钻出一个较大的锥坑，或用小钻头钻出一个浅孔，再钻孔时钻头的定心就较为可靠了。

② 用中心钻在钻孔中心先钻出一个中心孔，或用立铣刀在斜面上铣一个水平面，然后再钻孔，如图 1-94 所示。

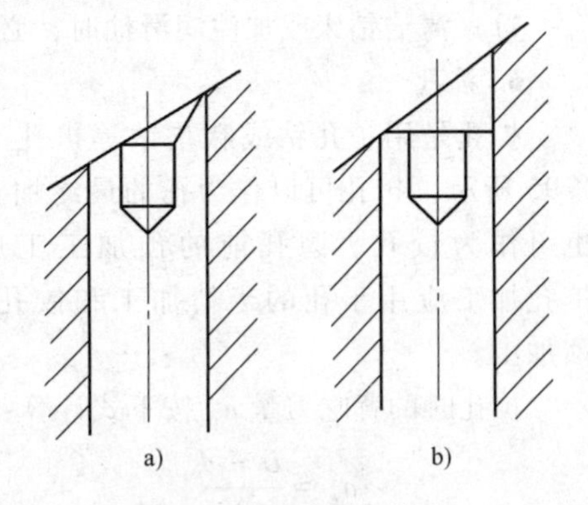

图 1-94　在斜面上钻孔
a) 用中心钻钻一中心孔
b) 用立铣刀铣一平面

2) 改变工件的位置钻斜孔。先将工件的钻孔端面置于水平位置装夹，在钻孔位置的中心锪出一个浅窝，然后把工件按孔的倾斜角度装夹，通过浅窝的过渡逐渐完成钻孔。

3) 用专用夹具钻孔。将工件装夹在可调角度的钻孔夹具或角度平口钳上，利用夹具的可调角度来完成斜孔钻削。

(4) 钻精密孔　钻精密孔一般是通过扩孔（或直接钻孔）来获得较高精度。加工后，孔的尺寸精度可达 0.02~0.04mm，表面粗糙度 *Ra* 值可达 1.6μm。

钻削精密孔不但要选用精度较高的钻床，而且对钻头的精度要求也很高，钻头切削刃一定要修磨对称，以提高切削的稳定性，钻头修磨后要用油石修去毛刺。

（5）钻多孔、相交孔　多孔、相交孔是指加工面上孔的数量较多或是在两个以上的坐标方向上钻孔，并且孔与孔相贯通。

钻多孔、相交孔要点如下：

① 当孔径不同时，应先钻大径孔，后钻小径孔，以减轻工件的质量。

② 当孔深不同时，应先钻深孔，后钻浅孔。

③ 当干道孔与几条支道孔相贯通时，先钻干道孔，后钻支道孔。

④ 当干道孔前端有截止孔时，应先钻截止孔，后钻干道孔。

5. 钻孔的安全知识

1）钻孔前检查钻床的润滑、调速是否良好，工作台面应清洁干净，不准放置刀具、量具等物品。

2）操作钻床时不可戴手套，以防手套被钻头卷绕而造成人身事故。袖口必须扎紧，女生戴好工作帽。

3）工件必须夹紧牢固。

4）开动钻床前，应检查钻夹头钥匙或斜铁是否插在钻轴上。

5）钻床在使用前必须先空转试车，在机床各机构都能正常工作时才可操作。

6）操作者的头部不能太靠近旋转着的钻床主轴，停车时应让主轴自然停止，不能用手制动，也不能反转制动。

7）钻孔时清除切屑不能用手和棉纱或用嘴吹，必须用刷子清除，长切屑或切屑绕在钻头上要用钩子钩去或停车清除。

8）钻通孔时必须使钻头能通过工作台面上的让刀孔，或在工件下面垫上垫铁，以免钻坏工作台面。

9）严禁在开车状态下装拆工件，检验工件和变速须在停车状态下完成。

10）工作完成后必须将机床外露滑动面及工作台面擦净，并对各滑动面及各注油孔加注润滑油，同时必须切断电源。

11）清洁钻床或加注润滑油时，必须在钻床停止后进行。

6. 扩孔

扩孔是用扩孔钻或麻花钻等扩孔工具对工件上已有的孔进行扩大加工的方法，如图1-95所示。扩孔可以作为孔的最终加工，也可作为铰孔、磨孔前的预加工工序，扩孔加工应用于孔的半精加工和铰孔的预加工。

扩孔时的背吃刀量 a_p 按下式计算：

$$a_p = \frac{D-d}{2}$$

式中　D——扩孔后直径（mm）；

d——预加工孔直径（mm）。

实际生产中，一般用麻花钻代替扩孔钻使用，扩孔时的进给量为钻孔时的1.5~2倍，切削速度为钻孔时的1/2。

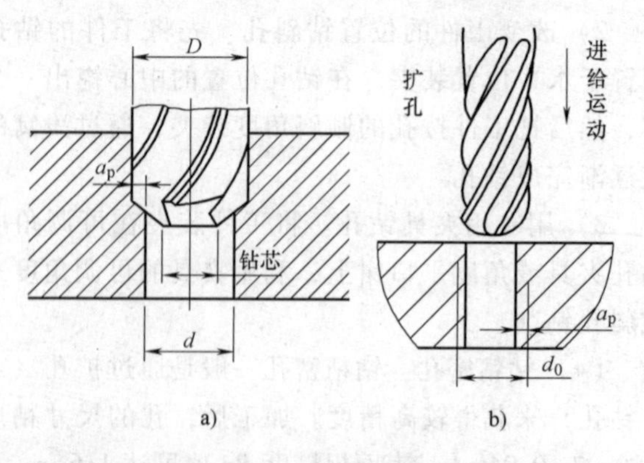

图1-95　扩孔

a）扩孔钻扩孔　b）麻花钻扩孔

扩孔主要有以下要点：

1）扩孔钻多用于成批大量生产。小批量生产常用麻花钻代替扩孔钻使用，此时应适当减小钻头前角，以防止扩孔时扎刀。

2）用麻花钻扩孔，扩孔前钻孔直径为0.5~0.7倍的要求孔径；用扩孔钻扩孔，扩孔前钻头直径为0.9倍的要求孔径。

3）钻孔后，在不改变钻头与机床主轴相互位置的情况下，应立即换上扩孔钻进行扩孔，使钻头与扩孔钻的中心重合，保证加工质量。

7. 锪孔

用锪孔刀具在孔口表面加工出一定形状的孔或表面的加工方法，称为锪孔。常见的锪孔形式有锪圆柱形沉孔、锪锥形沉孔和锪平面，如图1-96所示。

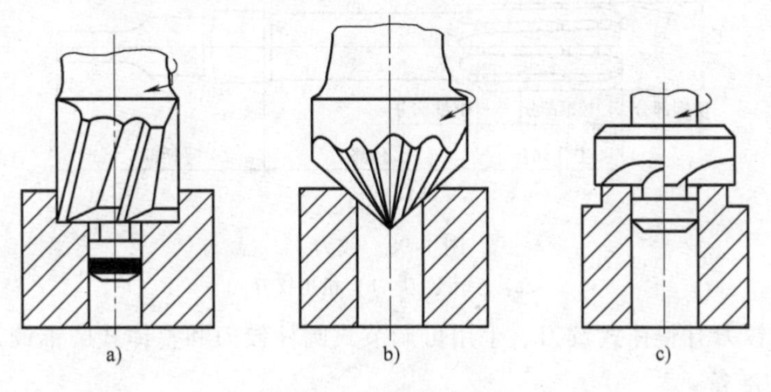

图1-96 锪孔形式

a）锪圆柱形沉孔 b）锪锥形沉孔 c）锪平面

锪孔时刀具容易振动，使所锪的端面或锥面出现振痕，特别是使用麻花钻改制的锪钻，振痕更为严重。为此在锪孔时应注意以下几点：

1）锪孔时的进给量为钻孔的2~3倍，背吃刀量为钻孔的1/3~1/2。精锪时可利用停车后的主轴惯性来锪孔，以减少振动而获得光滑表面。

2）使用麻花钻改制锪钻时，尽量选用较短的钻头，并适当减少后角和外缘处前角，以防止扎刀和减少振动。

3）锪钢件时，应在导柱和切削表面加切削液润滑。

8. 铰孔

用铰刀从工件孔壁上切除微量金属层，以获得较高尺寸精度和较小表面粗糙度值的方法，称为铰孔，如图1-97所示。由于铰刀的刀齿数量多，切削余量小，导向性好，因此切削阻力小，加工精度高。

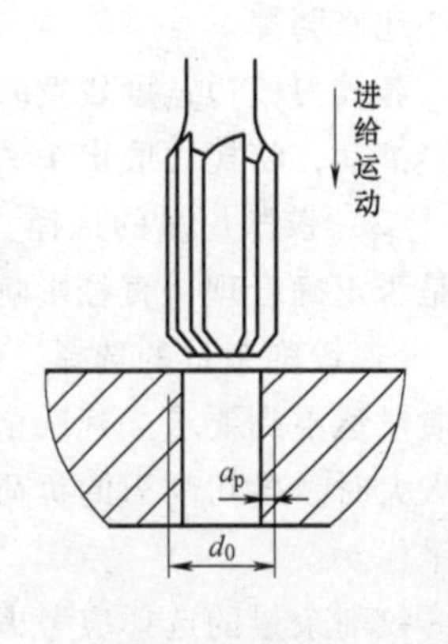

图1-97 铰孔

（1）铰刀的组成 铰刀由柄部、颈部和工作部分组成，如图1-98所示。工作部分又有切削部分和校准部分。切削部分担负切去铰孔余量的任务。校准部分有棱边，主要起定向、修光孔壁、保证铰孔直径和便于测量等作用。为了减小铰刀和孔壁的摩擦，校准部分磨出倒锥量。铰刀齿数一般为4~8齿，为测量直径方便，多采用偶数齿。

（2）铰刀的种类　铰刀的种类很多，按使用方式可分为手用铰刀和机用铰刀两种，如图1-98所示；按铰刀结构可分为整体式铰刀和可调节式铰刀；按切削部分材料可分为高速钢铰刀和硬质合金铰刀；按铰刀用途可分为圆柱铰刀和圆锥铰刀；按齿槽形式可分为直槽铰刀和螺旋槽铰刀。

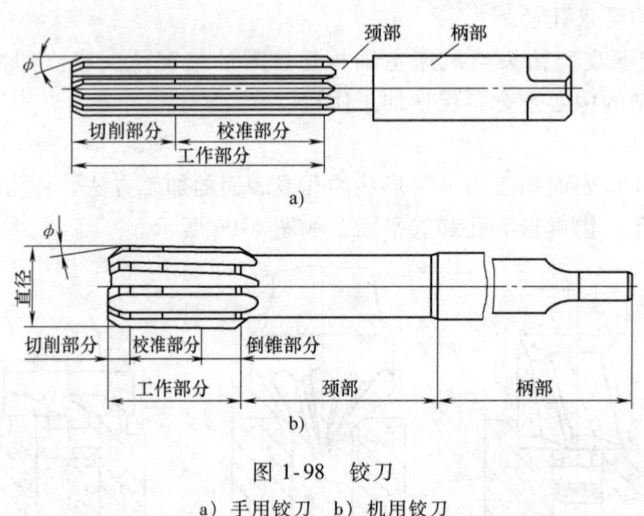

图1-98　铰刀

a）手用铰刀　b）机用铰刀

钳工常用的铰刀有整体式铰刀、手用可调节式圆柱铰刀和整体式圆锥铰刀。

9. 铰孔前的准备

（1）铰刀的研磨　新铰刀直径上留有研磨余量，且棱边的表面粗糙度值也较大，所以公差等级为IT8级以上的铰孔，使用前根据工件的扩张量或收缩量对铰刀进行研磨。研磨时铰刀由机床带动旋转，旋转方向要与铰削方向相反，机床转速一般以40~60r/min为宜。研具套在铰刀的工作部分上，研套的尺寸调整到能在铰刀上自由滑动为宜。研磨时，手握住研具作轴向均匀的往复移动，研磨剂放置要均匀，及时清除铰刀沟槽中的研垢，并重新换上研磨剂再研磨，随时检查铰刀的研磨质量。

为了使铰削获得理想的铰孔质量，还需要及时用油石对铰刀的切削刃和刀面进行研磨。特别是铰刀使用中磨损最严重的地方（切削部分与校准部分的过渡处），需要用油石仔细地将该处的尖角修磨成圆弧形的过渡刃。铰削中，发现铰刀刃口有毛刺或积屑瘤要及时用磨石小心地修磨掉。

若铰刀棱边宽度较宽时，可用油石贴着后刀面，并与棱边倾斜1°，沿切削刃垂直方向轻轻推动，将棱边磨出1°左右的小斜面。

（2）铰削用量的选择　铰削用量主要指铰削余量、切削速度和进给量。铰削用量的选择是否正确合理，直径影响铰孔质量。

1）铰削余量的选择。铰削余量太小时，难以纠正上道工序残留下来的变形和刀痕，孔的质量达不到要求。其次余量太小，会使铰刀产生严重的啃刮现象，铰刀易磨损。而铰削余量太大时，各切削刃的负荷大，切削热增多，孔径易扩张，孔表面的粗糙度值增大，且切削不平稳。

铰削余量的选择应考虑到直径大小、材料软硬、尺寸精度、表面粗糙度、铰刀的类型等因素。如果余量太大，不但孔铰不光，且铰刀易磨损；过小，则上道工序残留的变形难以纠

正，原有刀痕无法去除，影响铰孔质量。一般铰削余量的选用，可参考表 1-15。

表 1-15　铰削余量

铰孔直径/mm	<5	5~20	21~32	33~50	51~70
铰削余量/mm	0.1~0.2	0.2~0.3	0.3	0.5	0.8

此外，铰削精度还与上道工序的加工质量有直接的关系，因此，还要考虑铰孔的工艺过程。一般铰孔的工艺过程是：钻孔→扩孔→铰孔。对于 IT8 级以上精度、表面粗糙度 Ra = 1.6μm 的孔，其工艺过程是：钻孔→扩孔→粗铰→精铰。

2）机铰时的切削速度和进给量。铰削的切削速度和进给量太大时，会加快铰刀的磨损。而选得太小，又影响生产率。同时，如果进给量太小，刀齿会对工件材料产生推挤作用，使被碾压过的材料产生塑性变形和表面硬化，当下一刀齿再切削时，会撕下一大片切屑，使加工后的表面变得粗糙。

使用普通标准高速钢铰刀时：对铸铁铰孔，切削速度 $v \leqslant 10$m/min，进给量 $f = 0.8$mm/r；对钢件铰孔，切削速度 $v \leqslant 8$m/min，进给量 $f = 0.4$mm/r。

10. 铰削时的冷却润滑

由于铰削时产生的切屑较细碎，易粘附在切削刃上或铰刀与孔壁之间，使已加工表面被拉毛，使孔径扩大，散热困难，易使工件和铰刀变形、磨损。如果在铰削时加入适当的切削液，就可及时对切屑进行冲洗，对刀具、工件表面进行冷却润滑，以减小变形，延长刀具使用寿命，提高铰孔的质量。

铰孔时切削液的选择见表 1-16。

表 1-16　铰孔时切削液的选择

加工材料	切　削　液
钢	1. 用 10%~20%乳化液 2. 铰孔要求高时，采用 30%菜油加 70%肥皂水 3. 铰孔要求更高时，可采用菜油、柴油和猪油等
铸铁	1. 不用 2. 煤油，但会引起孔径缩小，最大缩小量达 0.02~0.04mm 3. 低浓度的乳化液
铝	煤油

11. 铰刀铰孔的方法

（1）手用铰刀铰孔的方法

1）装夹要可靠，将工件要夹正、夹紧，尽可能使被铰孔的轴线处于垂直位置。对薄壁零件夹紧力不要过大，防止将孔夹扁，铰孔后产生变形。

2）手铰过程中，两手用力要平衡、均匀、稳定，防止铰刀偏摆，避免孔口处出现喇叭口孔，孔径扩大。

3）铰削进给时不能猛力推压铰杠，应一边旋转，一边轻加压，使铰刀缓慢、均匀地进给，保证获得较小的表面粗糙度值。

4）铰削过程中，要注意变换铰刀每次停歇的位置，避免在同一处停歇而造成振痕。

5）铰刀不能反转，退出时也要顺转，否则会使切屑卡在孔壁和后刀面之间，将孔壁拉毛，铰刀也容易磨损，甚至崩刃。

6）铰削钢料时，切屑碎末易粘附在刀齿上，应注意经常退刀清除切屑，并添加切削液。

7）铰削过程中，发现铰刀被卡住，不能用猛力扳转铰杠，防止铰刀崩刃或折断，而应及时取出铰刀，清除切屑和检查铰刀。继续铰削时要缓慢进给，防止在原处再次被卡住。

（2）机用铰刀铰孔的方法　使用机用铰刀铰孔时，除注意手铰时的各项要求外，还应注意以下几点：

1）要选择合适的铰削余量、切削速度和进给量。

2）必须保证钻床主轴、铰刀和工件孔三者之间的同轴度要求。对于高精度孔，必要时要采用浮动铰刀夹头来装夹铰刀。

3）开始铰削时先采用手动进给，正常切削后改用自动进给。

4）机铰时，应使工件一次装夹进行钻、扩、铰，以保证孔的加工位置。铰孔完成后，要待铰刀退出后再停车，以防将孔壁拉出痕迹。

5）铰不通孔时，应经常退刀清除切屑，防止切屑拉伤孔壁；铰通孔时，铰刀校准部分不能全部出头，以免将孔口处刮坏，退刀时困难。

6）铰尺寸较小的圆锥孔时，可先以小端直径按圆柱孔精铰余量钻出底孔，然后用锥铰刀铰削。对尺寸和深度较大的圆锥孔，为减小切削余量，铰孔前可先钻出阶梯孔，如图1-99所示。然后再用锥铰刀铰削，铰削过程中要经常用相配的锥销来检查铰孔尺寸，如图1-100所示。

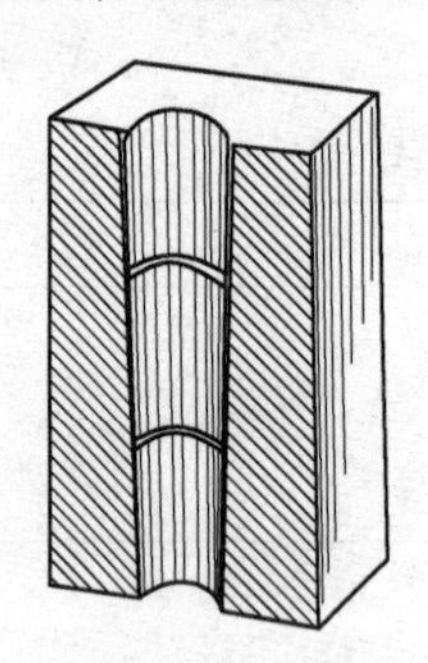

图1-99　钻阶梯孔

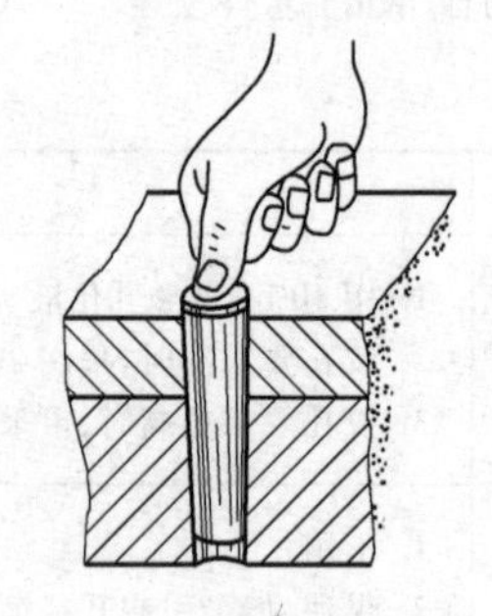

图1-100　用锥销检查铰孔尺寸

7）在铰削过程中，必须注入足够的切削液，以清除切屑和降低切削温度。

12. 废品分析

钻孔时常见的废品形式、产生原因及改进措施见表1-17，铰孔时常见的废品形式、产生原因及改进措施见表1-18。

表1-17　钻孔时常见的废品形式、产生原因及改进措施

废品形式	产生原因	改进措施
孔径大于规定尺寸	钻头两主切削刃长度不等，高低不一致	正确刃磨钻头，保证两主切削刃长短相等，高度一致
	钻头主轴径向偏摆或工作台未锁紧、有松动	钻孔前检查钻头主轴有无摆动，工作台是否锁紧、有无松动现象
	钻头本身弯曲或钻夹头未装好，引起摆动	钻孔前检查钻头是否安装正确，有无摆动，钻孔前钻头是否弯曲

（续）

废品形式	产生原因	改进措施
孔呈多角形	钻头后角太大	掌握钻头的正确刃磨方法，检查后角是否达到要求的数值
	钻头两主切削刃长短不等，角度不对称	掌握钻头的正确刃磨方法，检查两主切削刃是否对称，长度是否一致，后角是否对称
孔位置偏移	工件划线不正确或装夹不正确	钻孔前检查工件划线是否正确，工件装夹是否正确
	样冲眼中心不准	钻孔前检查样冲眼是否在中心线上
	钻头横刃太长，定心不稳	正确刃磨钻头
	起钻过偏没有校准	钻孔前要先试钻，并及时找正，然后再钻削
孔壁粗糙	钻头不锋利	将钻头刃磨锋利
	进给量太大	合理选择进给量的大小
	切削液性能差或供给不足	根据材料和加工要求选择合适的切削液并保证供给充足
	切屑堵塞螺旋槽	钻孔时要经常退钻排屑
孔歪斜	钻头与工件表面不垂直、钻头主轴与台面不垂直	钻孔前要找正钻头和工件表面的垂直度
	进给量过大，造成钻头弯曲	合理选择进给量的大小
	工件安装时，安装接触面上的切屑等污物未及时清除	及时清除切屑等污物，确保钻孔时的安装接触面清洁
	工件装夹不牢，钻孔时产生歪斜，或工件有砂眼	钻孔前检查工件装夹是否牢固，检查工件有无砂眼缺陷
钻头工作部分折断	钻头已钝还在继续钻孔	及时刃磨钻头
	进给量太大	合理选择进给量的大小
	孔刚钻穿时未减小进给量	当孔要钻穿时，必须减少进给量，如果是自动进给，最好改为手动进给
	工件未夹紧，钻孔时有松动	钻孔前将工件夹紧
	未经常退钻排屑，使钻头在螺旋槽中阻塞	钻孔时要经常退钻排屑
	钻黄铜等软金属及薄板料时，钻头未修磨	钻黄铜等软金属及薄板料时，钻头前角要修磨小，后角不能太大
	孔已歪斜还在继续钻孔	钻孔时要进行找正，确保孔不歪斜
切削刃迅速磨损或碎裂	切削速度太高	选择适当的切削速度
	钻头刃磨未适应工件材料的硬度	根据材料的硬度刃磨钻头角度
	工件有硬块或砂眼	钻孔前检查工件是否有硬块或砂眼等缺陷
	进给量太大	根据工件材料，选择合适的进给量大小
	切削液供给不足	根据工件材料选择切削液，并保证切削液供给充足

表1-18　铰孔时常见的废品形式、产生原因及改进措施

废品形式	产生原因	改进措施
表面粗糙度达不到要求	铰刀刃口不锋利或有崩刃，铰刀切削部分和校准部分粗糙	及时刃磨铰刀，确保切削部分和校准部分光滑
	切削刃上有积屑瘤或容屑槽内切屑粘结过多未清除	经常退钻清除切屑，并添加切削液
	铰刀退出时反转	铰刀不能反转，退出时也要顺转
	铰削余量太大或太小	铰削余量的大小选择，应考虑到直径的大小，材料软硬，尺寸精度，表面粗糙度，铰刀的类型等因素
	切削液不充足或者选择不当	选择合适的切削液，且保证切削液供给充足
	手铰时，铰刀旋转不平稳、铰刀偏摆过大	手铰过程中两手用力要平衡、均匀，防止铰刀偏摆
孔径扩大	手铰时，铰刀偏摆过大	手铰过程中两手用力要平衡、均匀
	机铰时，铰刀轴心线与工件孔的轴心线不重合	机铰时，应使工件一次装夹进行钻铰工作，以保证铰刀轴心线与钻孔中心线一致
	铰刀未研磨，直径不符合要求	新铰刀直径上留有研磨余量，所以使用前要研磨
	进给量和铰削余量太大	正确选择进给量和铰削余量的大小
	切削速度太高，使铰刀温度上升，直径增大	合理使用切削液，清除切屑，降低切削温度
孔径缩小	铰刀磨损后，尺寸变小继续使用	更换新铰刀，刃磨至要求尺寸
	铰削余量太大，引起孔弹性复原而使孔径缩小	根据工件材料软硬、直径大小等选择铰削余量
	铰铸铁时加了煤油	换新铰刀一般用煤油可减小表面粗糙度值，旧铰刀则采用干切削
孔呈多棱形	铰削余量太大和铰刀切削刃不锋利，使铰刀发生“啃切”，产生振动而引起多棱形	选择正确的铰削余量，铰刀切削刃不锋利时，用油石修复，防止铰刀发生“啃切”产生振动
	机铰时，钻床主轴振摆太大	加工前，钻床低速运转，检查钻床主轴旋转是否正常，有无振动
孔轴线不直	预钻孔壁不直，铰削时未能使原有弯曲度得以纠正	铰削时应从不同方向校正同轴度误差
	铰刀主偏角太大，导向不良，使铰削方向发生偏歪	正确刃磨铰刀达到角度要求
	手铰时，两手用力不均	手铰过程中两手用力要平衡、均匀

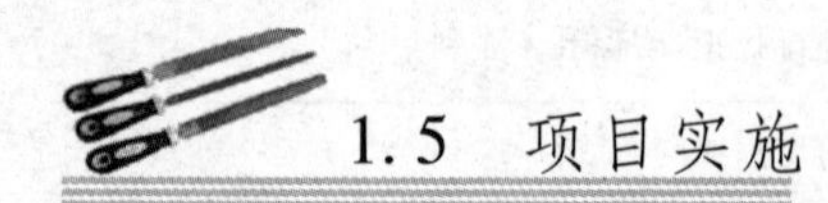

1.5　项目实施

1.5.1　粗、精锉基准面

1. 示范操作

（1）锉刀柄的装拆方法　钳工锉只有装上手柄后，使用起来才方便省力。手柄常用硬

质木料或塑料制成，圆柱部分供镶铁箍用，以防止松动或裂开。手柄安装孔的深度和直径不能过大或过小，约能使锉柄长的3/4插入柄孔为宜。手柄表面不能有裂纹、毛刺。

手柄的安装和拆卸方法如图1-101a所示，安装时，先用两手将锉柄自然插入，再用右手持锉刀轻轻镦紧，或用锤子轻轻击打直至插入柄部长约3/4为止。图1-101b所示为错误的安装方法，因为单手持木柄镦紧，可能会使锉刀因惯性大而跳出木柄的安装孔。

拆卸锉刀柄的方法如图1-101c所示，在台虎钳钳口上轻轻将木柄敲松后取下。

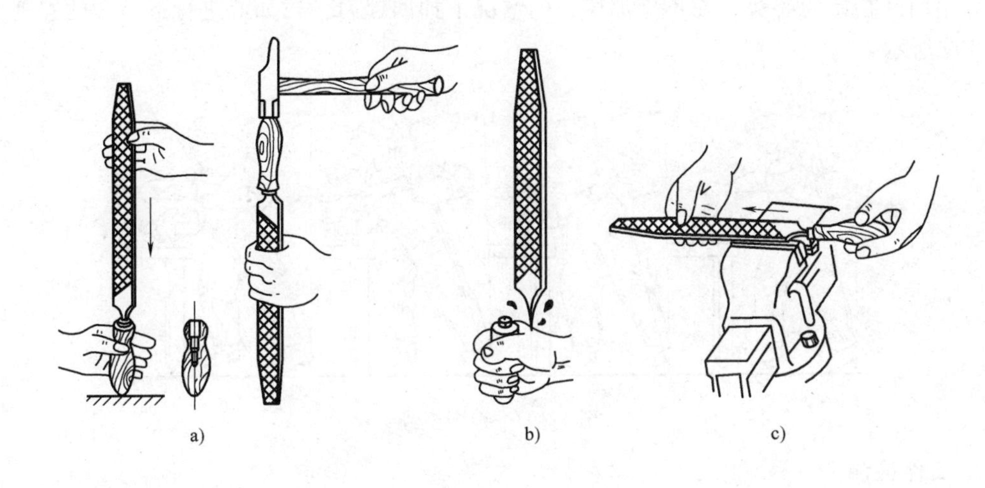

图1-101　锉刀柄的装拆

（2）工件的装夹　工件的装夹是否正确，直接影响到锉削质量的高低。

1）工件尽量夹持在台虎钳钳口宽度方向的中间。锉削面靠近钳口，以防锉削时产生振动。

2）装夹要稳固，但用力不可太大，以防工件变形。

3）装夹已加工表面和精密工件时，应在台虎钳钳口上衬上纯铜皮或铝皮等软的衬垫，以防夹坏工件。

（3）锉削的姿势与操作方法　锉削时人的站立姿势是两腿自然站立，身体重心稍微偏于后脚。身体与台虎钳中心线大致成45°角，且略向前倾；左脚跨前半步（左右两脚后跟之间的距离为250~300mm），脚掌与台虎钳成30°角，膝盖处稍有弯曲，保持自然；右脚要站稳伸直，不要过于用力，脚掌与台虎钳成75°角；视线要落在工件的切削部位上，如图1-102所示。锉削时身体的重心要落在左脚上，右腿伸直，左腿弯曲，身体向前倾斜，两脚站稳不动，锉削时靠左腿的屈伸使身体作往复运动。两手握住锉刀放在工件上面，左臂弯曲，左小臂与工件锉削面的左右方向保持基本平行，右小臂要与工件锉削面的前后方向保持基本平行，但要自然。锉削行程中，身体先与锉刀一起向前，右脚伸直并稍向前倾，重心在左脚，左膝部呈弯曲

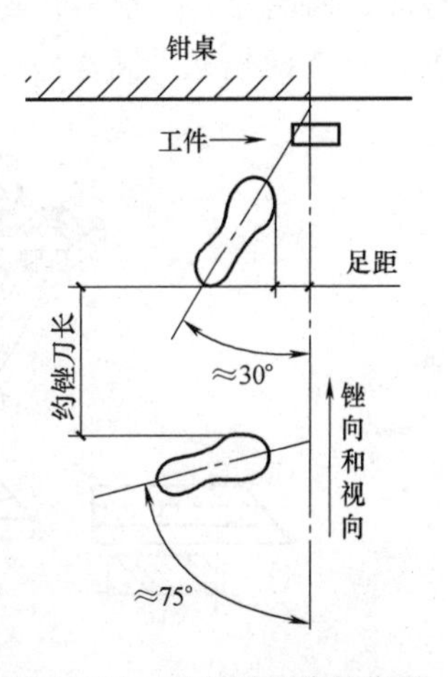

图1-102　锉削时两脚的位置

状态；当锉刀锉至约3/4行程时，身体停止前进，两臂则继续将锉刀向前锉到头，同时，左腿自然伸直并随着锉削时的反作用力，将身体重心后移，使身体恢复原位，并顺势将锉刀收回；当锉刀收回将近结束时，身体又开始先于锉刀前倾，作第二次锉削的向前运动。锉削动作开始时，人的身体向前倾斜10°左右，左膝稍有弯曲，右肘尽量向后收缩；锉削的前1/3行程中，身体前倾至15°左右，使左膝稍有弯曲；锉刀推出2/3行程时，身体逐渐向前倾斜18°左右，左右臂均向前推进锉刀；锉刀推出全程（锉削最后1/3行程）时，身体随着锉刀的反作用力自然地退回到15°位置；推锉行程终止时，两手按住锉刀，把锉刀略微提起，使身体和手回到初始的姿势，在不施加压力的情况下抽回锉刀，再如此进行下一次的锉削，如图1-103所示。

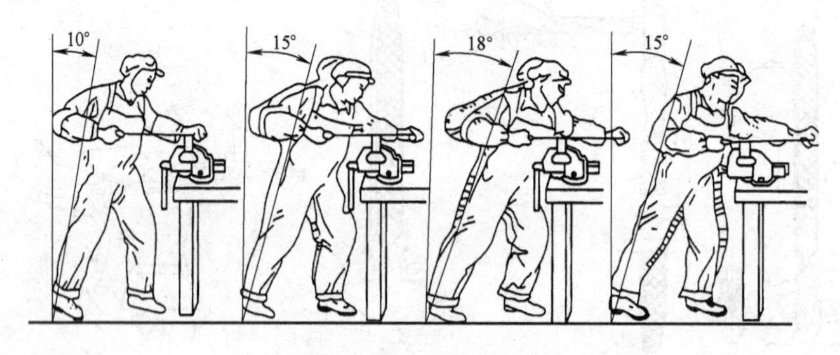

图1-103　锉削姿势

2. 工件检测

（1）平面度测量　手动工具加工工件时，由于锉削平面较小，其平面度通常采用以下两种方法测量：

1）光隙法（透光法）。通过光隙法来检查时，刀口形直尺应垂直放在工件表面上，并在加工面的纵向、横向、对角方向多处逐一进行检查，根据测量面与被测量面之间的透光强弱是否均匀，来判断各个方向的平面度误差，如果刀口形直尺与工件平面间光线微弱而均匀，说明该方向是平直的，如图1-104a所示；若两端光线极微弱，中间光线很强，则工件表面中间凹，误差值按检测部位中的最大直线度误差值计，如图1-104b所示；若中间光线极弱，两端处光线较强，则工件表面中间凸，误差值应按两端检测部位中的最大直线度误差值计（在两端塞入同样厚度的塞尺时），如图1-104c所示；若透光强弱不一，则表明平面不

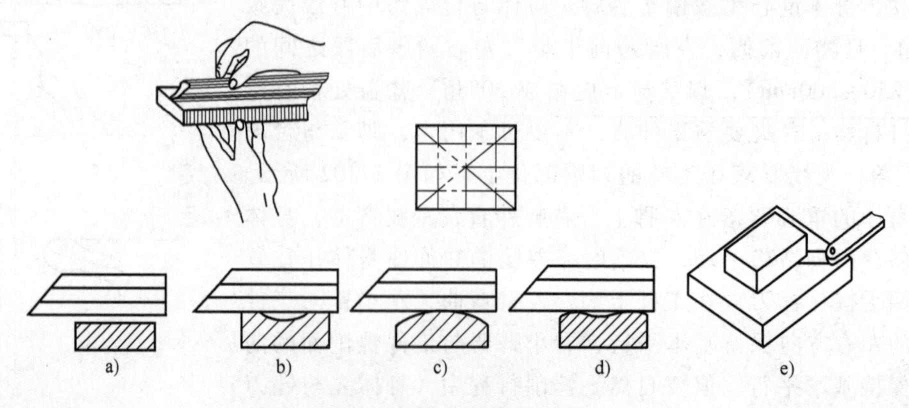

图1-104　平面度的测量

平整，光强处较低，光弱处较高，如图1-104d所示；检测有一定宽度的平面时，要使其检查位置合理、全面，采用“米”字形逐一检测整个平面，平面度误差值的确定可用塞尺塞入检查，如图1-104e所示。

2）研磨法。把工件放在平板上研磨，看工件的接触面，凸的地方发光。

（2）垂直度测量　手动工具加工工件一般用直角尺测量垂直度，图1-105所示为用塞尺配合直角尺检测工件垂直度的情况。

1）先将直角尺尺座的测量面紧贴工件的基准面，然后从上逐步轻轻向下移动至直角尺的测量面，与工件的被测面接触，眼光平视，观察其透光情况。检测时直角尺不可斜放，否则得不到正确的测量结果。

2）在同一平面上改变不同的位置时，直角尺不可在工件上拖动，以免磨损，影响直角尺本身的精度。

3）平行平面必须在基准面达到平面度后加工，平行平面达到规定的精度要求才能进行加工垂直平面的工作，这样再加工各个相关的面时，才具有准确的测量基准。

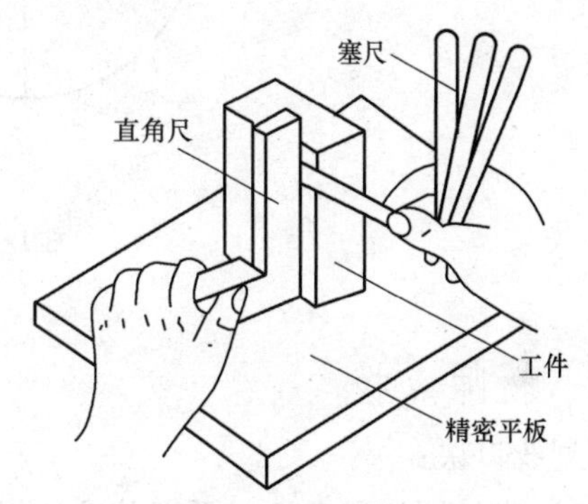

图1-105　用塞尺配合直角尺检测工件垂直度

测量垂直度前，先用锉刀将工件的锐边去毛刺、倒钝，如图1-106所示。测量时如图1-107所示，用直角尺检测工件垂直度。

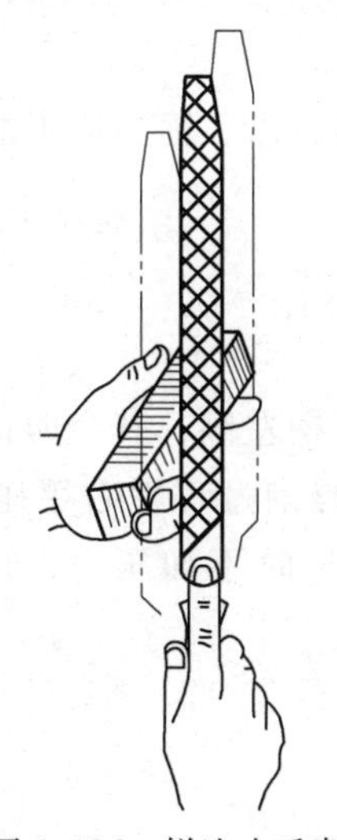
图1-106　锐边去毛刺

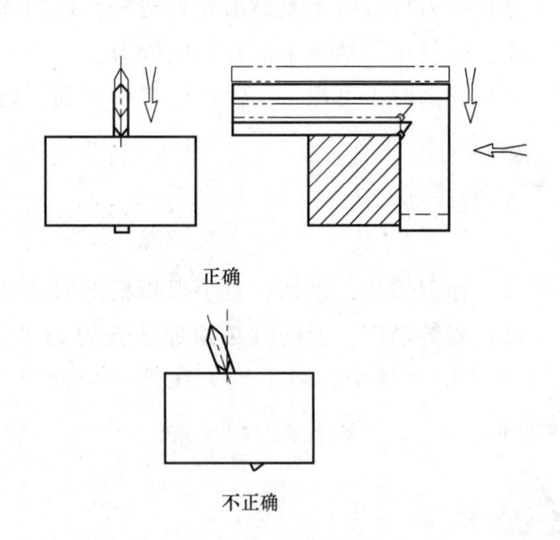

图1-107　直角尺检测工件垂直度

3. 任务实施

1）下料$\phi36\times120$mm。

2）划线。

3）粗、精锉第一面（基准面*A*），达到尺寸32.25mm、平面度0.1mm和表面粗糙度$Ra\leqslant3.2\mu m$的要求，如图1-108所示。

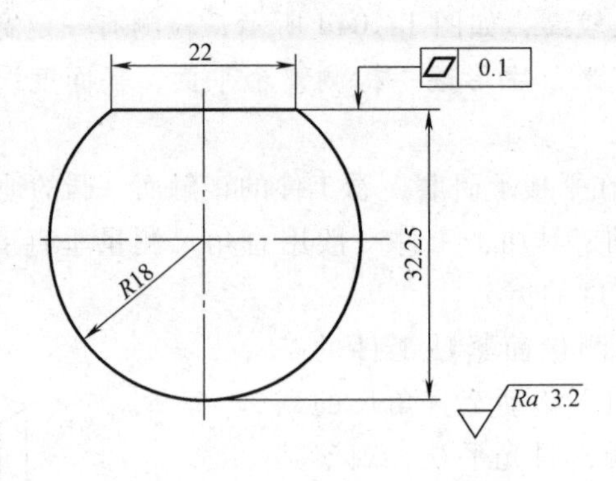

图1-108　基准面加工图

教师点拨

划线口诀：

1）先把图样研究透，再把基准选择好。

2）检查毛坯涂上色，选好工具就划线。

3）线条精度要认真，最后别忘打冲眼。

关　　键

1）锉刀放置时不要露出钳台边外，以防跌落伤人。

2）不使用无柄或手柄开裂的锉刀。

3）锉削时不可用手摸锉过的工件表面，防止锉削时锉刀打滑，而造成事故。

操作技巧

1）锉刀握法：手柄在右手拇指根部肌肉处，拇指靠拢手柄左侧，其余四指自然弯曲。

2）姿势动作：锉削时必须保证锉刀的平直运动。整个锉削过程中右手压力由小变大，左手压力由大变小，两手压力在锉至中间时达到平衡。回程时不加压力，以减少锉刀的磨损。

警　　告

不能用嘴吹切屑或用手清理切屑，以防伤眼或伤手。

重点提示

平面度的测量方法：用刀口形直尺采用透光法检验时，刀口形直尺沿加工面的纵向、横向和对角方向作多处检查，根据测量面与被测量面之间的透光强弱是否均匀，来判断平面度误差。

1.5.2　粗、精锉削长方体

1. 示范操作

（1）锯削姿势　正确的锯削姿势，能减轻疲劳，提高工作效率。握锯时，要自然舒展，右手握手柄，左手轻扶锯弓前端。锯削时，两脚互成一定角度，左脚跨前半步，右脚稍微朝后，身体自然站立，重心偏于右脚。右脚要站稳，右腿伸直，左腿膝盖关节应稍微自然弯曲。夹持工件的台虎钳高度要适合锯削时的用力需要，如图1-109所示，即从操作者的下颚到钳口的距离以一拳一肘的高度为宜。锯削时右腿伸直，左腿弯曲，身体向前倾斜，重心落在左脚上，两脚站稳不动，靠左膝的屈伸使身体做往复摆动。即在起锯时，身体稍向前倾，与竖直方向约成10°角左右，此时右肘尽量向后收，如图1-109a所示，随着推锯的行程增大，身体逐渐向前倾斜到如图1-109b所示位置。行程达2/3时，身体倾斜约18°角左右，左右臂均向前伸出，如图1-109c所示。当锯削最后1/3行程时，用手腕推进锯弓，身体随着手锯的反作用力退回到15°角位置，如图1-109d所示。锯削行程结束后，取消压力将手和身体都退回到最初位置。锯削时，不要仅使用锯条的中间部分，而应尽量在全长度范围内使用。为避免局部磨损，一般应使锯条的行程不小于锯条长度的2/3，以延长锯条的使用寿命。

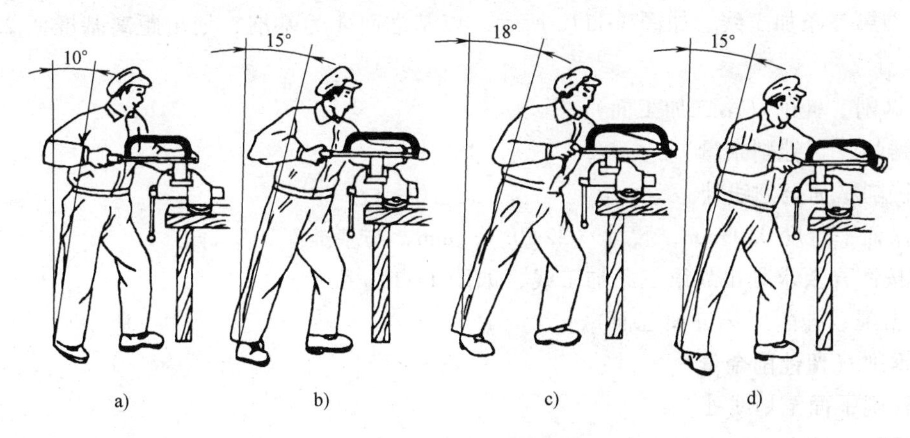

图1-109　锯削操作姿势

（2）起锯操作方法　起锯操作方法有远起锯和近起锯，如图1-110所示。

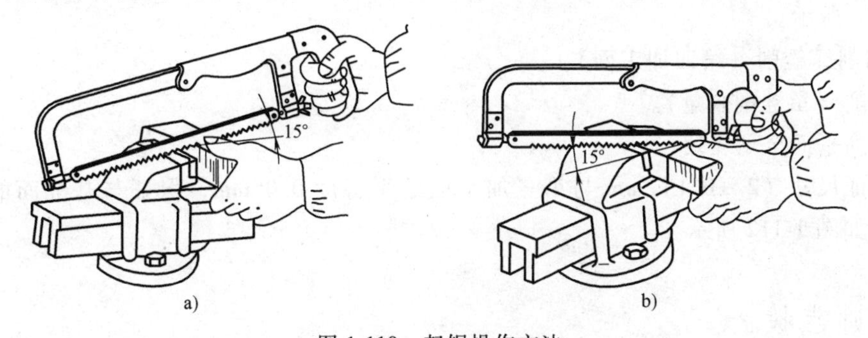

图1-110　起锯操作方法

a）远起锯　b）近起锯

（3）长方体锉削方法　锉削长方体工件各表面时，必须按照一定的顺序进行，才能方便、准确地达到规定的尺寸和相对位置精度要求。长方体工件各表面的锉削顺序，一般原则如下：

1）选择最大的平面作基准面先锉平（达到规定的平面度要求）。

2）先锉大平面后锉小平面。以大面控制小面，能使测量准确，精度修整方便。

3）先锉平行面后锉垂直面，即在达到规定的平行度要求后，再加工取得相关面的垂直度。这是因为一方面便于控制尺寸，另一方面平行度比垂直度的测量控制方便，同时在保证垂直度时，可以进行平行度、垂直度这两项误差的测量比较，减少累积误差。基准面是作为加工控制其余各面的尺寸、位置精度的测量基准，故必须在达到其规定的平面度要求后，才能加工其他面；加工平行面，必须在基准面达到平面度要求后进行；加工垂直面，必须在平行面加工好以后进行，即必须确保基准面、平行面达到规定的平面度及尺寸误差值要求的情况下才能进行；使在加工各相关面时具有准确的测量基准。

在检查垂直度时，要注意刀口形直角尺从上向下移动的速度，压力不要太大，否则易造成尺座的测量面离开工件基准面，仅根据被测表面的透光情况就认为垂直了，实际上并没有达到垂直度要求。

在接近加工要求时的误差修整，要全面考虑逐步进行，不要过急，以免造成平面的塌角、不平现象。

2. 任务实施

1）划第二条加工线，如图1-111a所示。以基准面A为基准，划出距离基准面22mm的加工线。

2）锯削、锉削（第二加工面）。

① 锯削（留锉削余量）。

② 锉削平面至划线处。

③ 保证平行度0.05mm，尺寸（22±0.1）mm，与基准面A平行。

3）按图样要求划出划第三条加工线，如图1-111b所示。

4）锯削、锉削（第三加工面）。

① 锯削（留锉削余量）。

② 锉削平面至划线处。

③ 保证与基准面垂直度0.1mm。

5）以第三加工面为基准，向上划第四条加工线，并保证（22±0.1）mm尺寸（四周），如图1-111c所示。

6）锯削、锉削（第四加工面）。

① 锯削（留锉削余量）。

② 锉削平面至划线处。

③ 保证尺寸（22±0.1）mm与第三加工面的平行度0.05mm，保证与基准面的垂直度0.03mm，如图1-112所示。

教师点拨

锯削口诀“一装、二夹、三起、四运”。

1）一装：无条不成锯，凡锯齿朝前；松紧要适当，锯路才能直。

2）二夹：夹伸有界线，锯削才不颤；夹得要牢固，避免把形变。

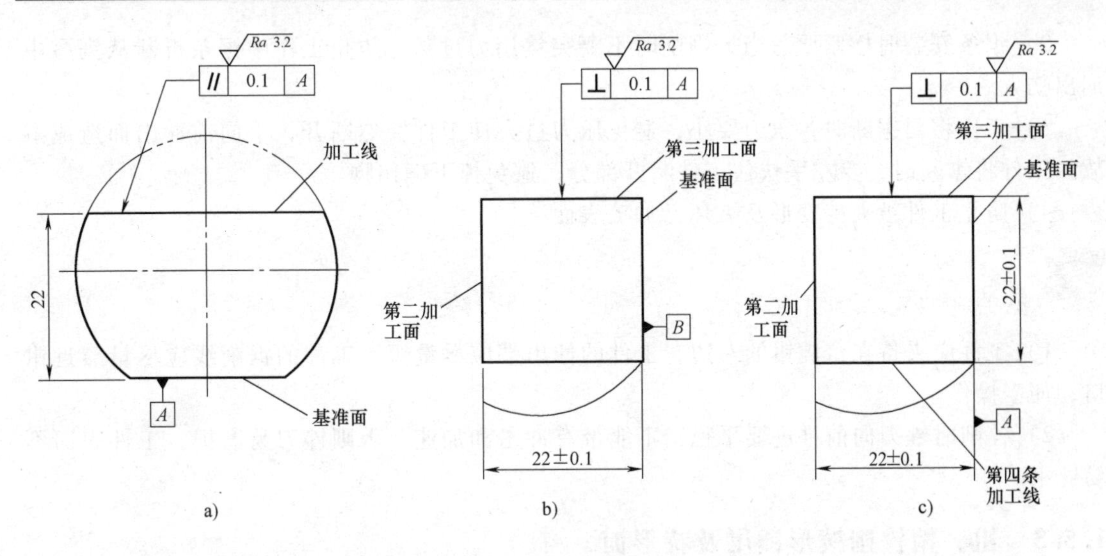

图 1-111　划线

3）三起：起锯是关键，左手拇指逼，右手前后锯；行程短小慢，角度记心间；边棱卡齿断锯条，远近起锯要选好。

4）四运：速度慢，压力轻，锯条松紧要适中；推锯直，锯条正，锯路宽度要相等。

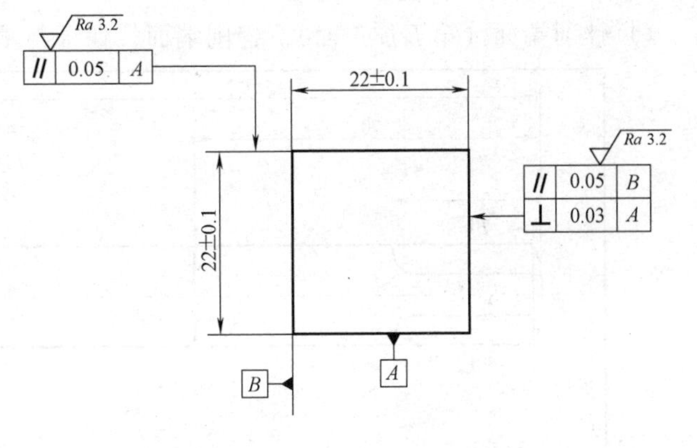

图 1-112　锉削第四加工面

关　　键

1）锯条要装正装牢，松紧适当。

2）防止锯条崩断后弹出伤人。

3）停止锯削时，手锯要从锯缝中取出，放在钳桌上面。

4）划线时应以基准面 A 的轮廓线为边界进行立体划线，以确保实际尺寸（22±0.1）mm。

5）锯削加工时应在所划的线条外面进行，否则会导致尺寸不正确。

操作技巧

1）锯削棒料时为了省力，可进行多次起锯，采用小幅度的上下摆动式进行锯削加工。

2）装好的锯条与锯弓保持在同一平面内，以保证锯缝正直，防止锯条折断。

3）锯弓前进时，一般要加不大的压力，而后拉时不加压力。

4）锉削时应利用锉刀的有效长度来切削加工，延长锉刀的使用寿命。

5）锉削时锉刀要直线运行，不能斜向前进，否则会降低效率。

警　　告

1）划线时不要将第四加工面的轮廓线划出。

2）锯条安装时松紧要适当，锯削时不要突然用力过猛，防止工作中锯条折断从锯弓中崩出伤人。

3）工件将要锯断时，压力要小，避免压力过大使工件突然断开，手向前冲出而造成事故。工件将锯断时，要左手扶住工件断开部分，避免掉下砸伤脚。

4）防止工件被夹持变形及夹坏已加工表面。

重点提示

1）工件应夹持在台虎钳的左边，工件的伸出端应尽量短，工件的锯削线应尽量靠近钳口，便于操作。

2）锉削时锉刀向前推进要平稳，不能带有冲击和加速，否则锉刀易磨损，工件表面不易锉平。

1.5.3　粗、精锉削棱形锤尾及特形面

如图1-113所示，任务实施步骤如下：

1）锉削端面（第五加工面）。锉削端面，保证与基准面垂直度0.1mm。

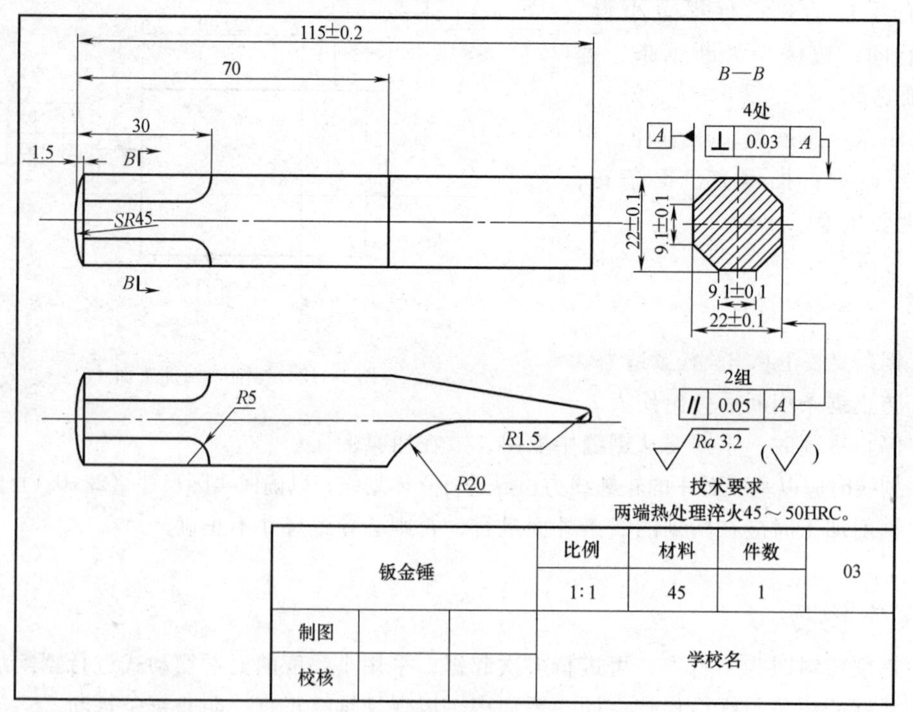

图1-113　棱形锤尾及特形面加工图

2）划第五条加工线。以第五加工面为基准，划出115mm加工线。

3）锯削、锉削（第六加工面）。

① 锯削（留锉削余量）。

② 锉削平面到115mm加工线处。

③ 保证尺寸（115±0.2）mm与第五加工面的平行度0.1mm。

④ 保证与基准面的垂直度0.1mm。

4）划线。

① 以第五加工面为基准，分别划出1.5mm加工线（四面）、30mm加工线（四周）、（115-1.5）mm（R1.5mm圆心线）（第三加工面、第四加工面）。

② 以基准面A为基准，以基准面与第二加工面的实际尺寸的1/2划中线；划中线±4.55mm加工线与30mm加工线相交（两面）；划中线±5mm加工线与（50±10）mm相交（两面）。

③ 以第三加工面为基准，以第三加工面与第四加工面的实际尺寸1/2划中线；划中线±4.55mm加工线与30mm加工线相交（两面）；划中线+3mm与（115-1.5）mm线相交，从70mm线到该交点处划斜线。

④ 分别在基准面与第二加工面、第三加工面、第四加工面上划中线±4.55mm线，用半径规划R5mm圆弧，分别于30mm加工线和中线±4.55mm线内切（四面八处）。

⑤ 在第三加工面与第四加工面上，在中线与70mm相交处用半径规划R20mm加工线，在（115+1.5）mm处用半径规划R1.5mm加工线（两面两处）。

5）锉削正八方形。锉削正八方形±4.55mm到30mm处（四面）。

6）锯削、锉削R20mm。

① 锯削（留锉削余量）。

② 锉削到加工线，保证R20mm尺寸。

7）锯削、锉削R1.5mm尺寸。

锯削、锉削至尺寸线，保证R1.5mm尺寸。

教师点拨

锉削口诀：

两手握锉放件上，左臂小弯横向平；
右臂纵向保平行，左手压来右手推；
上身倾斜紧跟随，右腿伸直向前倾；
重心在左膝弯曲，锉行四三体前停；
两臂继续送到头，动作协调节奏准；
左腿伸直借反力，体心后移复原位；
顺势收锉体前倾，接着再作下一回。

关　　键

锉削内圆弧面时，横向锉要锉准、锉光，然后推光就容易，且圆弧夹角处也不易塌角。

操作技巧

为了得到较光滑的圆弧面采用顺向滚锉法，锉削开始时一般选用小锉纹号的扁锉，用左手将锉刀头部置于工件左侧，右手握柄抬高，接着右手下压推进锉刀、左手随着上提且仍施以压力，如此反复，直到圆弧面基本成形。然后改用中锉纹号锉刀或大锉纹号锉刀锉削，以得到较低的表面粗糙度，并随时用外圆弧样板来检验修正。

警　告

防止工件被夹持变形及夹坏已加工表面。

1）圆弧划线时，线条要正确、清晰，粗锉以线为参考。

2）锉 R20mm、R5mm、R1.5mm 圆弧和 SR45mm 球面时，不要只注意锉圆，还要注意与基准面的垂直度、横向的直线度等。

3）横向锉圆弧时，锉刀上翘下摆的幅度要大，圆弧锉削位置要经常调整。

4）锉内圆弧倒角面时，先锉圆弧面，再锉倒角面，最后做修整。锉倒角面时，锉刀左右移动要小心，防止碰坏圆弧面。

1.5.4　加工孔

如图 1-114 所示，任务实施步骤如下：

1）划线。

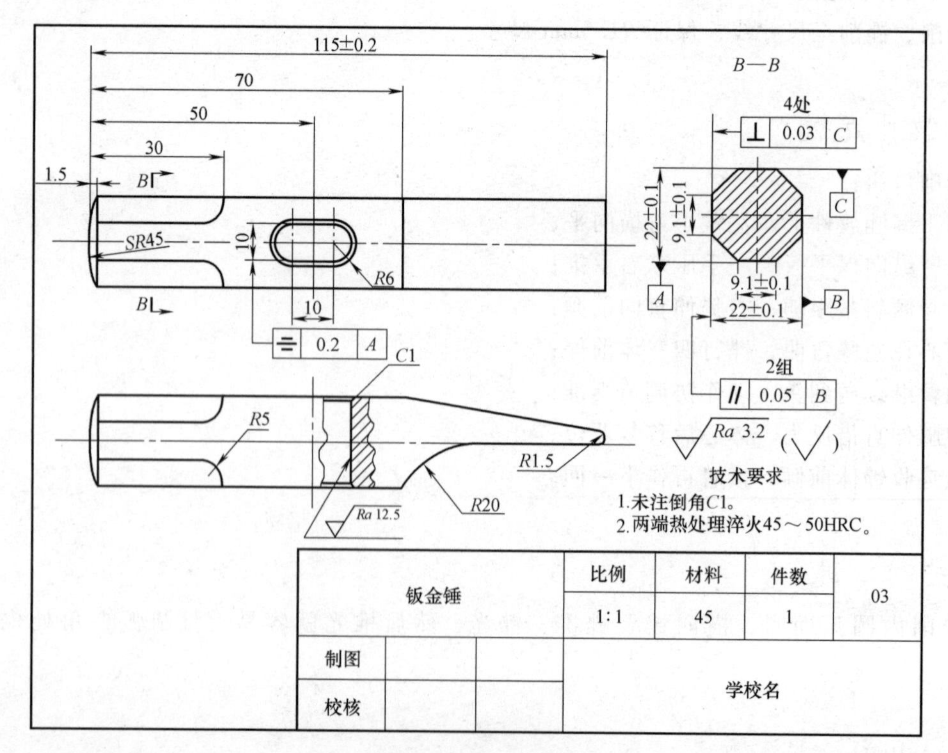

图 1-114　孔加工图

以第五加工面为基准，分别划出50mm线（两面）、（50±5）mm圆心线（两面）、（50±10）mm圆周切线（两面），划$\frac{1}{2}$中线±5mm圆周切线（两面），在（50±5）mm处打样冲眼（两面四个）。

2）钻孔、锉削。

① 先钻ϕ3～ϕ5mm的小孔，再用ϕ9.8mm钻头扩孔。

② 锉削钻孔余量到加工线。

③ 锉削倒角$C1$。

3）锉端面$R1.5$mm，并保证$SR45$mm。

4）顺锉。各面顺锉，保证刀花一致。

5）用砂布将各加工面全部砂光。

6）锤头两端表面淬火。

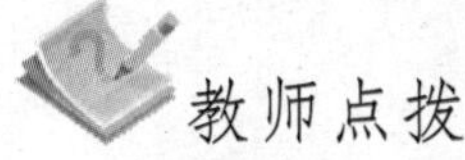

教师点拨

提高钻孔质量的方法：

1）根据工件的钻孔要求，在工件上正确划线，检查后打样冲眼。孔中心样冲眼要打得正，打得大些、深些。

2）按工件形状和钻孔精度要求，采用合适的夹持方法，使工件在钻削过程中，保持正确的位置。

3）正确刃磨钻头，按材料的性质决定钻头的顶角和后角的大小，并可根据具体情况，对钻头进行修磨，改进钻头的切削性能。

4）选定钻孔设备，并合理选择切削用量。

关　　键

1）钻孔时先进行试钻，如发现钻孔中心偏移，应采取方法纠正。孔钻穿时，把机动进给改为手动进给，并减少进给量。

2）应根据不同材料，正确选用切削液。

操作技巧

1）钻腰形孔时，为防止钻孔位置偏斜、孔径扩大，造成加工余量不足，钻孔时可先用ϕ4mm钻头钻底孔，做必要修整后再用ϕ9.8mm钻头扩孔。

2）倒角时，工件夹持位置要正确。

3）砂纸应放在锉刀上对加工面打光，防止造成棱边圆角，影响美观。

1.6　项目检查与评价

该项目的检查单见表1-19～表1-22。

表1-19　粗、精锉削基准面检查单

学习领域名称	零件的手动工具加工	项目1　钣金锤零件的手动工具加工	1.5.1　粗、精锉削基准面(图1-108)		
序号	质检内容	配分	评分标准	学生自评结果	教师检查结果
1	锉削姿势	35	姿势不正确酌情扣分		
2	32.25mm	20	不合格不得分		
3	▱ 0.1	20	超差0.1mm扣10分		
4	测量面表面粗糙度 $Ra \leqslant 3.2\mu m$	10	降级一处扣2分		
5	安全文明生产	10	违章酌情扣1~10分		
6	实际完成时间	5	不按时完成酌情扣分		
总　成　绩					
班级		组别		签　　字	
存在问题：			整改措施：		

填表　　　年　　　月　　　日

表1-20　粗、精锉削长方体检查单

学习领域名称	零件的手动工具加工	项目1　钣金锤零件的手动工具加工	1.5.2　粗、精锉削长方体(图1-111)		
序号	质检内容	配分	评分标准	学生自评结果	教师检查结果
1	划线	7	1处划线不正确扣2分		
2	锯削姿势、锉削姿势	10	姿势不正确酌情扣分		
3	(22±0.1)mm(4处)	32	超差0.02mm扣2分		
4	// 0.05 A (2处)	12	1处不合格扣6分		
5	⊥ 0.03 A (2处)	12	1处不合格扣6分		
6	测量面表面粗糙度 $Ra \leqslant 3.2\mu m$(3处)	12	降级1处扣2分		
7	安全文明生产	10	违章酌情扣1~10分		
8	实际完成时间	5	不按时完成酌情扣分		
总　成　绩					
班级		组别		签　　字	
存在问题：			整改措施：		

填表　　　年　　　月　　　日

表 1-21　粗、精锉削棱形锤尾及特形面检查单

学习领域名称	零件的手动工具加工	项目1　钣金锤零件的手动工具加工	1.5.3　粗、精锉棱形锤尾及特形面(图1-113)		
序号	质检内容	配分	评分标准	学生自评结果	教师检查结果
1	(115±0.2)mm	10	不合格不得分		
2	⊥ 0.03 A (4处)	8	不合格不得分		
3	// 0.05 A (2处)	6	不合格不得分		
4	*R*1.5mm 圆弧面圆滑	5	超差酌情扣分		
5	*SR*45mm 球面圆滑	10	超差酌情扣分		
6	*R*5mm 圆弧面圆滑	10	超差酌情扣分		
7	*R*20mm 圆弧面圆滑	10	超差酌情扣分		
8	(9.1±0.1)mm(8处)	16	超差1处扣2分		
9	测量面表面粗糙度	10	降级一处扣2分		
10	安全文明生产	10	违章酌情扣1~10分		
11	实际完成时间	5	不按时完成酌情扣分		
总成绩					

班级		组别		签字	
存在问题：			整改措施：		

填表　　年　　月　　日

表 1-22　孔加工检查单

学习领域名称	零件的手动工具加工	项目1　钣金锤零件的手动工具加工	1.5.4　加工孔(图1-114)		
序号	质检内容	配分	评分标准	学生自评结果	教师检查结果
1	10mm	5	超差全扣		
2	50mm	10	超差全扣		
3	20mm	30	超差全扣		
4	外形美观,倒角准确	10	不合格酌情扣1~10分		
5	⌯ 0.2 A	20	超差全扣		
6	测量面表面粗糙度	10	目测不合格酌情扣分		
7	安全文明生产	10	违章酌情扣1~10分		
8	实际完成时间	5	不按时完成酌情扣分		
总成绩					

（续）

班级		组别		签　字	
存在问题：			整改措施：		

填表　　年　　月　　日

1.7　项目总结

本项目主要进行了平面划线、立体划线、平面锉削、圆弧锉削、球面锉削、腰孔锉削、锯削、钻孔、扩孔的操作训练，通过本项目的训练，进一步掌握划线方法，熟悉内圆弧面、外圆弧面的锉削方法，以及连接内、外圆弧面的加工方法，并能熟练运用。同时，掌握平面度、平行度、垂直度、对称度、圆弧的测量方法，并在实际操作中形成一定的技巧。

1.8　思考与习题

1）使用游标卡尺时应注意哪些问题？

2）说明测量精度为0.02mm的游标卡尺的刻线原理。

3）简要说明百分表的工作原理及主要应用场合。

4）按工作内容和性质钳工分哪几类？

5）钳工常用设备有哪些？

6）砂轮机有哪些使用要求？

7）钳工常用划线工具有哪些？

8）什么是划线？划线分哪几类？各有几个划线基准？

9）什么叫划线基准？

10）什么是平面划线？什么是立体划线？

11）划线基准的选择方法有哪几种？

12）划线的要求、步骤是什么？

13）什么是划线时的借料？

14）什么是划线时的找正？

15）什么是锉削加工？

16）锉刀按用途不同分哪几种？锉刀的选择原则有哪些？

17）锉刀规格分哪几种？

18）锉刀有什么用途？

19）锉刀各部分的名称分别叫什么？

20）锉刀的锉纹号是按什么划分的？

21）锉刀的光边和凸弧形工作面的作用分别是什么？
22）平面的锉削有哪几种方法？
23）如何正确使用平面的锉削方法？
24）如何选用锉刀的粗细规格？
25）为什么将锉刀的主锉纹斜角和辅锉纹斜角制成不等角？
26）简述锉削内圆弧面的要点。
27）简述锉削外圆弧面的要点。
28）简述锉削球面的要点。
29）简述平面与圆弧连接的锉削要点。
30）简述确定锉削顺序的一般原则。
31）如何测量圆弧线轮廓度？
32）千斤顶在使用时有哪些注意事项？
33）样冲有何作用？
34）样冲的使用方法和注意事项有哪些？
35）为什么有些零件加工前要进行划线？
36）划线基准的选择原则有哪些？
37）锯削是如何定义的？
38）锯弓的用途是什么？锯弓分为哪几种类型？如何调整锯弓的松紧程度？
39）手锯由哪几部分组成？
40）什么是一次起锯、多次起锯？
41）锯条的规格是如何定义的？
42）什么是锯路？锯路有何作用？
43）锯条安装应注意什么？
44）起锯方法有几种？常用的是哪种？
45）起锯角度一般不大于多少度？为什么？
46）深缝锯削时锯条应该如何安装？
47）锯齿的粗细用什么来表示？目前锯条的粗细分哪几种规格？
48）锯削时如何选择锯条的粗细？
49）锯条损坏的原因有哪些？
50）锯削有哪几种形式？常用的是哪种？
51）试述管子和薄板料的锯削方法。
52）锉削加工时，平面不平的形式有哪几种？原因是什么？
53）刀口形直尺在使用时有哪些注意事项？
54）测量垂直度前为何要先将工件的锐边和毛刺去掉？
55）如何修磨标准麻花钻以提高其切削性能？
56）钻孔时工件常用的装夹形式有哪些？
57）钻孔时选择切削用量的基本原则是什么？
58）钻孔前为什么要先进行试钻？
59）扩孔主要操作要点有哪些？

60）扩孔时切削用量与钻孔时有何区别？

61）采用划线方法钻孔时，如何找正？

62）什么是锪孔？常用的锪孔方法有哪几种？

63）铰孔时，为什么铰削余量不宜太大或太小？

64）如何合理地选择铰削余量？

1.9　知识拓展

根据项目1的训练实例，试加工图1-115所示的鸭嘴锤头零件，毛坯为ϕ30mm×120mm，材料为45钢，锤头两端热处理淬火45~50HRC。

1. 工、量、刃具准备

台虎钳（200mm）、台式钻床、划线平板、方箱、扁锉（粗锉400mm，中锉300mm，细锉250mm）、圆锉（ϕ8mm）、方锉（200mm）、组锉（5件1套）、钻头（ϕ4mm、ϕ9.8mm）、铰刀（ϕ10H7mm）、游标卡尺（0~150mm）、高度游标卡尺（0~500mm）、刀口形直角尺（100mm×63mm）、金属直尺（150mm）、半径样板、手锯、锯条若干、划针、样冲、锤子、铜丝刷等。

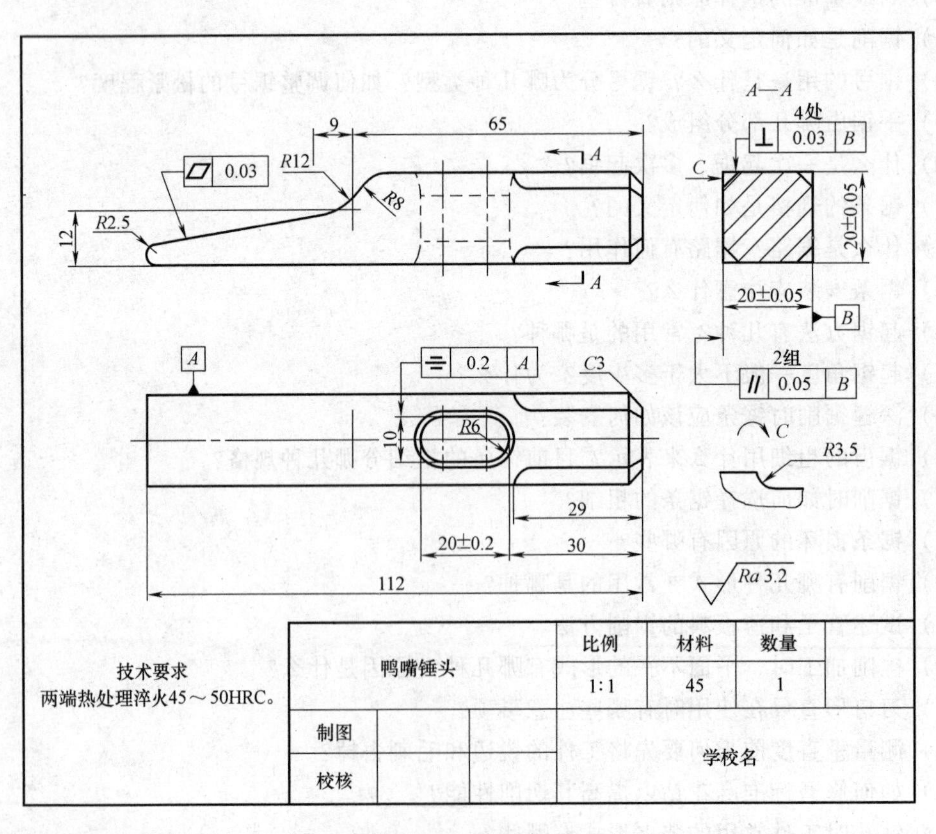

图1-115　鸭嘴锤头零件图

2. 评分标准

评分标准见表1-23。

表1-23 评分标准

考核要求	配分	评分标准	检测结果	得分
(20±0.05)mm(2处)	6	超差1处扣3分		
// 0.05 B (2处)	6	超差1处扣3分		
⊥ 0.03 B (4处)	8	超差1处扣2分		
倒角 C3(4处)	8	超差1处扣2分		
R3.5mm 内圆弧连接圆滑、尖端无坍角(4处)	8	超差1处扣2分		
R12mm 与 R8mm 圆弧面连接圆滑	5	不合格不得分		
▱ 0.03	10	超差不得分		
(20±0.2)mm	10	超差不得分		
⌯ 0.2 A	7	超差不得分		
R2.5mm 圆弧面圆滑	7	表面不光滑不得分		
倒角均匀、各棱角清晰	5	不合格不得分		
测量面表面粗糙度 $Ra \leq 3.2\mu m$,纹理齐正	5	Ra 超过 $6.3\mu m$ 不得分		
安全文明生产	10	违规酌情扣1~10分		
实际完成时间	5	不按时完成酌情扣分		
合计				

3. 项目实施

1)按图样要求检查毛坯尺寸。

2)长方体加工。按图样要求,用扁锉先加工外形尺寸20mm×20mm×120mm,平面度、平行度和垂直度达到几何公差要求,留精锉余量。同时确保几何误差控制在最小公差范围内。

3)用扁锉锉削一端面,达到与基准 B 垂直、端面平直等要求。

4)划线。按图样要求划出鸭嘴锤头所有外形加工线(双面划线)、腰形孔加工线、C3倒角加工线等。

5)钻、扩、铰腰孔。用 ϕ4mm 钻头钻底孔,用 ϕ9.8mm 钻头扩腰形孔,用 ϕ10H7mm 铰刀铰孔。

6)锉削腰形孔。用圆锉、扁锉粗、精锉腰孔,达到图样尺寸精度要求和对称度要求。

7)锯去舌部余料,留0.5mm锉削余量。

8)粗锉舌部。用扁锉粗锉舌部斜面、用半圆锉粗锉 R12mm 内圆弧面、用扁锉粗锉 R8mm 外圆弧面,留精锉余量。

9)精锉舌部。用扁锉精锉舌部斜面,用半圆锉精锉 R12mm 内圆弧面、用细扁锉精锉 R8mm 外圆弧面,最后用细锉、半圆锉推锉修整,达到连接圆滑、光洁、纹理整齐的要求,平面度达到图样要求。

10）锉 $C3$ 倒角（4处）。先用小圆锉粗、精锉 $R3.5mm$ 圆弧，然后用扁锉粗、精锉倒角面，最后用细锉推锉修整，使表面纹理整齐、光滑，尺寸达到图样要求。

11）用扁锉粗、精锉 $R2.5mm$ 圆头，保证鸭嘴锤头总长112mm。

12）去毛刺。

13）用砂布将各加工面砂光，上交待检测。

项目2　斜台换位对配零件的手动工具加工

2.1　项目描述

本项目以斜台换位对配零件为载体，通过训练使学生掌握换位锉配零件的锉削方法并形成一定的操作技巧，了解影响配合精度的因素，掌握工件的检测及误差的修整方法。

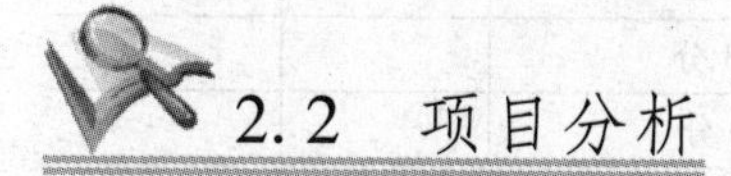

2.2　项目分析

斜台换位锉配是中等复杂程度的锉配练习，通过换位锉配训练，熟练掌握简单尺寸链的计算方法、换位锉配零件的加工技巧。

斜台换位锉配训练的重点是尺寸精度的控制及换位配合要求的保证，加工中尺寸、几何精度的控制是练习的重点。

2.3　技能点

- 錾削方法及要领。
- 提高锉削、锯削、钻孔加工技能。
- 换位锉配技巧。
- 加工误差检查方法与修整方法。

试加工图2-1所示的斜台换位对配零件，毛坯为46mm×46mm×8mm两块，材料为Q235。

1）工、量、刃具准备：台虎钳（200mm）、台式钻床、划线平板、方箱、扁锉（粗锉400mm，中锉300mm，细锉250mm）、方锉（200mm）、组锉（5件1套）、钻头（ϕ4mm、ϕ7.8mm）、铰刀（ϕ8H7）、游标卡尺（0~150mm）、高度游标卡尺（0~500mm）、外径千分尺（0~25mm、25~50mm、50~75mm）、游标万能角度尺（0°~320°）、刀口形直角尺（100mm×63mm）、角度样板（135°）、金属直尺（150mm）、锉刀把、手锯、锯条若干、划针、铜丝刷、样冲、锤子、錾子等。

2）评分标准。评分标准见表2-1。

表2-1　评分标准

工件	考核要求	配分	评分标准	检测结果	得分
件2	测量面表面粗糙度 $Ra \leq 3.2\mu m$（7处）	7	降级1处扣1分		
	（45±0.02）mm（2处）	8	超差0.01mm扣1分		
	（15±0.02）mm	4	超差0.01mm扣1分		
	（30±0.02）mm	4	超差0.01mm扣1分		
	135°±4′	6	超差2′扣2分		
	⊥ 0.1 C	6	超差不得分		

（续）

工件	考核要求	配分	评分标准	检测结果	得分
件1	(45±0.02)mm(2处)	8	超差0.01mm扣1分		
	⊥ 0.1 B	5	超差不得分		
	测量面表面粗糙度 $Ra \leqslant 3.2\mu m$(7处)	7	降级1处扣1分		
配合	(60±0.06)mm	4	超差0.01mm扣1分		
	(24±0.1)mm	2	超差不得分		
	(12±0.05)mm	4	超差0.01mm扣1分		
	ϕ8H7mm(2处)	8	超差1处扣4分		
	配合间隙≤0.06mm(2处)	6	超差1处扣3分		
	外形错位≤0.05mm(2处)	6	超差1处扣3分		
	安全文明生产	10	酌情扣1~10分		
	实际完成时间	5	不按时完成酌情扣分		
合计					

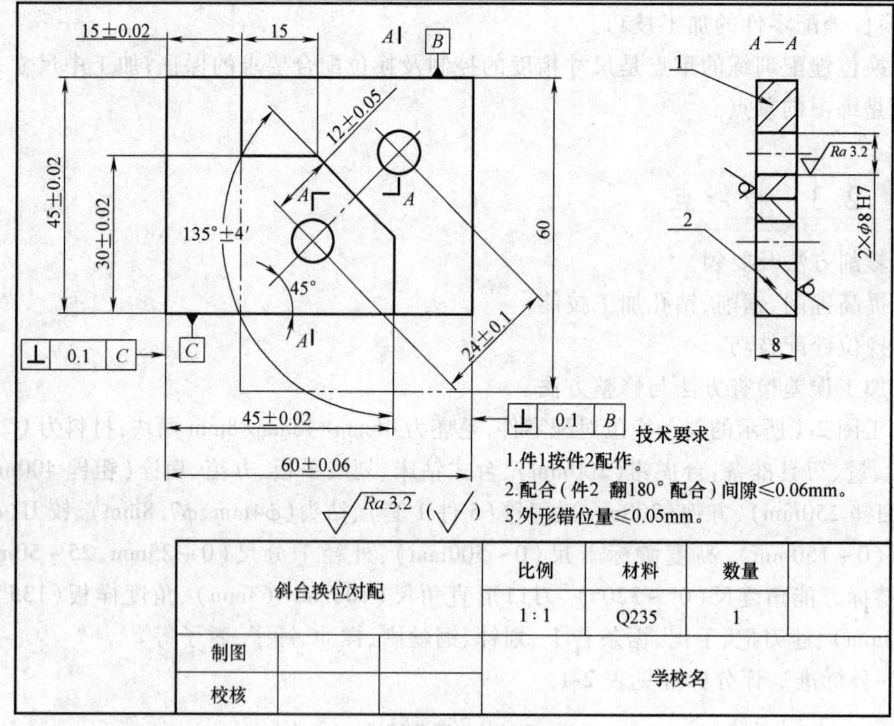

图2-1 斜台换位对配零件

2.4 项目资讯

2.4.1 錾削

1. 錾削

(1)錾削的概念 用锤子打击錾子，实现对工件切削加工的一种方法称为錾削。錾削是一种粗加工，一般按所划线进行加工，平面度可控制在0.5mm之内。

(2)錾削的工作范围　主要用于不便机械加工的场合,或在余量太多的部位去掉足够的余量。錾削可以加工平面、沟槽、切断板料、开槽及清理铸、锻件上的毛刺等。

(3)錾削工具

1)錾子。錾子是錾削工件的刀具,一般用碳素工具钢(T7A或T8A)锻制而成,它由头部、柄部、斜面及切削部分组成,如图2-2所示,切削部分刃磨成楔形,经热处理后硬度可达到56~62HRC。

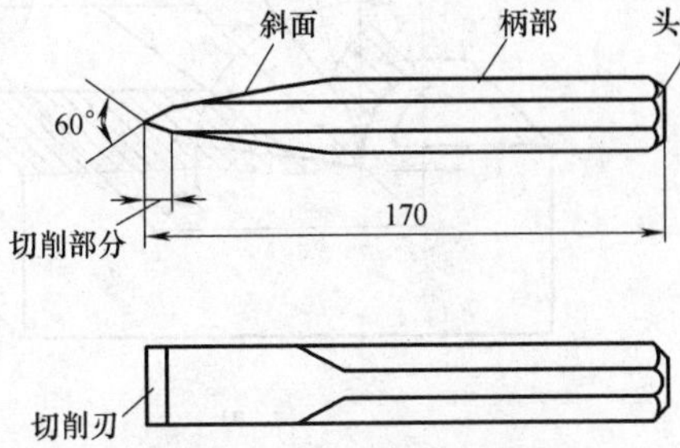

图2-2　錾子的结构

錾子的形状是根据工件不同的錾削要求而设计的。钳工常用的錾子种类有扁錾、尖錾、油槽錾三种,如图2-3所示。

① 扁錾(阔錾)。切削部分扁平,刃口略带圆弧形,用来錾削凸缘、去毛刺和分割材料。扁錾的应用最广泛,如图2-3a所示。

② 尖錾(狭錾)。切削刃比较短,切削刃两端侧面略带倒锥,以防錾削沟槽时,錾子被槽卡住。尖錾主要用于錾削沟槽和分割曲线形板料,如图2-3b所示。

③ 油槽錾。切削刃很短,呈圆弧形,錾子斜面制成弯曲形,便于在曲面上錾削沟槽。油槽錾主要用于錾削油槽,如图2-3c所示。

2)锤子

① 锤子的用途。锤子俗称榔头,是常用的敲击工具。

② 锤子的组成。锤子由锤头、木柄和楔子(斜楔铁)组成,如图2-4所示。

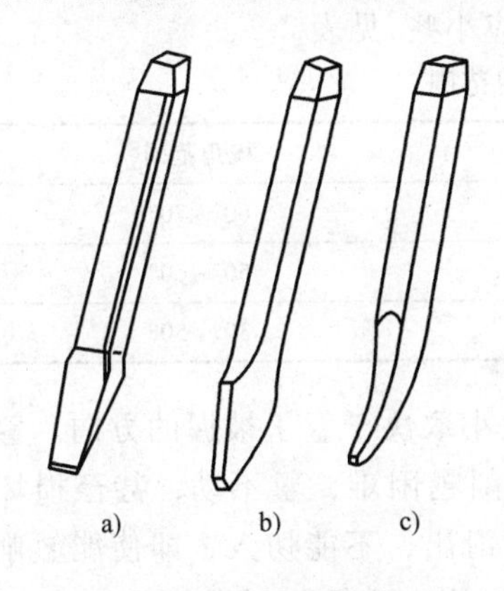

图2-3　錾子的种类

a)扁錾　b)尖錾　c)油槽錾

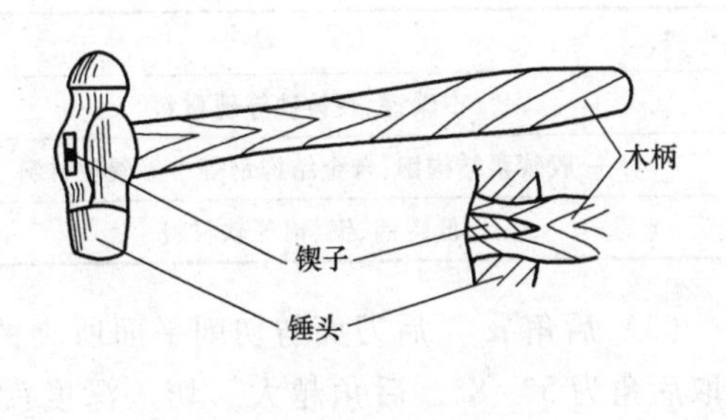

图2-4　锤子

③ 锤子的规格。锤子的规格用其质量大小来表示,钳工常用的有0.25kg、0.5kg和1kg等几种。锤子的种类较多,一般分为硬头锤子和软头锤子两种。硬头锤子用碳素工具钢T7制成,并经热处理淬硬。软头锤子的锤头是用铅、铜、硬木、牛皮或橡皮制成的,多用于装配和矫正工作。木柄用硬而不脆、比较坚韧的木材制成,如檀木、胡桃木等,柄长约350mm,若过长,会使操作不便,过短则挥力不够。

2. 錾削角度及选用

錾子錾削金属必须具备两个基本条件:一方面,切削部分的材料比工件的材料要硬;另一方面,錾子切削部分要有合理的几何角度,主要是楔角。錾子在錾削时的几何角度如图2-5所示。

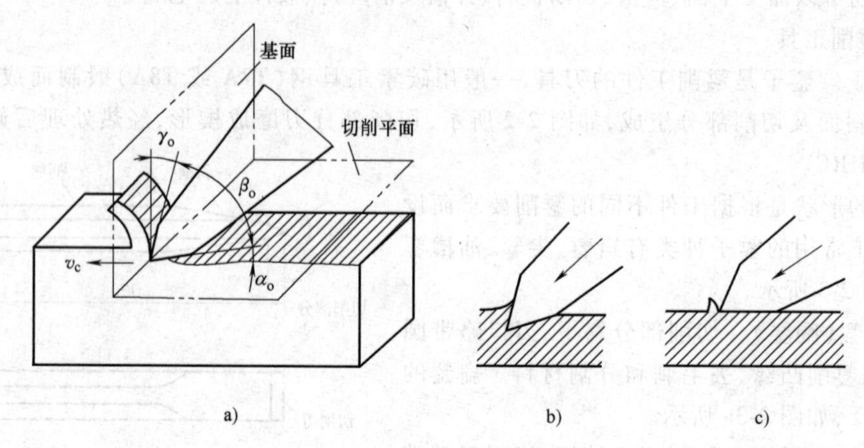

图 2-5 錾削时的几何角度

(1)前角 γ_o 前刀面与基面所夹的锐角。前角大时,被切金属的切屑变形小,切削省力,前角越大越省力,如图 2-5a 所示。

(2)楔角 β_o 前刀面与后刀面所夹的锐角。楔角越小,錾子刃口越锋利,錾削越省力。楔角过小,会造成刃口薄弱,錾子强度差,刃口易崩裂;而楔角过大时,刀具强度虽好,但錾削很困难,錾削表面也不易平整。所以,錾子的楔角应在其强度允许的情况下,选择尽量小的数值。錾子錾削不同软硬材料,对錾子强度的要求不同。因此,錾子楔角主要应该根据材料的软硬来选择,錾削硬材料时,楔角可大些,錾削软材料时,楔角应小些,见表 2-2。

表 2-2 材料与楔角选用范围

材 料	楔角范围
中碳钢、硬铸铁等硬材料	60°~70°
一般碳素结构钢、合金结构钢等中等硬度材料	50°~60°
低碳钢、铜、铝等软材料	30°~50°

(3) 后角 α_o 后刀面与切削平面所夹的锐角。大小取决于錾子被握的方向。錾削时一般取后角为 5°~8°,后角越大,切入深度就越大,切削越困难,錾不动,甚至损坏錾子刃口,如图 2-5b 所示;后角太小,錾子容易从材料表面滑出,不能切入,即使能錾削,由于切入很浅,效率也不高,如图 2-5c 所示。錾削过程中,钳工应握稳錾子使后角 α_o 不变,否则,工件表面将錾得高低不平。

由于基面垂直于切削平面,存在 $\alpha_o+\beta_o+\gamma_o=90°$ 的关系,所以当后角 α_o 一定时,前角 γ_o 由楔角 β_o 的大小来决定。

3. 錾削操作要点

(1) 錾子的握法 錾子的握法分正握法、反握法和立握法三种。

1) 正握法。手心向下,腕部伸直,用左手中指、无名指握住錾子柄部,小指自然合拢,食指和大拇指作自然伸直地松靠,錾子头部伸出约 20mm。錾子不要握得太紧,否则,錾削时手掌所承受的振动就大,且一旦锤子打偏容易伤手。錾削时,小臂自然平放成水平位置，肘部不能抬高或下垂，使錾子保持正确的后角，如图 2-6a 所示。常用于正面錾削、大面积强力錾削等场合。

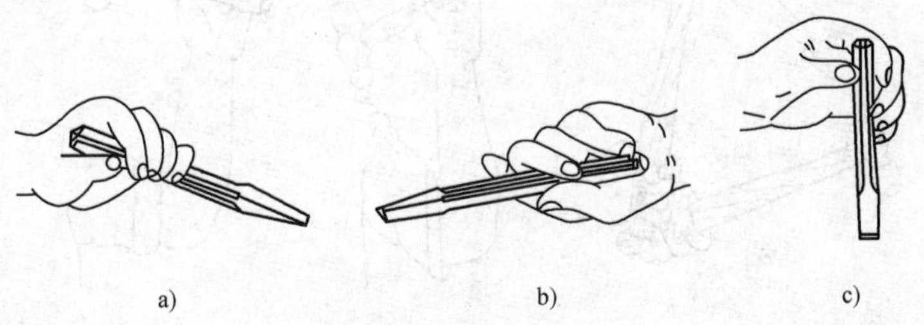

图 2-6　錾子的握法

a）正握法　b）反握法　c）立握法

2）反握法。手心向上，手指自然捏住錾子，手掌悬空，将錾子头部伸出如图 2-6b 所示。常用于侧面錾削和进行较小加工余量錾削的场合。

3）立握法。虎口向上，大拇指和食指自然接触，其余三指自然地握住錾子柄部，錾子头部伸出 10~15mm，錾子不要握得太紧，否则容易感到疲劳，如图 2-6c 所示。常用于由上向下錾削板料和小平面时的场合。

（2）锤子的握法

1）紧握法。右手五个手指紧握锤柄，大拇指合在食指上，虎口对准锤头方向（木柄椭圆的长轴方向），木柄尾端露出 15~30mm。在挥锤和锤击过程中，五指始终紧握，如图 2-7a 所示。

2）松握法。使用时，大拇指和食指始终握紧锤柄。锤击时中指、无名指、小指在运锤的过程中依次握紧锤柄，挥锤时，按照相反的顺序放松手指，如图 2-7b 所示。这种握法的优点是手不易疲劳，且锤击力大。

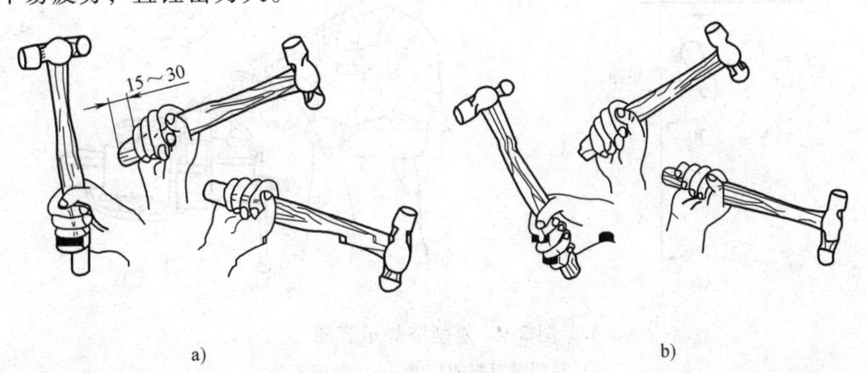

图 2-7　锤子的握法

a）紧握法　b）松握法

（3）挥锤的方法　挥锤要求准、稳、狠。准就是命中率要高，稳就是速度节奏为 40 次/min，狠就是锤击要有力。其动作要一下一下有节奏地进行，一般在肘挥时约 40 次/min，腕挥时约 50 次/min。

① 腕挥。仅用手腕的动作进行锤击运动，采用紧握法握锤，锤击力小，一般用于錾削开始或结尾、錾削余量较小及錾槽等场合。在油槽錾削中采用腕挥法锤击，锤击力量均匀，使錾出的油槽深浅一致，槽面光滑，如图 2-8a 所示。

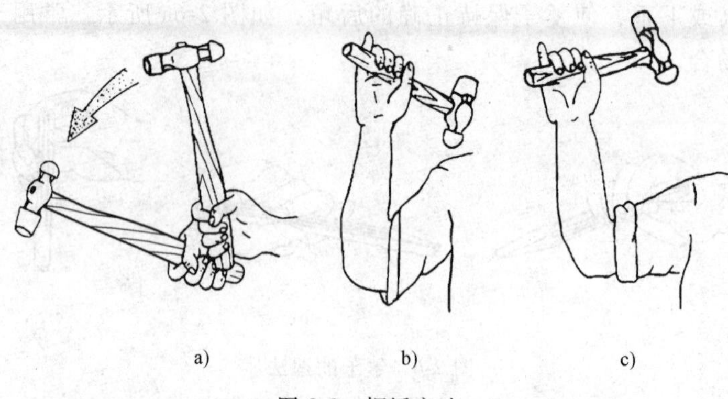

图 2-8　挥锤方法

a）腕挥　b）肘挥　c）臂挥

② 肘挥。手腕与肘部一起挥动作锤击运动，采用松握法握锤，因挥动幅度较大，故锤击力也较大，这种方法应用最多，如图 2-8b 所示。

③ 臂挥。用手腕、肘和全臂一起挥动，其锤击力最大，多用于强力錾削的场合，如图 2-8c 所示。

（4）錾削姿势　錾削时，两腿自然站立，两脚互成 45°角（左脚 30°，右脚 75°），身体重心稍微偏于右脚。左脚跨前半步（左右两脚后跟之间的距离为 250~300mm），左腿膝关节稍微自然弯曲；右脚要站稳伸直，不要过于用力，视线要落在工件的錾削部位上，而不应注视锤击处。左手握錾，使其在工件上保持正确的角度，右手挥锤，使锤头沿着弧线运动，进行敲击，如图 2-9 所示。

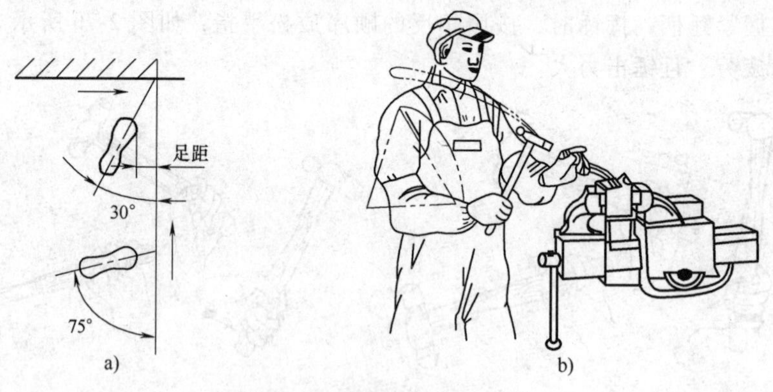

图 2-9　錾削姿势示意图

a）錾削时双脚的位置　b）錾削姿势

4. 平面的錾削方法

錾削平面主要使用扁錾。起錾时，从工件边缘的尖角处入手，称为斜角起錾，如图 2-10a 所示。因为尖角处切削刃与工件的接触面小，阻力小，易切入，只需轻敲，錾子即能切入工件，能较好地控制加工余量，而不致产生滑移及弹跳现象。起錾后把錾子逐渐移向中间，使切削刃的全宽参与切削。从工件的中间部位起錾，錾子的切削刃要抵紧起錾部位，錾子头部向下倾斜，使錾子与工件起錾端面基本垂直，如图 2-10b 所示，然后再轻敲錾子，这样能够比较容易地完成起錾工作，这种起錾方法叫作正面起錾。

在一般情况下，当錾削接近尽头 10~15mm 时，必须调头錾去余下的部分，否则极易使

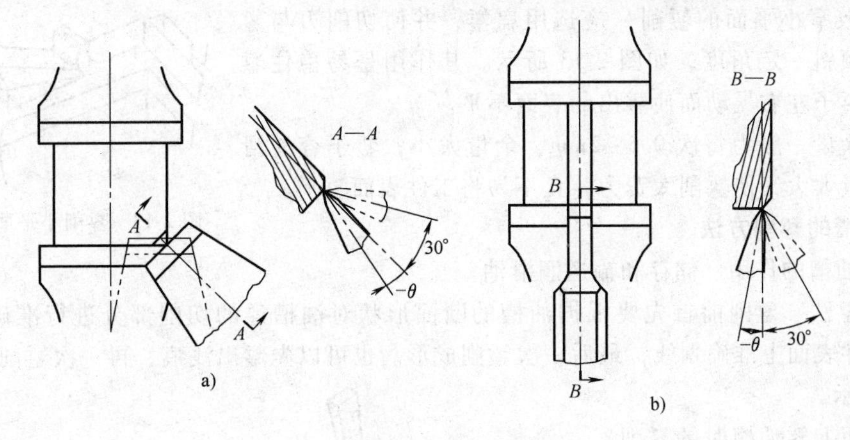

图 2-10　起錾方法

a）斜角起錾　b）正面起錾

工件边缘的材料崩裂，如图 2-11 所示。当錾削脆性材料，例如錾削铸铁和青铜时更应如此，否则，工件边缘处的材料就会崩裂。

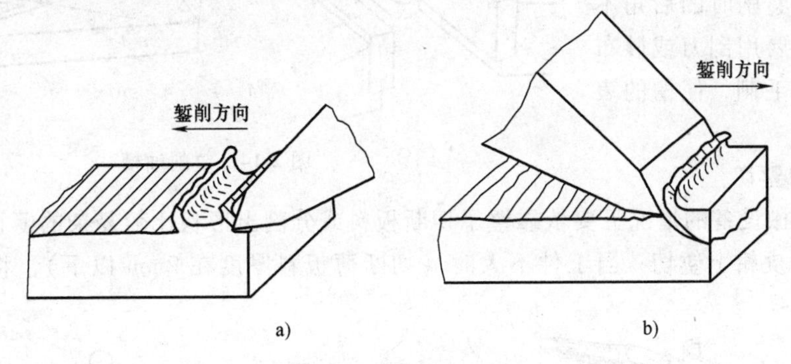

图 2-11　终錾示意图

a）正确　b）错误

（1）较宽平面的錾削　应在平面上先用窄錾在工件上錾上若干条平行槽，再用扁錾将剩余的部分除去，这样能避免錾子的切削部分两侧受工件的卡阻，如图 2-12 所示。

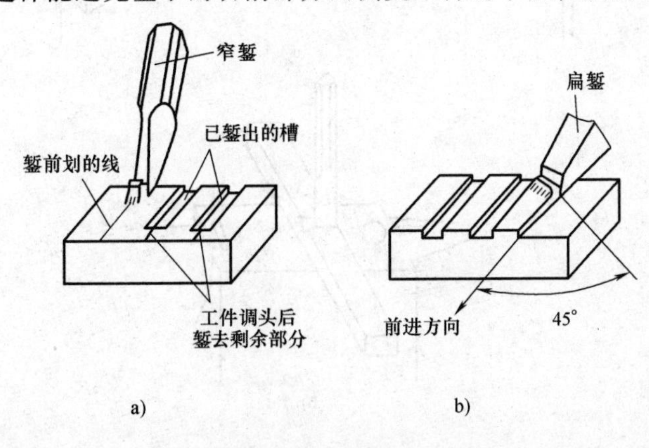

图 2-12　錾宽平面

a）先开槽　b）錾成平面

（2）较窄小平面的錾削　应选用扁錾，并使切削刃与錾削的方向倾斜一定角度，如图2-13所示。其作用是易稳住錾子，防止錾子左右晃动而使錾出的表面不平。

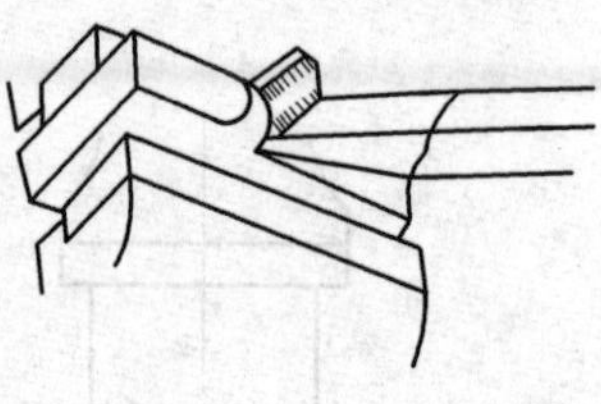

錾削余量一般为每次0.5～2mm，余量太小，錾子容易滑出，而余量太大又使錾削太费力，且不易将工件表面錾平。

图2-13　錾削小平面示意图

5. 油槽的錾削方法

（1）油槽的作用　储存和输送润滑油。

（2）錾法　錾削前首先要根据油槽的断面形状对油槽錾的切削部分进行准确的刃磨，其次在工件表面上准确划线，最后一次錾削成形。也可以先錾出浅痕，再一次錾削成形，如图2-14所示。

在平面上錾油槽时的錾削方法基本上与錾削平面一样，而在曲面上錾槽时，錾子的倾斜角度应该根据曲面的变化而变化，以保持錾削时的后角不变。錾削完毕要用刮刀或砂布等除去槽边的毛刺，使槽的表面光滑。

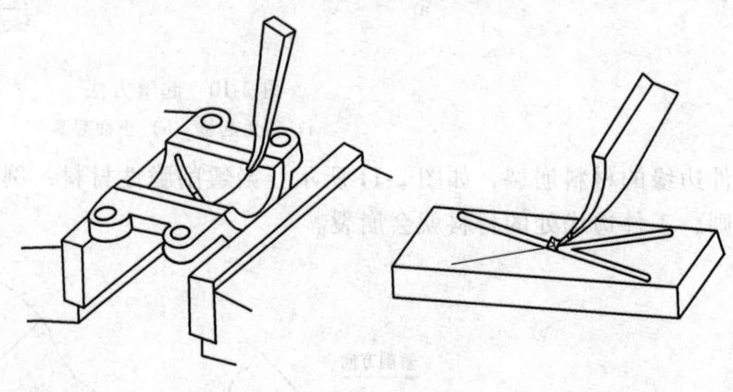

图2-14　錾削油槽

6. 板料的錾切

在缺乏机械设备的情况下要依靠錾子切断板料或分割出形状比较复杂的薄板零件。

（1）在台虎钳上錾切　当工件不大时（切断薄板料厚度在2mm以下），将板料牢固地

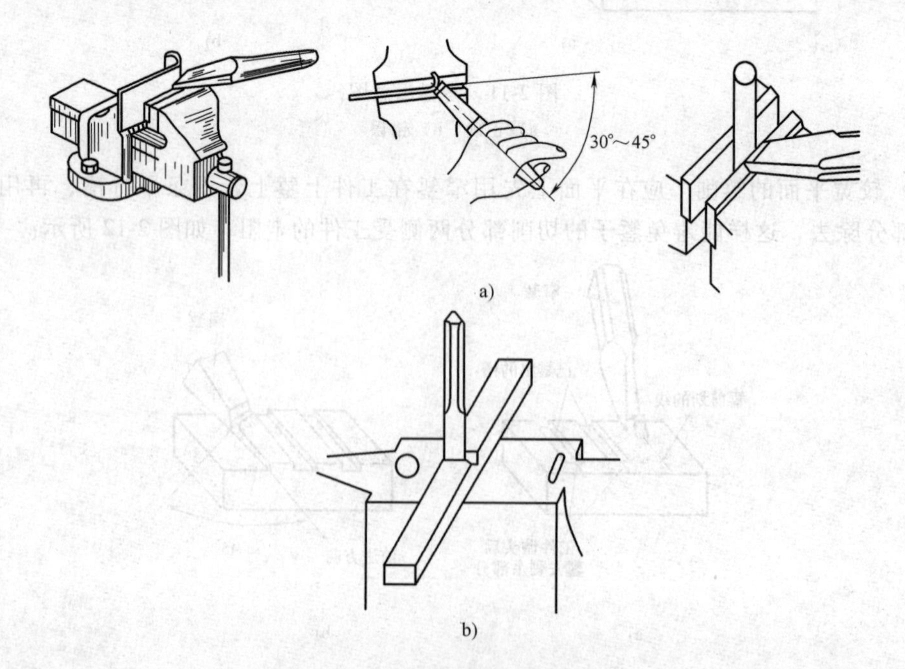

图2-15　薄板錾削示意图

a）錾薄板和小径棒料　b）錾断较大或大型板料

夹在台虎钳上，錾削时，板料按划线夹成与钳口平齐，用扁錾沿着钳口并斜对着板面（约成45°角）自左向右錾削。因为斜对着錾切时，扁錾只有部分刃錾削，阻力小而容易分割材料，切出的平面也较平整，如图2-15所示。

（2）在铁砧或平板上錾切　对尺寸较大的板料或錾削线有曲线而不能在台虎钳上錾切，应将它放在铁砧或平板上进行錾切，此时錾子应垂直于工件，为避免碰伤錾子的切削刃，应在板料下面垫上废旧的软铁材料，如图2-16所示。

（3）用密集排孔配合錾切　厚度在4mm以下的较厚钢板，当形体简单时，可以在板料的正反两面先錾出凹痕，然后敲断。当被錾切工件形状较复杂时，应先按轮廓线钻出密集的排孔，然后用錾子逐步錾断，如图2-17所示。

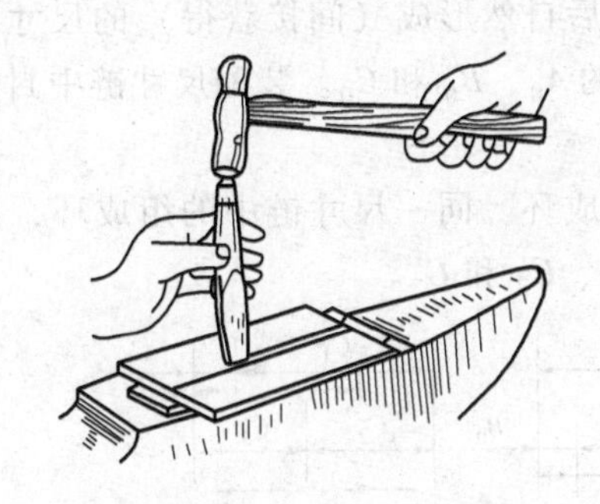

图2-16　錾削较大薄板料

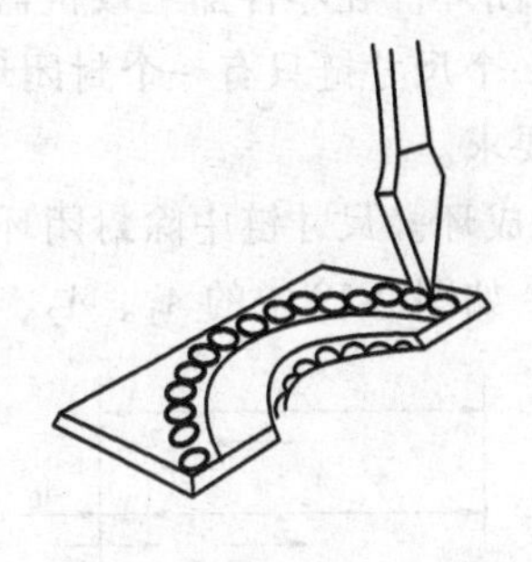

图2-17　分割曲线形板料

7. 在轴上錾削键槽

在轴上錾削键槽，可以先用扁錾把圆弧面錾平，便于狭錾錾槽，但其宽度不能超越所划的键槽宽线条。为了保证将槽錾得平直，錾子应放正、握稳，锤子的落点要准，作用力方向对着键槽方向，锤击力要均。

2.4.2　装配尺寸链的确定和计算

1. 装配精度与装配尺寸链

在图2-18a中，齿轮孔与轴配合间隙 A_0 的大小与孔径 A_1 及轴径 A_2 的大小有关；在图2-18b中，齿轮端面和箱体内壁凸台端面配合间隙 B_0 的大小与箱体内壁凸台端面距离尺寸 B_1、齿轮宽度 B_2 及垫圈厚度 B_3 的大小有关；在图2-18c中，机床床鞍和导轨之间配合间隙 C_0 的大小与尺寸 C_1、C_2 及 C_3 的大小有关。这些相互联系的尺寸，按一定顺序排列成一个封闭尺寸组，称为尺寸链。

（1）装配尺寸链及其简图

1）装配尺寸链。影响某一装配精度的各有关装配尺寸所组成的尺寸链称为装配尺寸链，如图2-18所示。

2）装配尺寸链简图。装配尺寸链可以从装配图中找出。为简便起见，通常不绘出该装配部分的具体结构，也不必按严格的比例，只要依次绘出各有关尺寸，排列成封闭外形的尺寸链简图。图2-18所示的3种情况，其装配尺寸链简图如图2-19所示。

（2）装配尺寸链的环　构成尺寸链的每一个尺寸称为“环”，每个尺寸链至少应有3个环。

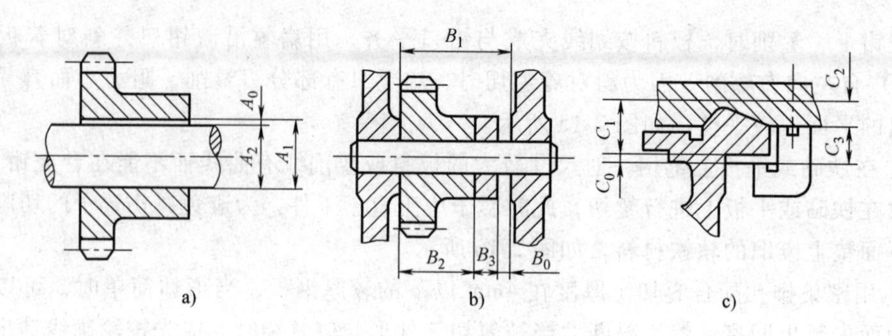

图 2-18　装配尺寸链

1）封闭环。在零件加工或机器装配过程中，最后自然形成（间接获得）的尺寸，称为封闭环。一个尺寸链只有一个封闭环，如图 2-19 中的 A_0、B_0 和 C_0。装配尺寸链中封闭环即装配技术要求。

2）组成环。尺寸链中除封闭环以外的环称为组成环。同一尺寸链中的组成环，用同一字母表示，如图 2-19 中的 A_1、A_2、B_1、B_2、B_3、C_1、C_2 和 C_3。

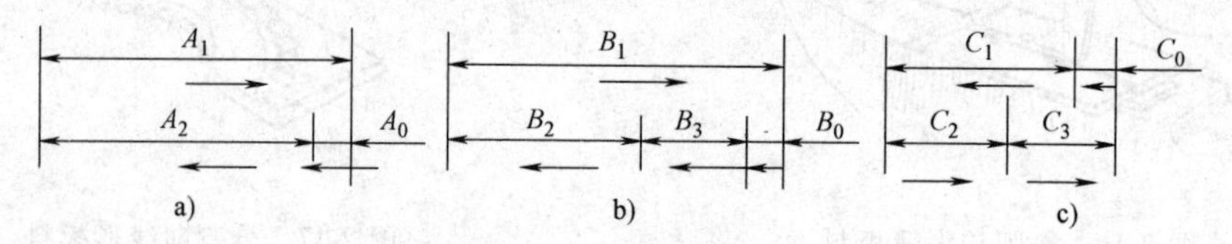

图 2-19　装配尺寸链简图

3）增环。在其他组成环不变的条件下，当某组成环增大时，封闭环随之增大，那么该组成环称为增环。在图 2-19 中，A_1、B_1、C_2 和 C_3 为增环，用符号$\overrightarrow{A_1}$、$\overrightarrow{B_1}$、$\overrightarrow{C_2}$和$\overrightarrow{C_3}$表示。

4）减环。在其他组成环不变的条件下，当某组成环增大时，封闭环随之减小，那么该组成环称为减环。在图 2-19 中，A_2、B_2、B_3 和 C_1 为减环，用符号$\overleftarrow{A_2}$、$\overleftarrow{B_2}$、$\overleftarrow{B_3}$和$\overleftarrow{C_1}$表示。

增环和减环的判断方法：由尺寸链任一环的基面出发，绕其轮廓转一周，回到这一基面，按旋转方向给每个环标出箭头，凡是箭头方向与封闭环上所标箭头方向相反的为增环；箭头方向与封闭环上所标箭头方向相同的为减环，如图 2-19 所示。

（3）封闭环极限尺寸及公差

1）封闭环的公称尺寸。由尺寸链简图可以看出，封闭环的公称尺寸 =（所有增环公称尺寸之和）-（所有减环公称尺寸之和），即

$$A_0 = \sum_{i=1}^{m} \overrightarrow{A_i} - \sum_{i=1}^{n} \overleftarrow{A_i}$$

式中　A_0——封闭环的公称尺寸（mm）；

$\overrightarrow{A_i}$——封闭环中第 i 个增环尺寸（mm）；

$\overleftarrow{A_i}$——封闭环中第 i 个减环尺寸（mm）；

m——增环的数目；

n——减环的数目。

由此可得出封闭环极限尺寸与各组成环极限尺寸的关系。

2）封闭环的上极限尺寸。当所有增环都为上极限尺寸，减环都为下极限尺寸时，则封闭环为上极限尺寸，即

$$A_{0\max} = \sum_{i=1}^{m} \overrightarrow{A_{i\max}} - \sum_{i=1}^{n} \overleftarrow{A_{i\min}}$$

式中　$A_{0\max}$——封闭环上极限尺寸（mm）；

$\overrightarrow{A_{i\max}}$——各增环上极限尺寸（mm）；

$\overleftarrow{A_{i\min}}$——各减环下极限尺寸（mm）。

3）封闭环的下极限尺寸。当所有增环都为下极限尺寸，而减环都为上极限尺寸时，则封闭环为下极限尺寸，即

$$A_{0\min} = \sum_{i=1}^{m} \overrightarrow{A_{i\min}} - \sum_{i=1}^{n} \overleftarrow{A_{i\max}}$$

式中　$A_{0\min}$——封闭环下极限尺寸（mm）；

$\overrightarrow{A_{i\min}}$——各增环下极限尺寸（mm）；

$\overleftarrow{A_{i\max}}$——各减环上极限尺寸（mm）。

4）封闭环公差。封闭环公差等于封闭环上极限尺寸与封闭环下极限尺寸之差，即

$$T_0 = \sum_{i=1}^{m+n} T_i$$

式中　T_0——封闭环公差（mm）；

T_i——各组成环公差（mm）。

此式表明，封闭环公差等于各组成环公差之和。

【例2-1】　在图2-18b所示齿轮轴装配中，要求装配后齿轮端面和箱体凸台端面之间具有0.1~0.3mm的轴向间隙。已知$B_1 = 80^{+0.01}_{0}$mm，$B_2 = 60^{0}_{-0.06}$mm，试问B_3应控制在什么范围内才能满足装配要求？

解： 1）根据题意绘尺寸链简图，如图2-19b所示。

2）确定封闭环、增环、减环分别为B_0、$\overrightarrow{B_1}$、$\overleftarrow{B_2}$和$\overleftarrow{B_3}$。

3）列尺寸链方程式，计算B_3。

$$B_0 = B_1 - (B_2 + B_3)$$

$$B_3 = B_1 - B_2 - B_0 = (80 - 60 - 0)\text{mm} = 20\text{mm}$$

4）确定B_3的极限尺寸。

$$B_{0\max} = B_{1\max} - (B_{2\min} + B_{3\min})$$

$$B_{3\min} = B_{1\max} - B_{2\min} - B_{0\max} = (80.01 - 59.94 - 0.3)\text{mm} = 19.77\text{mm}$$

$$B_{3\max} = B_{1\min} - B_{2\max} - B_{0\min} = (80 - 60 - 0.1)\text{mm} = 19.9\text{mm}$$

故

$$B_3 = 20^{-0.10}_{-0.23}\text{mm}$$

2. 装配尺寸链的解法

根据装配精度（即封闭环公差）对装配尺寸链进行分析，并合理分配各组成环公差的过程，称为解装配尺寸链。

当已知封闭环公差求组成环公差时，应先按“等公差原则”（即每个组成环分得的公差

相等）结合各组成环尺寸的大小和加工的难易程度，将封闭环公差值合理分配给各组成环，调整后的各组成环公差之和仍等于封闭环公差。

确定好各组成环公差之后，再按“入体原则”确定基本偏差。即当组成环为包容尺寸（孔）时，取下极限偏差为零；当组成环为被包容尺寸（轴）时，取上极限偏差为零；若组成环为中心距，则取对称偏差。

各配合件不经修配、选择或调整，装配后即可达到装配精度，这种装配方法称为完全互换装配法。

（1）完全互换法解尺寸链　按完全互换法的要求解有关的装配尺寸链，称为完全互换法解尺寸链。

【例2-2】　图2-20所示为齿轮装配图，装配要求是轴向窜动量 $A_0=0.2\sim0.7\text{mm}$。已知 $A_1=122\text{mm}$，$A_2=28\text{mm}$，$A_3=A_5=5\text{mm}$，$A_4=140\text{mm}$，试用完全互换法解此尺寸链。

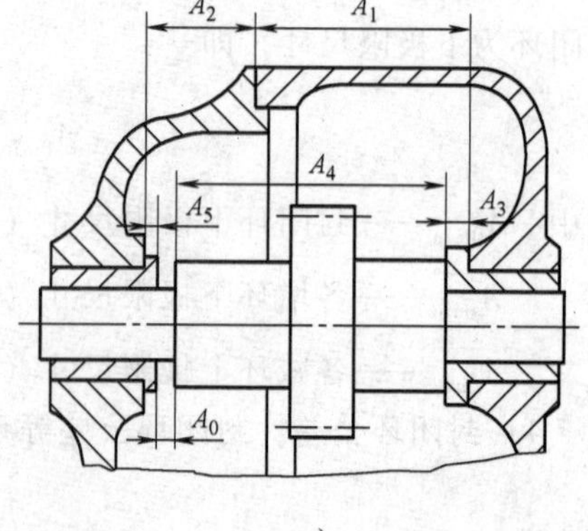

a)

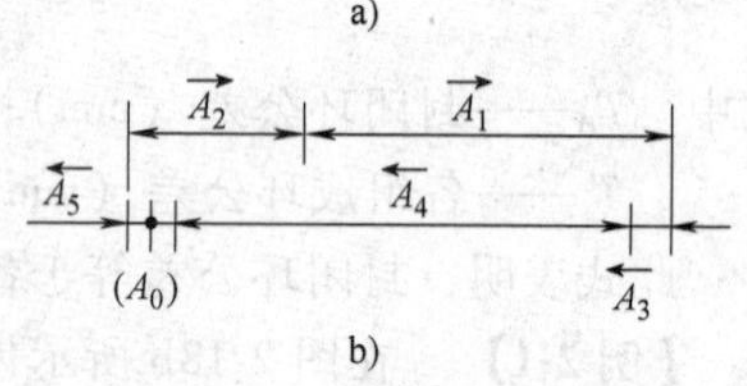

b)

图2-20　齿轮装配图

解：1）根据题意绘出尺寸链简图，并校验各环公称尺寸。图2-20b所示为尺寸链简图，其中，A_1、A_2 为增环，A_3、A_4、A_5 为减环，A_0 为封闭环。

$$A_0=(A_1+A_2)-(A_3+A_4+A_5)$$
$$=(122+28)\text{mm}-(5+140+5)\text{mm}=0$$

故各环公称尺寸无误。

2）确定各组成环尺寸公差及极限尺寸。首先求出封闭环公差：

$$T_0=(0.7-0.2)\text{mm}=0.5\text{mm}$$

根据 $T_0=\sum_{i=1}^{m+n}T_i=T_1+T_2+T_3+T_4+T_5=0.5\text{mm}$，

在“等公差原则”下，考虑各组成环尺寸及加工难易程度，合理分配各组成环公差：

$$T_1=0.2\text{mm},\ T_2=0.1\text{mm},\ T_3=T_5=0.05\text{mm},\ T_4=0.1\text{mm}$$

再按“入体原则”分配偏差：

$$A_1=122^{+0.20}_{\ 0}\text{mm},\ A_2=28^{+0.10}_{\ 0}\text{mm},\ A_3=A_5=5^{\ 0}_{-0.05}\text{mm}$$

3）确定协调环。为了满足装配精度要求，应在各组成环中选择一个环，其极限尺寸由封闭环极限尺寸方程式来确定，此环称为协调环。一般选便于制造及可用通用量具测量的尺寸作为协调环，本例中选 A_4 为协调环。

$$A_{0\max}=A_{1\max}+A_{2\max}-A_{3\min}-A_{4\min}-A_{5\min}$$
$$A_{4\min}=A_{1\max}+A_{2\max}-A_{3\min}-A_{5\min}-A_{0\max}$$
$$=(122.20+28.10-4.95-4.95-0.7)\text{mm}$$
$$=139.70\text{mm}$$
$$A_{0\min}=A_{1\min}+A_{2\min}-A_{3\max}-A_{4\max}-A_{5\max}$$
$$A_{4\max}=A_{1\min}+A_{2\min}-A_{3\max}-A_{5\max}-A_{0\min}$$
$$=(122+28-5-5-0.2)\text{mm}$$
$$=139.80\text{mm}$$

故　　$A_4 = 140^{-0.20}_{-0.30}$mm

（2）分组选配法解尺寸链　分组选配法是将尺寸链中组成环的制造公差放大到经济加工精度的程度，然后分组进行装配，以保证装配精度。

【例 2-3】　图 2-21 所示为某发动机内直径为 ϕ28mm 的活塞销与活塞孔装配示意图，要求销子与销孔装配时，有 0.01~0.02mm 的过盈量。试用分组选配法解该尺寸链并确定各组成环的偏差值。设轴、孔的经济公差为 0.02mm。

解：1）先按完全互换法确定各组成环的公差和偏差值：

$$T_0 = [(-0.01) - (-0.02)]\text{mm} = 0.01\text{mm}$$

根据“等公差原则”，取 $T_1 = T_2 = T_0/2 = 0.01\text{mm}/2 = 0.005\text{mm}$

按“入体原则”，销子的公差带位置应为单向负偏差，即销子尺寸为

$$A_1 = 28^{\ 0}_{-0.005}\text{mm}$$

根据配合要求可知销孔尺寸为

$$A_1 = 28^{-0.015}_{-0.020}\text{mm}$$

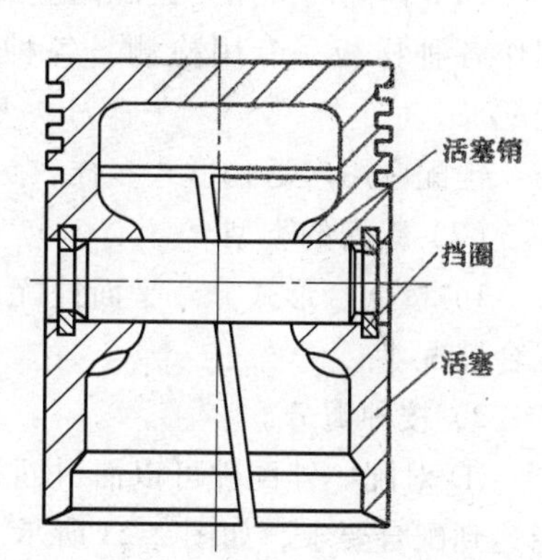

图 2-21　活塞销与活塞孔装配图

画出销子与销孔的尺寸公差带图，如图 2-22a 所示。

2）根据经济公差 0.02mm，将得出的组成环公差均扩大 4 倍，得到 4×0.005mm = 0.02mm 的经济制造公差。

3）按相同方向扩大制造公差，得销子尺寸为 $\phi 28^{\ 0}_{-0.020}$mm，销孔尺寸为 $\phi 28^{-0.015}_{-0.035}$mm。

4）制造后，按实际加工尺寸分 4 组，分组尺寸公差带如图 2-22b 所示。然后按组进行装配，见表 2-3。因分组配合公差与允许配合公差相同，所以符合装配要求。

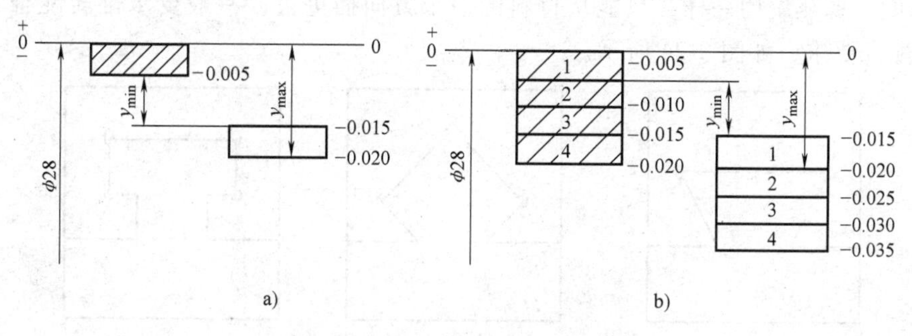

图 2-22　销子与销孔的尺寸公差带

a）原始公差带　b）分组尺寸公差带

表 2-3　活塞销与活塞销孔的分组尺寸

级　　别	活塞销直径/mm	活塞销孔直径/mm	配合情况	
			最小过盈/mm	最大过盈/mm
1	$\phi 28^{\ 0}_{-0.025}$	$\phi 28^{-0.015}_{-0.020}$	0.010	0.020
2	$\phi 28^{-0.005}_{-0.010}$	$\phi 28^{-0.020}_{-0.025}$		
3	$\phi 28^{-0.010}_{-0.015}$	$\phi 28^{-0.025}_{-0.030}$		
4	$\phi 28^{-0.015}_{-0.020}$	$\phi 28^{-0.030}_{-0.035}$		

2.4.3　锉配

1. 锉配的基础知识

锉削加工方法，使两个互配零件达到规定的配合要求，这种加工方法称为锉配，也叫镶嵌、镶配。

（1）锉配的应用　锉配的应用十分广泛，如日常生活中的配钥匙，工业生产中的配件，制作各种样板，专用检测，各种注塑、冲裁模具的制造、装配、调试、修理等都离不开锉配。

锉配应用广泛，形式多样，灵活，熟练掌握锉配技能，具有十分重要的意义。

（2）锉配的类型

1）按配合形式分。平面锉配、角度锉配、圆弧锉配和上述三种锉配形式组合在一起的混合锉配。

2）按种类分。

① 对配。锉配件可以面对面地修锉配合，一般多为对称，要求翻转配合、正反配合均能达到配合要求，如图2-23所示。

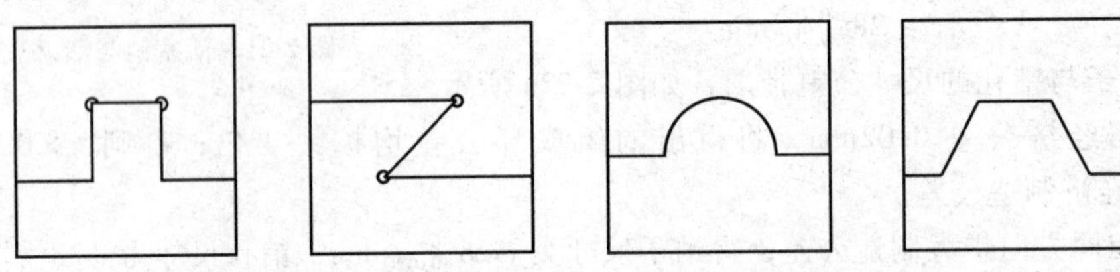

图2-23　对配

② 镶配。像燕尾槽一样，只能从材料的一个方向插进去，一般要求翻转配合、正反配均能达到配合要求，如图2-24所示。

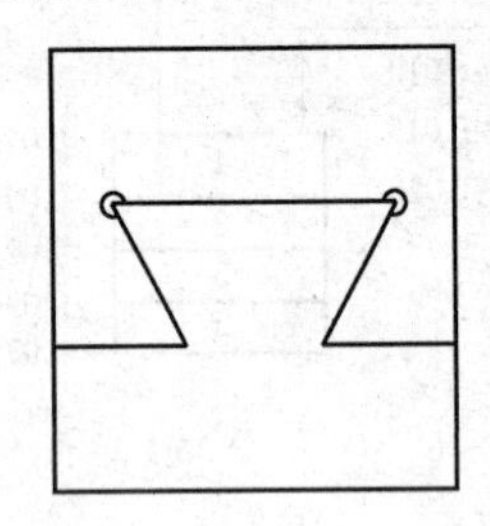
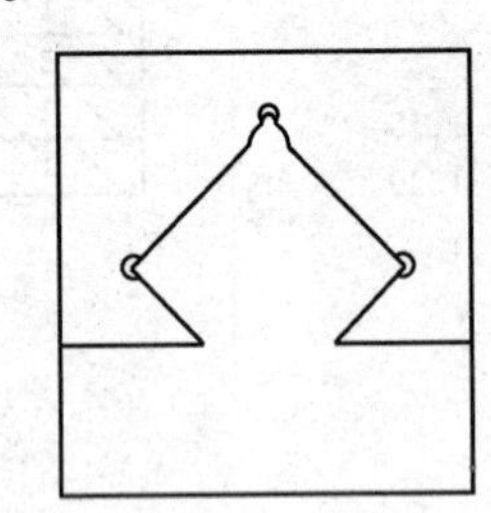
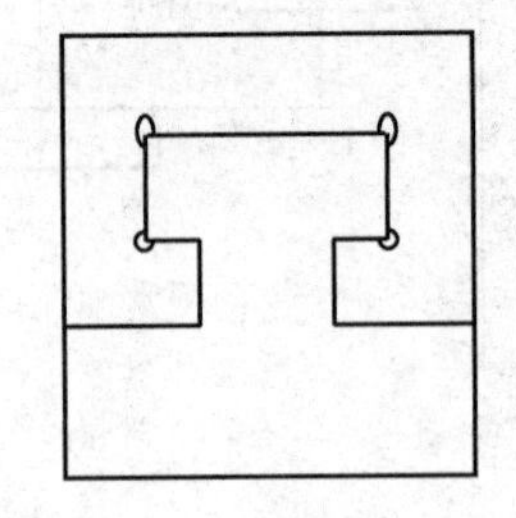

图2-24　镶配

③ 嵌配（镶嵌）。嵌配是把工件嵌装在封闭的形体内，一般要求方位依次换位翻转配合，如图2-25所示。

④ 盲配（暗配）。盲配对称，为不允许对配的锉配，由检验人员在检查时锯下，判断配合是否达到配合要求，如图2-26所示。

⑤ 多件配。多件配是多个配合件组合在一起的锉配，要求互相翻转才能达到配合要求，如图2-27所示。

⑥ 旋转配。旋转配合件，多次在不同固定位置均能达到配合要求，如图2-28所示。

3）按锉配的精度要求分。

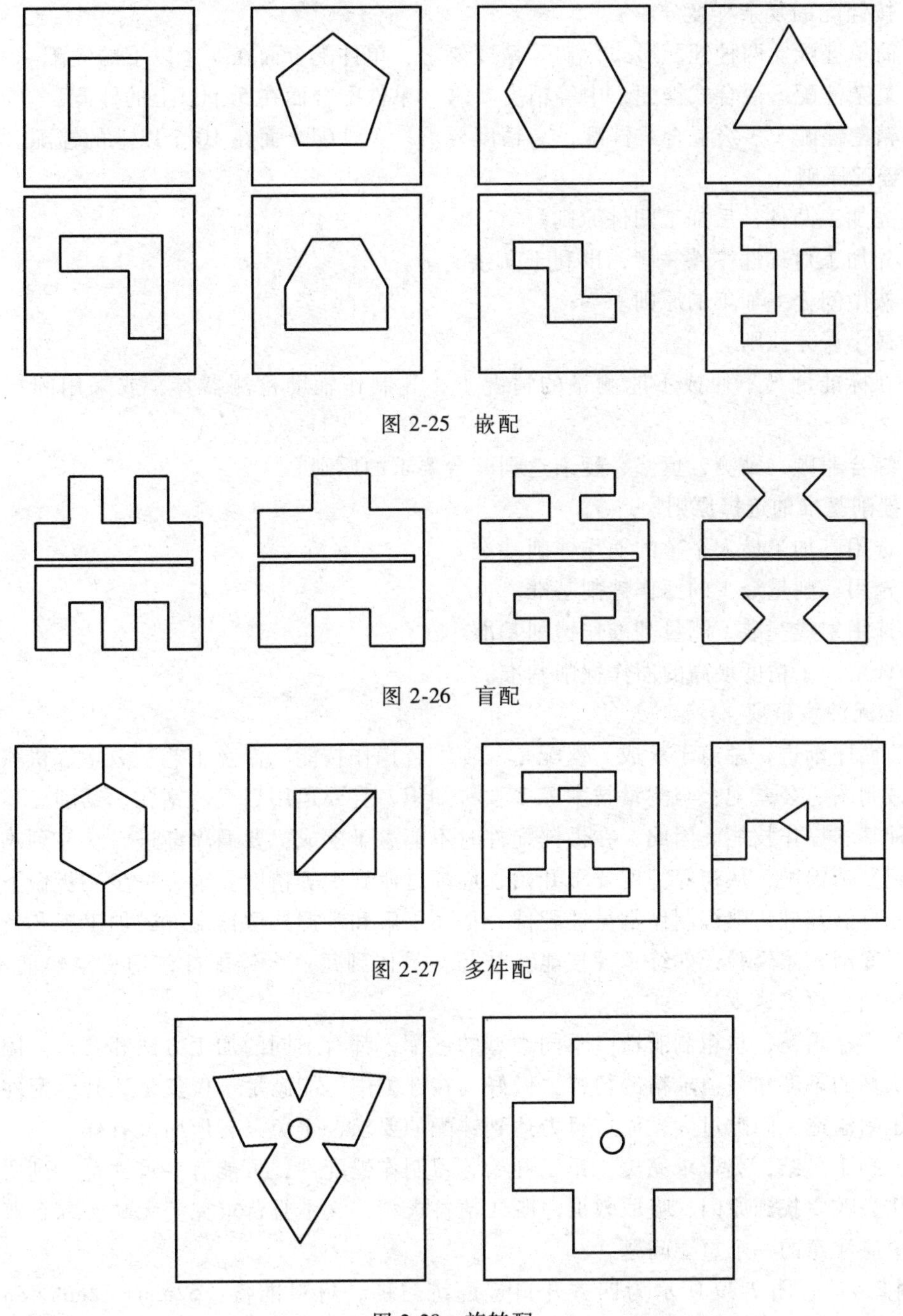

图 2-25　嵌配

图 2-26　盲配

图 2-27　多件配

图 2-28　旋转配

① 初等精度要求。配合间隙在 0.06~0.10mm，表面粗糙度 Ra=3.2μm，各加工面平行度、垂直度均小于或等于 0.04~0.06mm。

② 中等精度要求。配合间隙在 0.04~0.06mm，表面粗糙度 Ra=1.6μm，各加工面平行度、垂直度均小于或等于 0.02~0.04mm。

③ 高等精度要求。配合间隙在 0.02~0.04mm，表面粗糙度 Ra=0.8μm，各加工面平行度、垂直度均小于或等于 0.02mm。

4）按锉配的复杂程度分。

① 简单锉配。两种锉配形式，初等精度要求，单件配合面在5个以下的锉配。

② 复杂锉配。混合式锉配，中等精度要求，单件配合面在5个以上的锉配。

③ 精密锉配。多级混合式锉配，高精度要求，单件配合面在10个以上的锉配。

2. 锉配原则

1）先加工凸件，后加工凹件原则。

2）先加工对称性零件一侧，以利于间接测量。

3）按中间公差加工的原则。

4）最小误差原则。

5）在标准量具不便或不能测量的情况下，先制作辅助检测器具，或采用间接测量的方法。

6）综合兼顾，勤测，慎修，逐渐达到配合要求的原则。

3. 锉削基准的选择原则

1）选用已加工最大平整的面作锉削基准。

2）选用锉削量最少的面作锉削基准。

3）选用划线基准、测量基准作锉削基准。

4）选用加工精度最高的面作锉削基准。

4. 锉配注意事项

（1）循序渐进，忌急于求成　锉配是一项综合操作技能，涉及工艺、数学、机械工程材料、机械制图、公差配合与测量技术等多学科知识，且要运用划线、钻孔、锯削、錾削、测量等多种基本操作技能。因此，在做锉配件时不能急于求成，要循序渐进，从易到难，从简单锉配到复杂锉配，从初等精度要求开始，逐渐过渡到中等精度要求，一步一步做下去，钳工应首先打好基础，熟练制作常见锉配件，从而了解和掌握典型锉配件的加工工艺特点和锉配方法，逐渐积累经验，熟练掌握技能和技巧。具体到每一个锉配件，切忌求快而不求好，在好的基础上再求速度。

（2）精益求精，忌粗制滥造　不同类型的锉配，都有不同的加工方法和要求。因此，我们要用认真的态度和精益求精的精神去做好。在锉配中不能满足于仅仅是达到锉配件的外形要求而粗制滥造，间隙过大，而应努力达到锉配的要求，避免只有形而没有样。

（3）勤于总结，莫苛求完美　钳工开始练习制作锉配件，可能有些尺寸达不到要求，关键是要从失败中找到原因，吸取教训，既要精益求精，又不必苛求完美无缺。综合兼顾是学习锉配中应注意的一个重要问题。

【例2-4】　图2-29所示为四方开口锉配练习图，材料准备：62mm×52mm×8mm（一块），27mm×27mm×8mm（一块），Q235钢板，两平面磨削加工。

解：1）四方体锉配方法。

① 锉配时由于外表面比内表面容易加工和测量，易于达到较高精度，因此一般先加工凸件，后锉配凹件。本例中应先锉准外四方体，再锉配内四方体。

② 内表面加工时，为了便于控制，一般均应选择有关外表面作测量基准。因此，内四方体外形基准面加工时，必须达到较高的精度要求。

③ 凹形体内表面间的垂直度无法直接测量，可采用自制内直角样板检测，如图2-30所

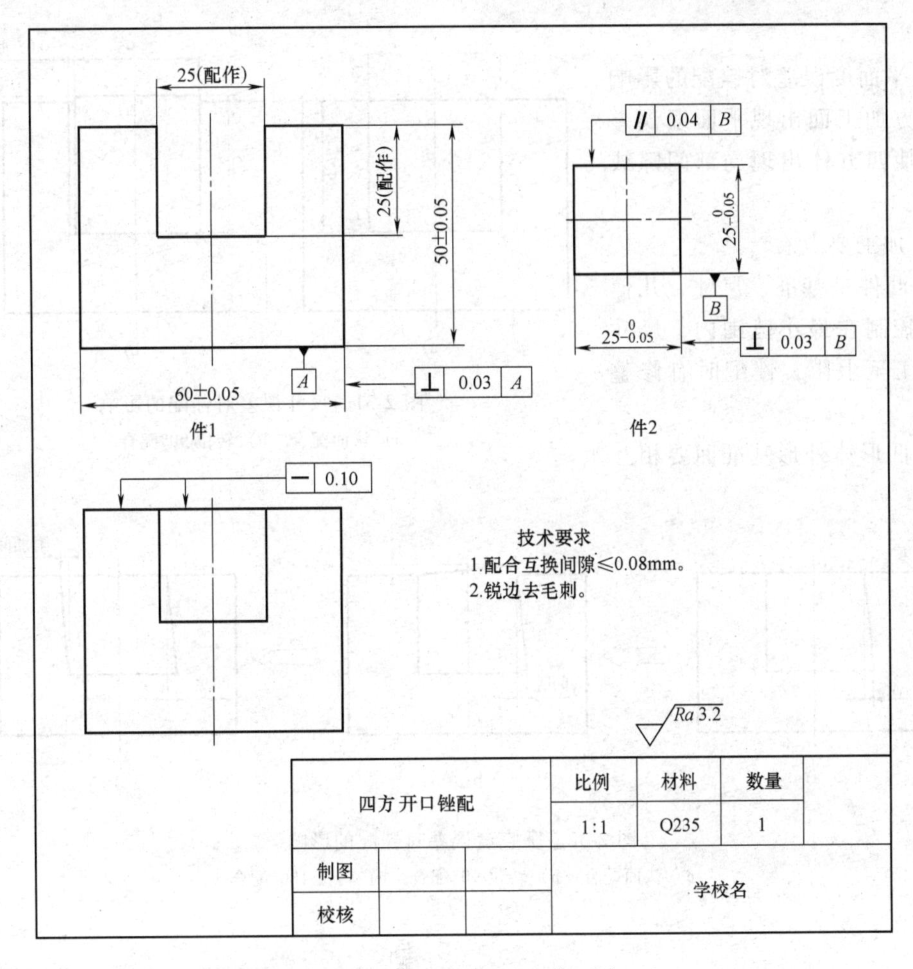

图 2-29　四方开口锉配练习图

示，此外还可用来检测内表面直线度。

④ 锉削内四方体时，为获得内棱清角，锉刀一侧棱边必须修磨至略小于 90°。锉削时，修磨边紧靠内棱角进行直锉。

2）四方几何误差对锉配的影响。

① 尺寸误差对锉配的影响　如图 2-31a 所示，若四方体的一组尺寸加工至 25mm，另一组尺寸加工至 24.95mm，认面锉配在一个位置可得到零间隙，但在转位 90°后，如图 2-31b 所示，则出现一组尺寸存在 0.05mm 间隙，另一组尺寸出现错位量误差，作修整配入后，配合面间引起间隙扩大，其值为 0.05mm。

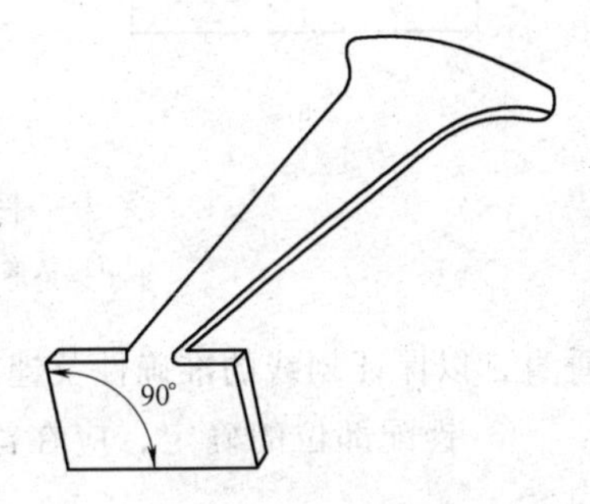

图 2-30　内直角样板

② 垂直度误差对锉配的影响　如图 2-32 所示，当四方体的一面有垂直度误差，且在一个位置锉配后得到零间隙，则在转位 180°作配入修整后，产生附加间隙 Δ，将使内四方成平行四边形。

③ 平行度误差对锉配的影响　如图 2-33 所示，当四方体有平行度误差时，在一个位置锉配后能得到零间隙，可在转位 90°或 180°作配入修整后，使内四方体小尺寸处产生间隙 Δ_1

和Δ_2。

④ 平面度误差对锉配的影响

当四方加工面出现平面度误差后，将使四方体出现局部间隙或喇叭口。

3）加工要点。

① 凸件是基准，尺寸、几何误差应控制在最小范围内，尺寸尽量加工至上限，锉配时有修整的余地。

② 凹形体外形基准面要相互垂直，以保证划线的准确性及锉配时有较好的测量基准。

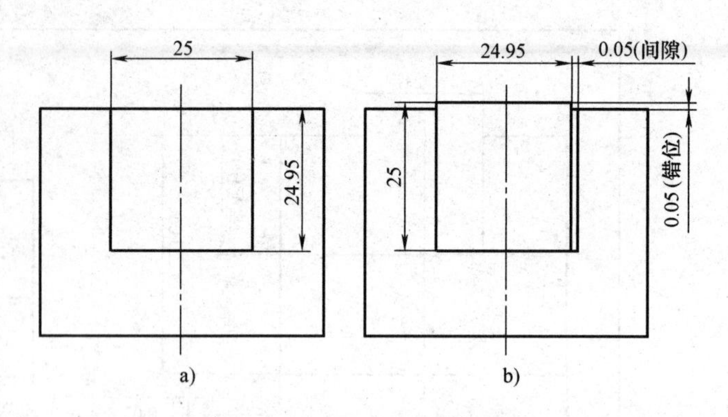

图 2-31　尺寸误差对锉配的影响

a）认面配合　b）转位90°配合

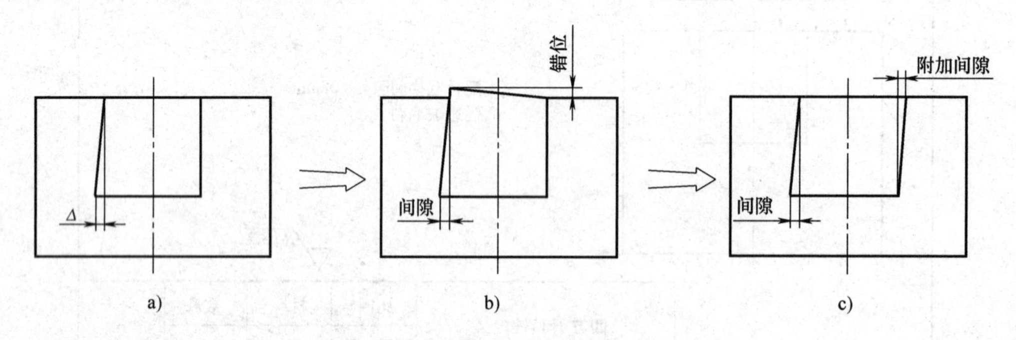

图 2-32　垂直度误差对锉配的影响

a）认面配合　b）转位90°配合　c）转位180°配合

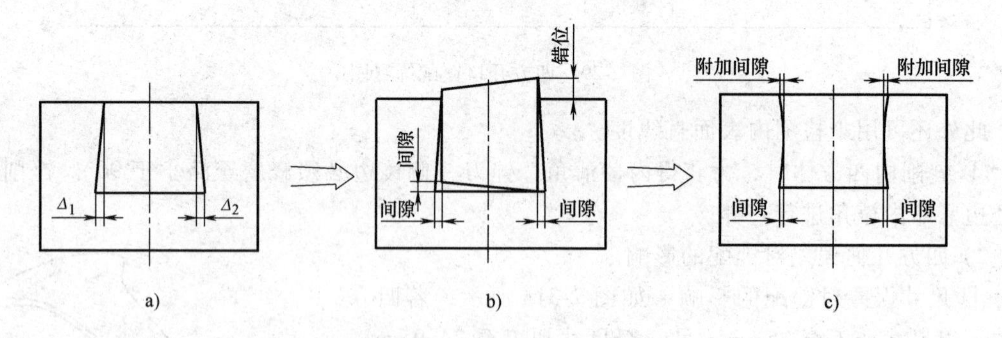

图 2-33　平行度误差对锉配的影响

a）认面配合　b）转位90°配合　c）转位180°配合

③ 锉配部位的确定，应在涂色或透光检查后再从整体情况考虑，避免造成局部间隙过大。

④ 修锉凹形体清角时，锉刀一定要修磨好，用力要适当，防止修成圆角或锉坏相邻面。

⑤ 试配过程中，不能用金属锤敲击，退出时也不能直接敲击，以免将配合面咬毛、变形及将表面敲毛。

4）锉配凹形体。

① 锉削凹形体外形面，保证外形尺寸及形位要求。

② 划出凹形体各面加工线，并用加工好的四方体校对划线的正确性。

③ 如图 2-34 所示，钻 ϕ12mm 孔，用修磨好的狭锯条锯去凹形面余料，然后用锉刀粗锉至接近线，单边留 0.1~0.2mm 余量作锉配用。

④ 细锉凹形体两侧面，控制两侧尺寸相等，并用凸件试配，如图 2-35 所示，达到配合间隙要求。

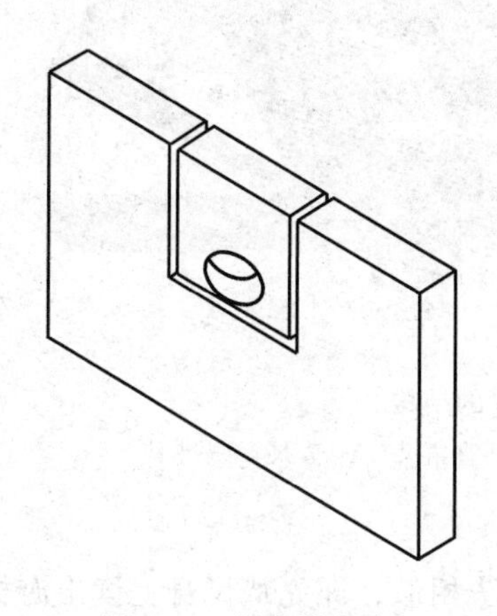

图 2-34 锯余料方法

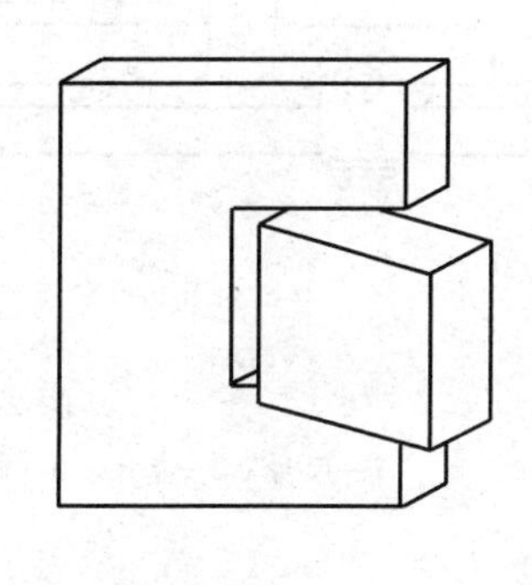

图 2-35 凸件试配方法

⑤ 以凸件为基准，凹形体两侧为导向，锉配凹形体底面，保证配合间隙及配合直线度要求。

5）全面检查，做必要修整，锐边去毛刺、倒棱。

2.4.4 角度的测量与划线

1. 游标万能角度尺

游标万能角度尺是用来测量工件和样板的内、外角度及角度划线的量具。按其测量精度可分为 2′和 5′两种；按其尺身的形状不同可分为圆形和扇形两种。以下仅介绍测量精度为 2′的扇形万能角度尺的结构、刻线原理、读数方法和测量范围。

（1）游标万能角度尺的结构　游标万能角度尺的结构如图 2-36 所示，它由尺身、直角尺、游标、制动器、基尺、直尺、卡块、捏手、小齿轮和扇形齿轮等组成。游标固定在扇形板上，基尺和尺身连成一体。扇形板可以和尺身作相对回转运动，形成和游标卡尺相似的读数机构。角度尺用卡块固定在扇形板上，直尺又用卡块固定在角度尺上。根据所测角度的需要，也可拆下角度尺，将直尺直接固定在扇形板上。制动器可将扇形板和尺身锁紧，便于读数。

测量时，可转动游标万能角度尺背面的捏手，通过小齿轮转动扇形齿轮，使尺身相对扇形板产生转动，从而改变基尺与直角尺或直尺间的夹角，满足各种不同情况测量的需要。

（2）游标万能角度尺的刻线原理与读数方法　测量精度为 2′的万能角度尺的刻线原理是：尺身刻线每格 1°，游标刻线是将尺身上 29°所占的弧长等分为 30 格，每格所对的角度为（29/30）°。因此，游标 1 格与尺身 1 格相差：$1°-\left(\frac{29}{30}\right)°=\left(\frac{1}{30}\right)°=2'$，即游标万能角度尺

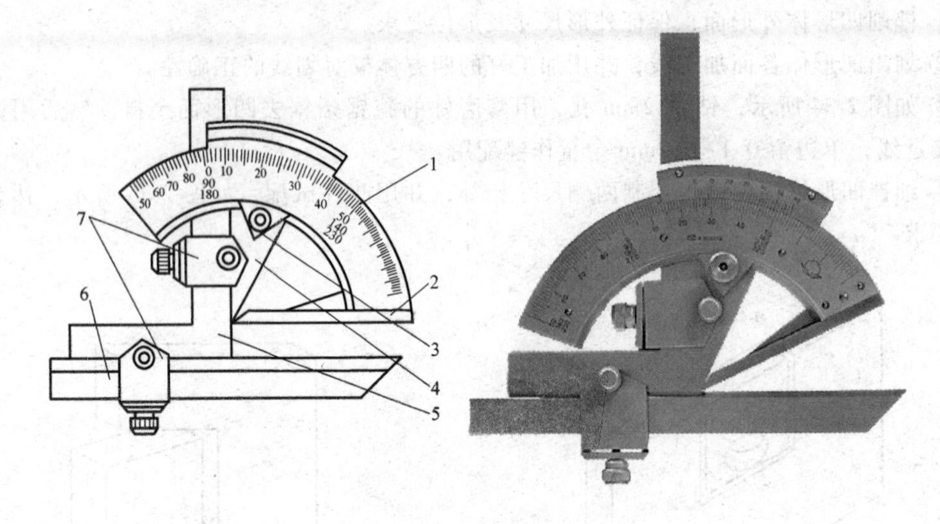

图 2-36　游标万能角度尺的结构

1—尺身　2—基尺　3—制动器　4—扇形板　5—直角尺　6—直尺　7—卡块

的测量精度为2′。

游标万能角度尺的读数方法与游标卡尺的读数方法相似，即先从尺身上读出游标零刻线左边的刻度整数，然后在游标上读出分的数值（格数×2′），两者相加就是被测工件的游标读数值，如图2-37所示。

（3）游标万能角度尺的测量范围　游标万能角度尺有Ⅰ型和Ⅱ型两种，其测量范围分别为0°～320°和0°～360°。

由于角度尺和直尺可以移动和拆换，因而Ⅰ型游标万能角度尺可以测量0°～320°的任何大小的角度，如图2-38所示。

图2-38a所示为测量0°～50°角时的情况，被测工件放在基尺和直尺的测量面之间，此时按尺身上的第一排刻度读数。

图2-38b所示为测量50°～140°角时的情况，此时将角度尺取下，将直尺直接装在扇形板的卡块上，利用基尺和直尺的测量面进行测量，按尺身上的第二排刻度表示的数值读数。

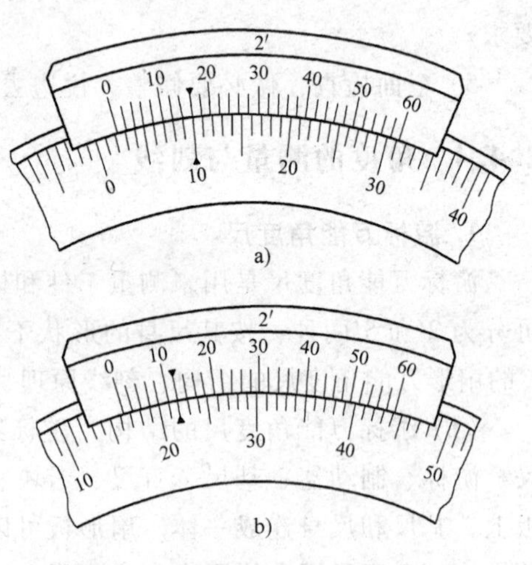

图 2-37　游标万能角度尺的读数方法

a）2°+8×2′=2°16′　b）16°+6×2′=16°12′

图2-38c所示为测量140°～230°角时的情况，此时将直尺和直角尺上的固定卡块取下，调整直角尺的位置，使直角尺的直角顶点与基尺的尖端对齐，然后把直角尺的短边和基尺的测量面靠在被测工件的被测量面上进行测量，按尺身上的第三排刻度表示的数值读数。

图2-38d所示为测量230°～320°角时的情况，此时将直尺、直角尺和夹块全部取下，直接用基尺和扇形板的测量面对被测工件进行测量，按尺身上的第四排刻度表示的数值读数。

游标万能角度尺的维护、保养方法与游标卡尺的维护、保养基本相同。

(4) 使用游标万能角度尺的注意事项

1) 根据测量工件的不同角度正确选用直尺和直角尺。

2) 使用前要检查尺身和游标的零线是否对齐，基尺和直尺是否漏光。

3) 测量时，工件应与游标万能角度尺的两个测量面在全长上接触良好，避免误差。

2. 千分尺

千分尺是一种精密量具，其测量精度比游标卡尺高，应用广泛。

(1) 外径千分尺的结构　图 2-39 所示为外径千分尺的结构形状，它由尺身、固定测砧、测微螺杆、固定套管、微分筒、测力装置和锁紧装置等组成。

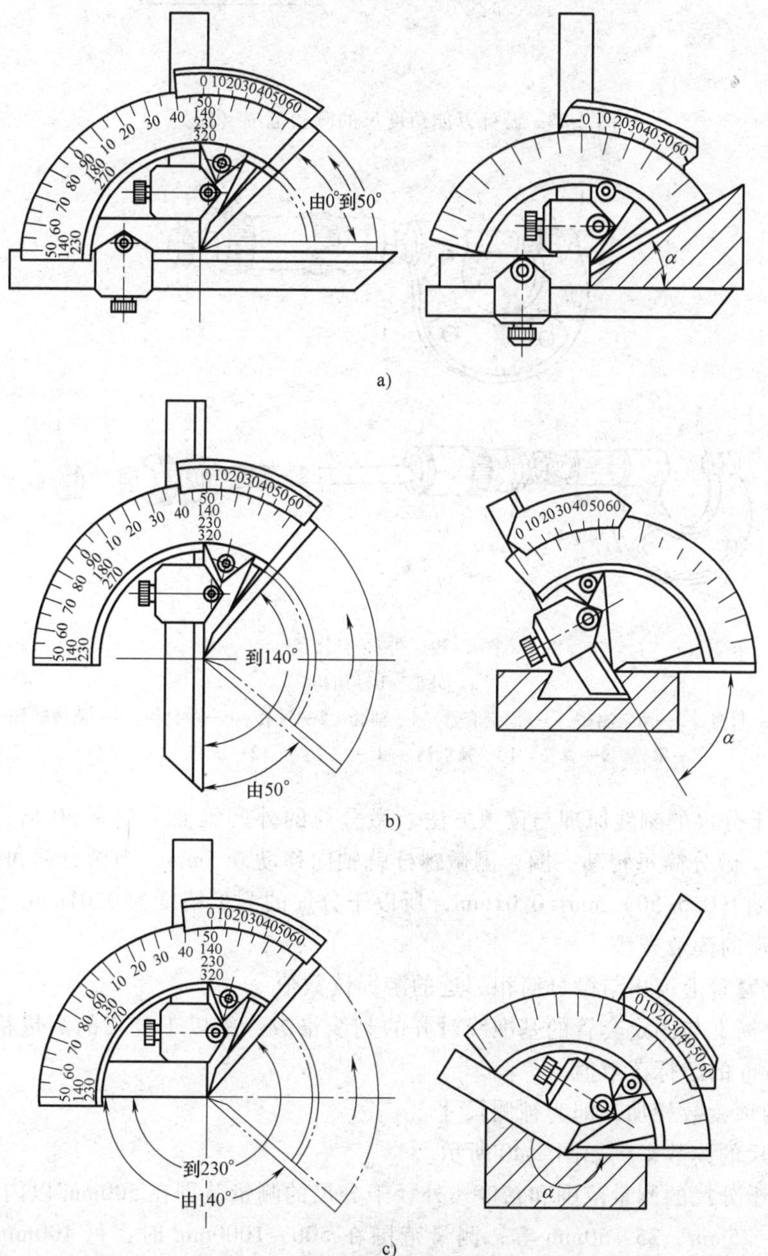

图 2-38　游标万能角度尺的测量范围

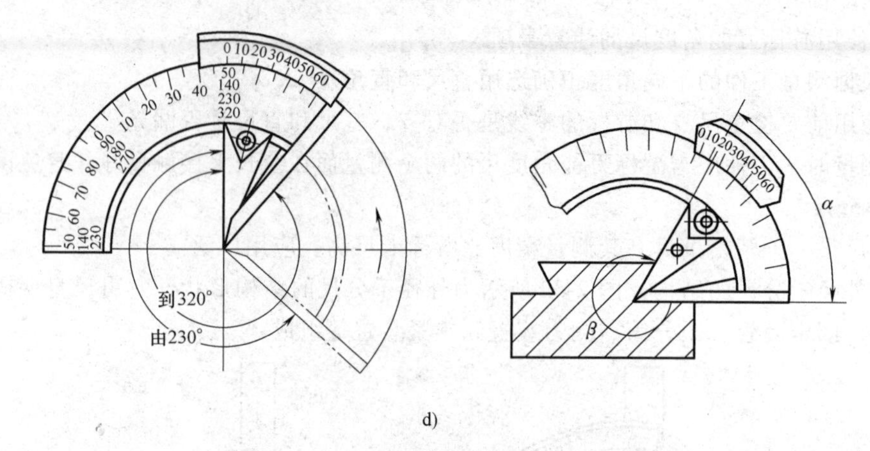

d)

图 2-38　游标万能角度尺的测量范围（续）

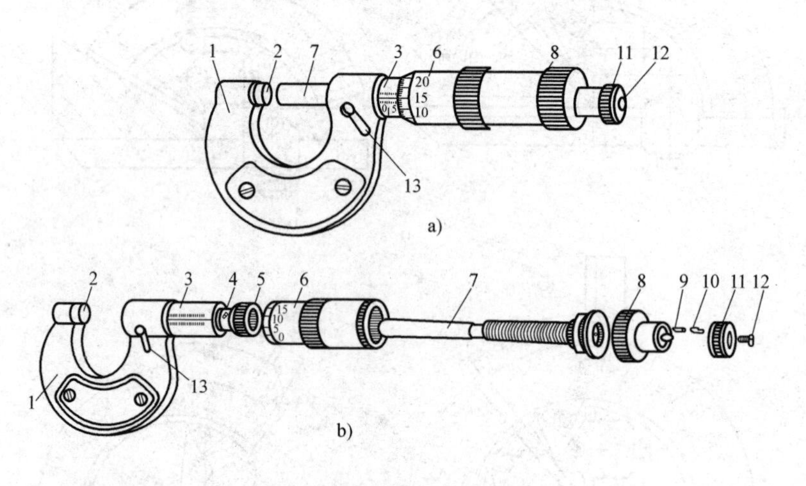

图 2-39　外径千分尺

a）外形　b）结构

1—尺身　2—固定测砧　3—固定套管　4—轴套　5—衬套　6—微分筒　7—测微螺杆

8—罩壳　9—弹簧　10—棘爪销　11—棘轮盘　12—螺钉　13—手柄

（2）外径千分尺的刻线原理与读数方法　微分筒的外圆锥面上刻有 50 格，测微螺杆的螺距为 0.5mm。微分筒每转动一圈，测微螺杆就轴向移动 0.5mm，当微分筒每转动一格时，测微螺杆就移动（0.5/50）mm = 0.01mm，所以千分尺的测量精度为 0.01mm。

外径千分尺的读数方法：

1）在固定套管上读出与微分筒相邻近的游标读数值。

2）用微分筒上与固定套管的基准线对齐的刻线格数，乘以千分尺的测量精度 0.01mm，读出不足 0.5mm 的游标读数值。

3）将前两项读数相加，即为被测尺寸。

外径千分尺的读数举例如图 2-40 所示。

（3）外径千分尺的测量范围和精度　外径千分尺的测量范围在 500mm 以内时，每 25mm 为一档，如 0~25mm、25~50mm 等；测量范围在 500~1000mm 时，每 100mm 为一档，如 500~600mm、600~700mm 等。

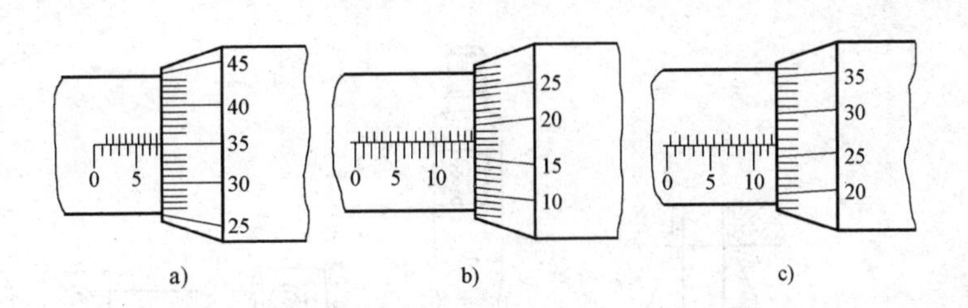

图 2-40　外径千分尺读数举例

a）（8+35×0.01）mm＝8.35mm　b）（14.5+18×0.01）mm＝14.68mm

c）（12.5+26.5×0.01）mm＝12.765mm

外径千分尺的制造精度分为 0 级、1 级和 2 级，其适用范围见表 2-4。

表 2-4　外径千分尺的适用范围

级　别	适用范围
0 级	IT6～IT16
1 级	IT7～IT16
2 级	IT8～IT16

（4）其他千分尺

1）内径千分尺。如图 2-41a 所示，用来测量内径及槽宽等尺寸。其刻线方向与千分尺的刻线方向相反。

2）深度千分尺。如图 2-41b 所示，用来测量孔深、槽深等。

3）螺纹千分尺。如图 2-41c 所示，用来测量螺纹中径尺寸。

4）公法线千分尺。如图 2-41d 所示，用来测量齿轮公法线长度。

（5）千分尺的使用注意事项

1）千分尺的测量面应该保持干净，使用前应校准尺寸。

2）测量时，先转动微分活动套筒，当测量面接近工件时，改转棘轮，直到棘轮发出“咔、咔”声为止。

3）测量时千分尺要放正，并要注意温度影响。

4）读数时要防止在固定套管上多读或少读 0.5mm。

5）为防止尺寸变动，可转动锁紧装置锁紧测微螺杆。

6）不能用千分尺测量毛坯或转动的工件。

3. 量块

大规模的工业化生产对测量的精确化、标准化提出了越来越高的要求。为了保证生产中使用的量具与国际测量标准相一致，就需要使用标准量具（例如量块等）对其进行校验和调整。

量块是机械制造业中长度尺寸的基准，它可以用于量具和量仪的检验校验、精密划线和精密机床的调整，附件与量块并用时，还可以测量某些精度要求较高的工件尺寸。

（1）量块的外形　如图 2-42a 所示，量块是用不易变形的耐磨材料（如铬锰钢）制成的

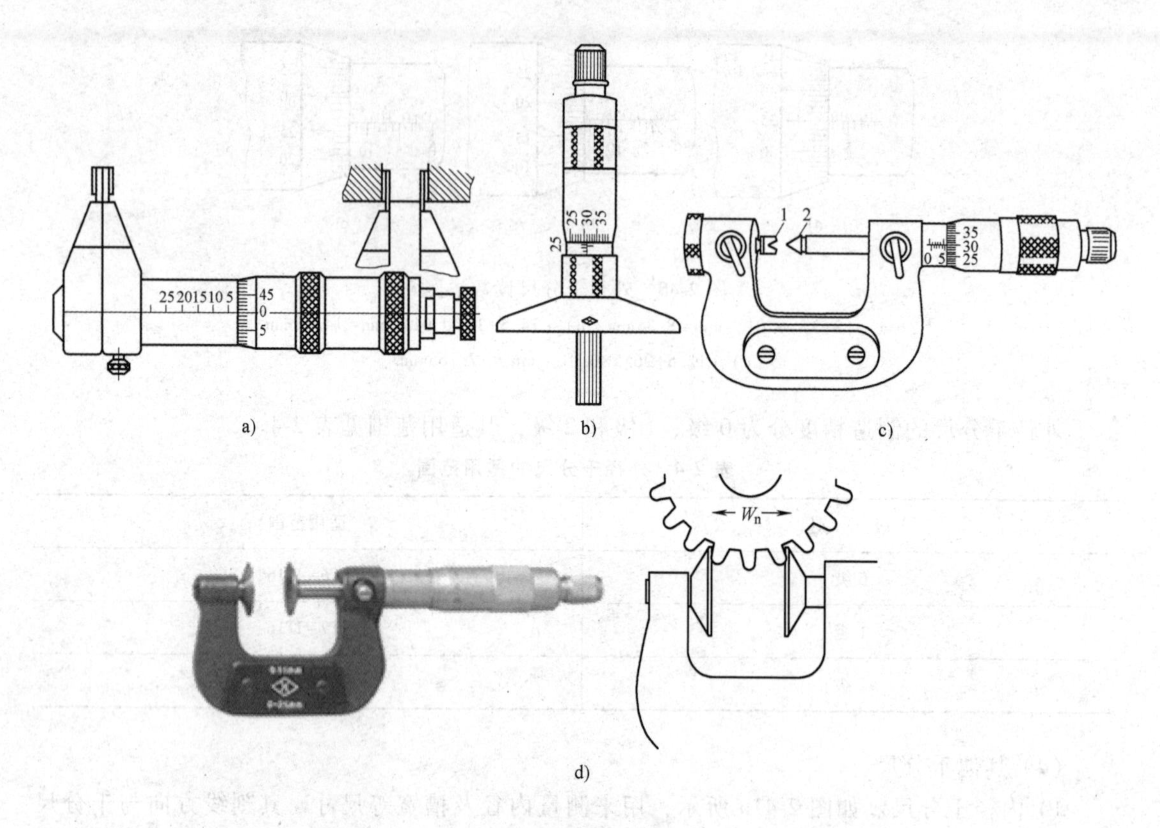

图 2-41　其他千分尺

a) 内径千分尺　b) 深度千分尺　c) 螺纹千多分尺　d) 公法线千分尺

1、2—可调换的量头

长方形六面体，它有两个工作面，其余为非工作面。工作面即测量面，是一对相互平行且平面度误差及表面粗糙度值极小的平面。

（2）量块的应用　量块一般成套使用，装在特制的木盒中。使用量块应注意以下事项：

1）量块属精密量具，应轻拿轻放，在桌上放置量块时只允许非工作面与桌面接触。

2）测量时应注意灰尘和温度对测量精度的影响。

3 | 7 | 20

下测量面　上测量面

a)

O　上测量面　20　O′　平晶　下测量面

b)

图 2-42　量块

3）用完后的量块，应及时擦净，涂上凡士林后，放入盒中。

4）为了保持量块的精度，一般不允许用量块直接测量工件。

2.4.5　常用量具的维护和保养

为了保持量具的精度，延长其使用寿命，对量具的维护和保养必须注意。为此，应做到以下几点：

1）测量前应将量具的测量面和工件的被测表面擦洗干净，以免脏物存在而影响测量精

度和加快量具磨损。不能用精密测量器具测量粗糙的铸、锻毛坯或带有研磨剂的表面。

2）量具在使用过程中，不能与刀具、工具等堆放在一起，以免碰伤；也不要随便放在机床上，以免因机床振动而使量具掉落而损坏。

3）量具不能当其他工具使用，例如，用千分尺当小锤子使用，用游标卡尺划线等都是错误的。

4）温度对测量结果的影响很大，精密测量一定要在 20℃ 左右进行；一般测量可在室温下进行，但必须使工件和量具的温度一致。量具不能放在热源（如电炉子、暖气设备等）附近，以免受热变形而失去精度。

5）不要把量具放在磁场附近，以免使量具磁化。

6）发现精密量具有不正常现象（如表面不平、有毛刺、有锈斑、尺身弯曲变形、活动零部件不灵活等）时，使用者不要自行拆修，应及时送交计量室检修。

7）量具应经常保持清洁。量具使用后应及时擦干净，并涂上防锈油放入专用盒，存放在干燥处。

8）精密量具应定期送计量室（计量站）鉴定，以免其示值误差超差而影响测量结果。

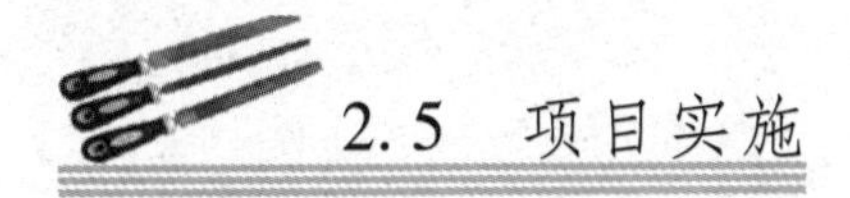

2.5　项目实施

1. 件 2 的加工（图 2-43）

1）手锯下料：46mm × 46mm × 8mm（2 件）。

2）锉削两个互相垂直的基准面。

3）划线（两面划线），45mm、15mm、30mm、135°。

4）锯削去余量，锉削保证尺寸精度。

5）锉削，保证（45±0.02）mm、（30 ±0.02）mm、（15 ±0.02）mm、135°±4′。

6）去毛刺。

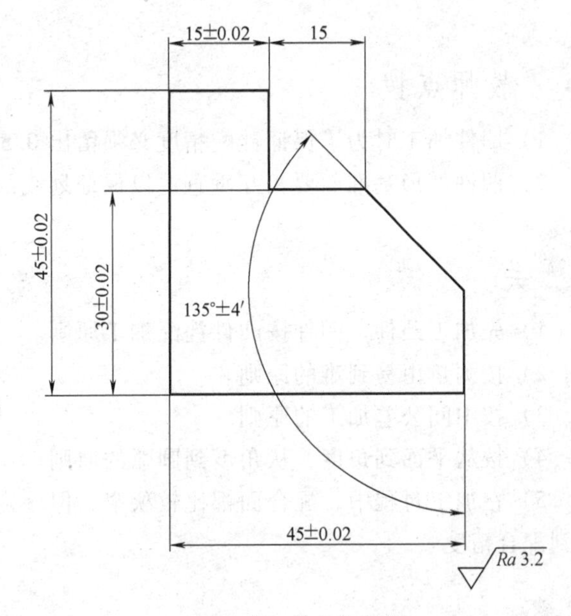

图 2-43　件 2 加工图

2. 件 1 的加工（图 2-44）

1）锉削两个互相垂直的基准面。

2）划线：45mm、15mm、30mm、135°。

3）锯削去余量，单面留 0.5mm 加工余量。

4）锉削，留 0.2mm 锉配余量。

3. 锉配

1）锉配，保证间隙 0.06mm。

2）锉削周边保证（60 ±0.06）mm、（45 ±0.02）mm（件 1）。

3）钻孔 ϕ4mm，扩孔 ϕ7.8mm ，铰孔 ϕ8H7，保证（12 ±0.05）mm、（24±0.1）mm。

4）去毛刺，自检。

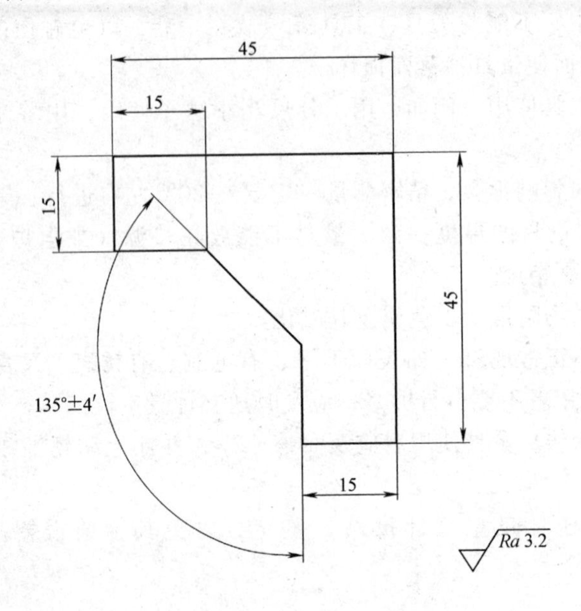

图 2-44 件1加工图

教师点拨

1）凹件加工时为了保证锉配精度必须留出 0.5mm 的锉配余量。

2）凹件外形基准面要相互垂直，以保证划线的准确性及锉配时有较好的测量基准。

关 键

1）先加工凸件，凹件按凸件锉配加工原则。

2）按测量由易到难的原则。

3）按中间公差加工的原则。

4）按从平面到角度，从角度到圆弧的原则。

5）在加工过程中，配合面都比较狭窄，但一定要锉平并保证与大平面的垂直度，才能达到配合精度。

操作技巧

1）对称性零件先加工一侧，以利于间隙的测量。

2）最小误差原则，为保证获得较高的锉配精度，应选择有关的外表面作划线和测量基准，因此基准面应达到最小几何公差要求。

3）在运用标准量具不便或不能测量的情况下，优先制作辅助检具或采用间接测量的方法。

4）综合兼顾，勤测慎修，逐步达到配合要求。

警　告

1）按尺寸要求计算出划线尺寸，线条要细而清晰，两端面必须一次划出。

2）作配合修锉时，用光隙法和涂色法确定其修锉部位和余量，逐步达到正确配合要求。

3）内表面加工时，为了便于控制，一般均应选择有关外表面作测量基准，因此外形基准面加工必须达到较高的精度要求，才能保证规定的锉配精度。

重点提示

錾削口诀：

肘收臂提举锤过肩，手腕后弓三指微松；

锤面朝天稍停瞬间，目视錾刃肘臂齐下；

收紧三指手腕加劲，锤錾一线走弧形；

左脚着力右腿伸直，动作协调稳准狠快。

2.6　项目检查与评价

该项目的检查单见表 2-5。

表 2-5　检查单

学习领域名称	零件的手动工具加工		项目三：斜台换位对配零件的手动工具加工（图 2-1）		
序号	质检内容	配分	评分标准	学生自评结果	教师检查结果
1	测量面表面粗糙度 $Ra \leqslant 1.6\mu m$（14 处）	14	降级 1 处扣 1 分		
2	(60±0.06) mm	4	超差 0.01mm 扣 1 分		
3	60mm	2	超差 0.01mm 扣 1 分		
4	(24±0.1) mm	2	超差不得分		
5	(12±0.05) mm	4	超差 0.01mm 扣 1 分		
6	(45±0.02) mm（4 处）	16	超差 0.01mm 扣 1 分		
7	(15±0.02) mm	4	超差 0.01mm 扣 1 分		
8	(30±0.02) mm	4	超差 0.01mm 扣 1 分		
9	135°±4′	5	超差 2′扣 2 分		
10	ϕ8mm（2 处）	6	超差 1 处扣 3 分		
11	⊥ 0.1 C	6	超差不得分		
12	⊥ 0.1 B	6	超差不得分		
13	配合间隙≤0.06mm（2 处）	6	超差 1 处扣 3 分		
14	外形错位≤0.05mm（2 处）	6	超差 1 处扣 3 分		

（续）

学习领域名称	零件的手动工具加工		项目三:斜台换位对配零件的手动工具加工(图2-1)		
序号	质检内容	配分	评分标准	学生自评结果	教师检查结果
15	安全文明生产	10	违章酌情扣1~10分		
16	实际完成时间	5	不按时完成酌情扣分		
	总成绩				
班级		组别		签字	
存在问题：			整改措施：		

填表　　　年　　　月　　　日

2.7　项目总结

通过锉配操作练习，熟练掌握锉削操作要领，并形成一定的技巧。锉配的重点是尺寸精度的控制及配合要求的保证，尤其是锉配时的修配技巧。

2.8　思考与习题

1）什么是尺寸链？什么是装配尺寸链？什么是封闭环、增环和减环？

2）如图2-45所示，某轴需要镀铬，镀铬前轴的尺寸车削至$A_2=\phi59.74_{-0.016}^{0}$mm，孔径$A_1=\phi60_{0}^{+0.03}$mm，保证配合间隙$A_0=0.236\sim0.285$mm。试问镀铬层厚度$A_3$应控制在什么范围内？

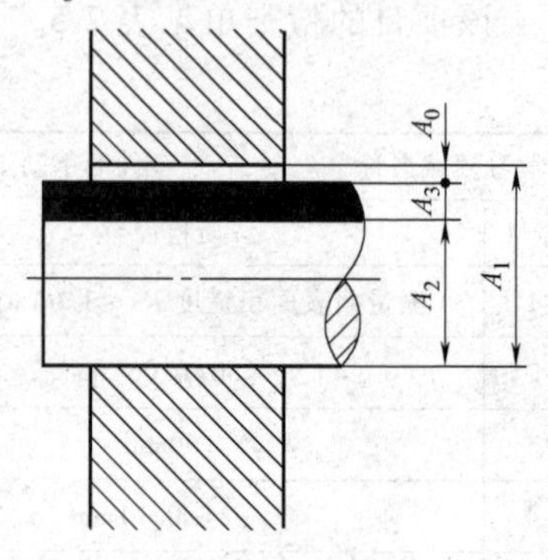

图2-45　轴装配图

3）锉配原则是什么？

4）按锉配的复杂程度锉配分哪几种类型？

5）按锉配的精度要求锉配分哪几种类型？

6）按锉配的种类锉配分哪几种类型？

7）按配合形式锉配分哪几种类型？

8）游标万能角度尺的注意事项有哪些？

9）游标万能角度尺的测量范围有哪些？

10）千分尺的使用注意事项是什么？

11）千分尺有哪些种类？各用来测量哪些尺寸？

12）试述千分尺的刻线原理与读数方法？

13）使用量块应注意什么？

14）常用量具的维护和保养方法有哪些？

15）钳工常用的錾子有哪几种？各适用于什么场合？

16）錾子的切削角度有哪些？如何确定錾子合理的切削角度？

17）錾子的楔角应如何选择？

18）錾削时为什么要从工件的边缘尖角处开始？錾削快到尽头时应注意什么问题？

19）錾子常用哪种材料制成？

20）錾削时挥锤的方式有哪几种？各有何特点？

21）薄板料的錾削方法有哪几种？

22）如何在轴瓦的内表面錾油槽？

23）錾削时有哪些安全注意事项？

2.9　知识拓展

知识拓展 1　角度块锉配

试加工图 2-46 所示的工件，毛坯为 62mm×62mm×8mm 一块，30mm×40mm×8mm 一块，材料为 Q235 钢。

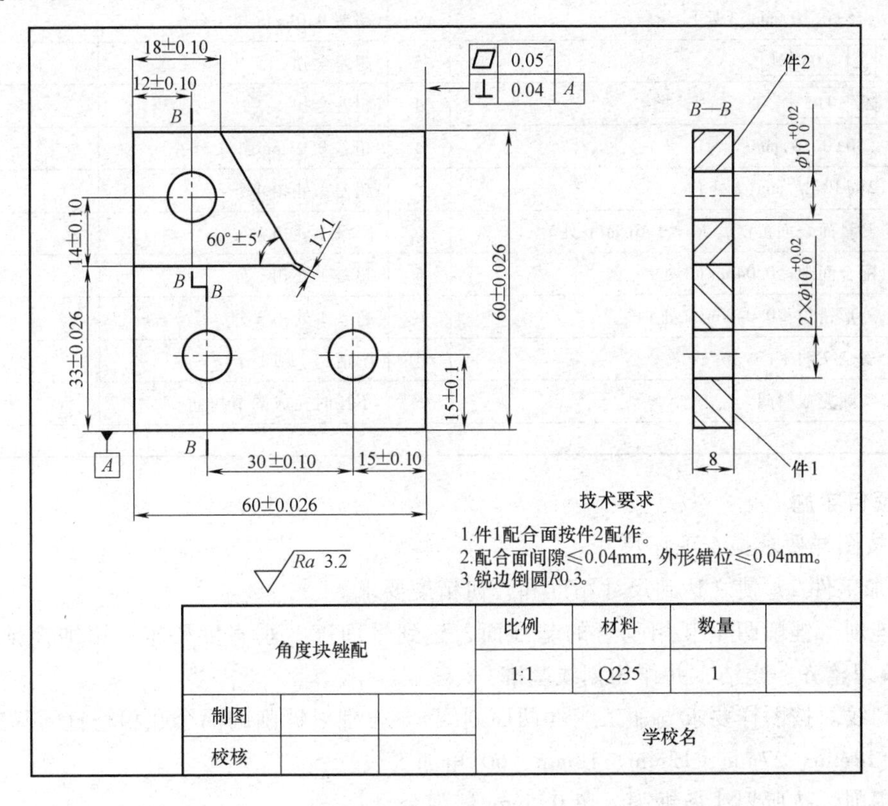

图 2-46　角度块锉配

1. 工、量、刃具准备

台虎钳（200mm）、台式钻床、划线平板、方箱、扁锉（粗锉 400mm、中锉 300mm，细锉 250mm）、三角锉（中锉 150mm）、整形锉（5 件 1 套）、钻头（ϕ4mm、ϕ9.8mm）、铰刀（ϕ10H7mm）、游标卡尺（0～150mm）、高度游标卡尺（0～500mm）、外径千分尺（0～25mm、25～50mm、50～75mm）、游标万能角度尺（0°～320°）、刀口形直角尺（100mm×63mm）、角度样板（60°）、金属直尺（150mm）、锉刀把、手锯、锯条若干、铜丝刷、划针、样冲、锤子等。

2. 评分标准

评分标准见表 2-6。

表 2-6　评分标准

工件	考核要求	配分	评分标准	检测结果	得分
件 2	测量面表面粗糙度 $Ra \leqslant 3.2\mu m$(4 处)	4	降级 1 处扣 1 分		
	(18±0.10) mm	4	超差 0.01mm 扣 1 分		
	(14±0.10) mm	4	超差 0.01mm 扣 1 分		
	(12±0.10) mm	4	超差 0.01mm 扣 1 分		
	$\phi10^{+0.02}_{0}$ mm	4	超差 0.01mm 扣 1 分		
	60°±5′	6	超差 2′扣 2 分		
件 1	(60±0.026) mm(2 处)	6	超差 0.01mm 扣 1 分		
	(33±0.026) mm	5	超差 0.01mm 扣 1 分		
	(15±0.10) mm(3 处)	9	超差 0.01mm 扣 1 分		
	⊥ 0.04 A	5	超差全扣		
	▱ 0.05	4	超差全扣		
	(30±0.10) mm	4	超差 0.01mm 扣 1 分		
	2×$\phi10^{+0.02}_{0}$ mm(2 处)	8	超差 1 处扣 4 分		
	测量面表面粗糙度 $Ra \leqslant 1.6\mu m$(6 处)	6	降级 1 处扣 1 分		
配合	配合间隙≤0.04mm(2 处)	6	超差 1 处扣 3 分		
	外形错位≤0.04mm(2 处)	6	超差 1 处扣 3 分		
	安全文明生产	10	酌情扣 1~10 分		
	实际完成时间	5	不按时完成酌情扣分		
合　计					

3. 项目实施

1） 按图样要求检查毛坯尺寸。

2） 加工件 2，使之达到尺寸精度和几何精度要求。

① 锉削。锉削两个互相垂直的基准面，达到平面度、垂直度要求。用细锉推锉修整，使表面纹理整齐、光洁，并作为划线基准。

② 划线。按图样要求划加工线（两面划线）。分别以锉削的两个互相垂直的基准面为基准划线：14mm、27mm、12mm、18mm、60°角加工线。

③ 锯削。按所划线条锯削，留 0.5mm 锉削余量。

④ 锉削。粗、精锉 60°角两个面，尺寸精度达到图样要求，用游标万能角度尺测量，保证 60°角。用细锉精锉，使表面纹理整齐、光洁。

⑤ 孔加工。用 ϕ4mm 钻头钻底孔，用 ϕ9.8mm 钻头扩孔，最后用 ϕ10H7mm 铰刀铰孔，保证孔的尺寸公差。

⑥ 去毛刺。为锉配做准备。

3） 加工件 1，使之达到尺寸精度和几何精度要求。

① 锉削 A 面。粗、精锉 A 面，达到平面度、垂直度要求。用细锉推锉修整，使表面纹理整齐、光洁，为划线做准备。

② 锉削加工尺寸为 60mm、并与 A 面垂直的平面。粗、精锉此平面，达到平面度、垂直度要求。用细锉推锉修整，使表面纹理整齐、光洁，为划线做准备。

③ 划线。按图样要求划加工线（两面划线）。以 A 面为基准划线：60mm、15mm、33mm，以加工尺寸为 60mm、并与 A 面垂直的平面为基准划线：60mm、15mm、45mm、42mm，60°角加工线。

④ 锉削 A 面的对面。粗、精锉 A 面的对面，达到直线度、平面度要求，并与 A 面平行。保证尺寸（60±0.026）mm，用细锉推锉修整，使表面纹理整齐、光洁。

⑤ 锉削加工尺寸为 60mm、并与 A 面垂直的平面的对面。粗、精锉此平面，达到平面度、直线度要求，并与 A 面垂直、与已加工的 60mm 平面平行，保证尺寸（60±0.026）mm。用细锉推锉修整，使表面纹理整齐、光洁。

⑥ 锯削。锯削凹槽余料、留 0.5mm 锉削余量，锯削 1mm×1mm。

⑦ 锉削。粗锉 60°角两个面，按件 2 锉配，留锉配余量，其余尺寸达到图样要求。

⑧ 孔加工。用 ϕ4mm 钻头钻底孔，用 ϕ9.8mm 钻头扩孔，最后用 ϕ10H7mm 铰刀铰孔，保证孔的尺寸公差。

⑨ 去毛刺。

4）锉配。

① 锉配。锉 60°角（件 1），按件 2 配作，用 0.05mm 塞尺检查（不得塞入），达到图样要求，同时保证配合面间隙≤0.04mm。

② 锉削周边，保证尺寸（60±0.026）mm，满足外形错位≤0.04mm 要求。

③ 锐边倒圆 R0.3mm。

④ 用砂布将各加工面砂光，上交待检测。

知识拓展 2　角度样板锉配

试加工图 2-47 所示的角度样板，材料为 Q235 钢，毛坯为 62mm×42mm×10mm，两块。

1. 工、量、刃具准备

台虎钳（200mm）、台式钻床、划线平板、方箱、扁锉（粗锉 400mm，中锉 300mm，细锉 250mm）、三角锉（中锉 150mm）、整形锉（5 件 1 套）、钻头（ϕ3mm）、游标卡尺（0~150mm）、高度游标卡尺（0~500mm）、千分尺（0~25mm、25~50mm、50~75mm）、游标万能角度尺（0°~320°）、刀口形直角尺（100mm×63mm）、塞尺（0.02~1mm）、测量圆柱（ϕ10h7×15mm）、锉刀把、手锯、锯条若干、铜丝刷、划针、样冲、锤子等。

2. 评分标准

评分标准见表 2-7。

表 2-7　评分标准

工件	考核要求	配分	评分标准	检测结果	得分
件 1	测量面表面粗糙度 Ra≤3.2μm（10 处）	10	超差 1 处扣 1 分		
	（60±0.05）mm	4	超差全扣		
	（40±0.05）mm	4	超差全扣		
	（30±0.10）mm	4	超差全扣		
	$18_{-0.05}^{0}$mm	4	超差全扣		
	$15_{-0.05}^{0}$mm	4	超差全扣		
	ϕ3mm 工艺孔（3 处）	3	超差 1 处扣 1 分		
	⌯ 0.1 A	2	超差全扣		
	∠ 0.05 B	2	超差全扣		
	60°±4′	2	超差 2′扣 1 分		

（续）

工件	考核要求	配分	评分标准	检测结果	得分
件 2	测量面表面粗糙度 $Ra\leqslant3.2\mu m$（10 处）	10	超差 1 处扣 1 分		
	(60±0.05)mm	4	超差全扣		
	(40±0.05)mm	4	超差全扣		
	(30±0.10)mm	4	超差全扣		
	$15_{-0.05}^{\ 0}$mm	4	超差全扣		
	ϕ3mm 工艺孔（3 处）	3	超差 1 处扣 1 分		
	⌯ 0.1 A（2 处）	4	超差 1 处扣 1 分		
	∠ 0.05 B（2 处）	4	超差 1 处扣 1 分		
配合	配合间隙≤0.1mm（5 处）	5	超差 1 处扣 1 分		
	燕尾 60°配合间隙≤0.1mm（2 处）	4	超差 1 处扣 2 分		
	安全文明生产	10	酌情扣 1~10 分		
	实际完成时间	5	不按时完成酌情扣分		
合　计					

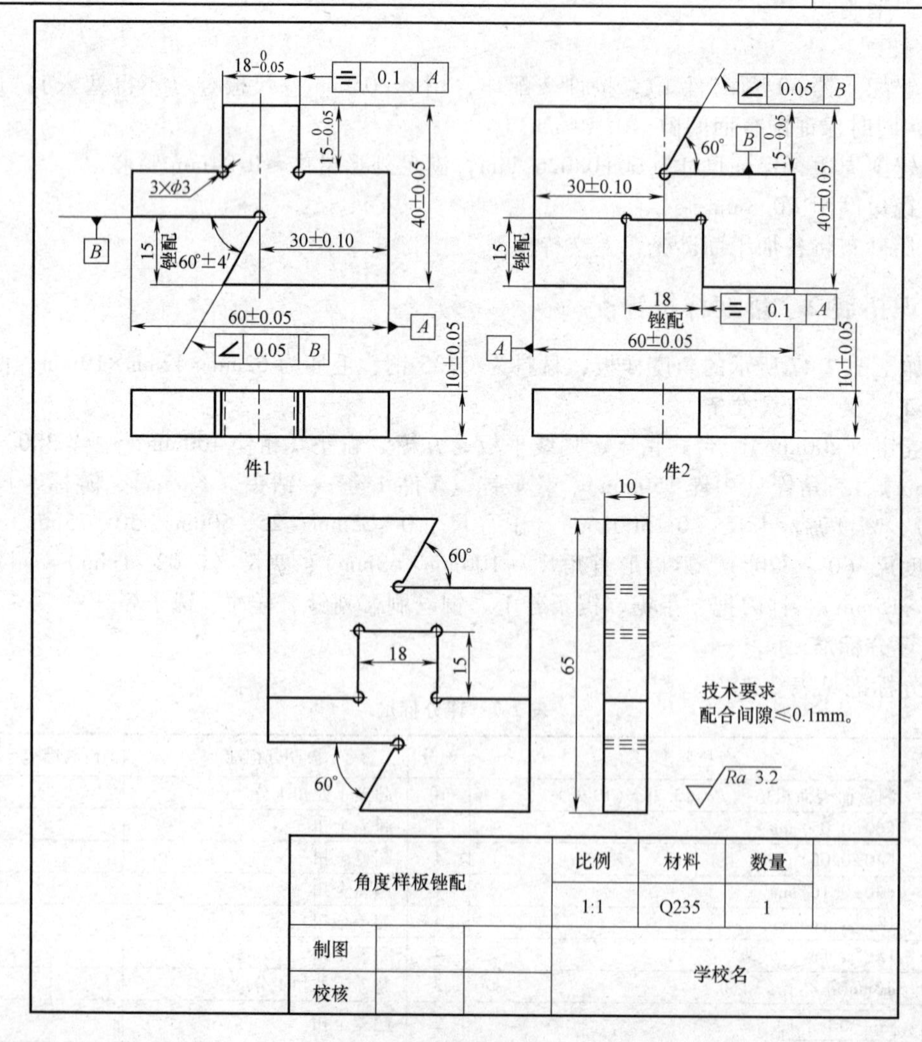

图 2-47　角度样板锉配

3. 项目实施

1）按图样要求检查毛坯尺寸。

2）加工件 1，使之达到尺寸精度和几何精度要求。

① 锉削 *A* 面。粗、精锉 *A* 面，达到直线度、平面度要求，用细锉推锉修整，使表面纹理整齐、光洁，并作为划线基准。

② 锉削加工尺寸为 60mm 的平面。粗、精锉此平面，达到直线度、平面度要求㊀，同时保证与 *A* 面垂直。用细锉推锉修整，使表面纹理整齐、光洁，并作为划线基准。

③ 划线。按图样要求划加工线（两面划线）。以 *A* 面为基准划线：60mm、30mm 、21mm 、39mm 、60°角加工线；以加工尺寸为 60mm 的平面为基准划线：40mm、15mm、25mm。

④ 锉削加工尺寸为 60mm 的平面的对面。粗、精锉此平面，达到直线度、平面度要求，同时保证与 *A* 面垂直、与加工尺寸为 60mm 的平面平行。用细锉推锉修整，使表面纹理整齐、光洁。

⑤ 钻工艺孔。用 ϕ3mm 钻头钻图样要求的 3×ϕ3mm 工艺孔。

⑥ 锯削。按所划线条锯削件 1 外形，留 0. 5mm 锉削余量。

⑦ 锉削 60°角单燕尾。粗锉 60°角外形尺寸，接近所划线条，留锉配余量。

⑧ 锉削件 1 凸处。粗、精锉件 1 凸处，达到图样要求的尺寸公差和几何公差，使零件表面纹理整齐、光洁。

⑨ 去毛刺，为锉配做准备。

3）加工件 2，使之达到尺寸精度和几何精度要求。

① 锉削 *A* 面。粗、精锉 *A* 面，达到直线度、平面度要求，用细锉推锉修整，使表面纹理整齐、光洁，并作为划线基准。

② 锉削加工尺寸为 60mm 的平面。粗、精锉此平面，达到直线度、平面度要求，同时保证与 *A* 面垂直。用细锉推锉修整，使表面纹理整齐、光洁，并作为划线基准。

③ 划线。按图样要求划加工线（两面划线）。以 *A* 面为基准划线：60mm、30mm、21mm 、39mm、60°角加工线；以加工尺寸为 60mm 的平面为基准划线：40mm、15mm、25mm。

④ 锉削加工尺寸为 60mm 的平面的对面。粗、精锉此平面，达到直线度、平面度要求，同时保证与 *A* 面垂直、与加工尺寸为 60mm 的平面平行。用细锉推锉修整，使表面纹理整齐、光洁。

⑤ 锉削 *A* 面的对面。粗、精锉 *A* 面对面，达到直线度、平面度要求，用细锉推锉修整，使表面纹理整齐、光洁，并作为划线基准。

⑥ 钻工艺孔。用 ϕ3mm 钻头钻图样要求的 3×ϕ3mm 工艺孔。

⑦ 钻排孔，为錾削做准备。用 ϕ4mm 钻头钻凹处排孔。

⑧ 锯削。锯削件 2 凹槽两侧面、单燕尾 60°角，留 0. 5mm 锉削余量。

⑨ 錾削。錾去凹槽处的余料。

⑩ 锉削。粗、精锉件 2 外形，单燕尾处、凹槽处，达到图样要求，使表面纹理整齐、光洁。为保证单燕尾的对称度要求，应用心棒间接测量，如图 2-48 所示。按下述公式求出测量的规定读数来控制达到（30±0. 10)mm 的尺寸要求。

㊀ 零件在加工过程中，作为划线基准都有平面度、直线度要求，若零件图中未给出，可按平面度 0. 1mm、直线度 0. 1mm/100mm 进行要求。

测量尺寸 M 与样板尺寸 B 及心棒直径之间的关系如下：

$$M = B + \frac{d}{2}\cot\frac{\alpha}{2} + \frac{d}{2}$$

式中　M——间接工艺控制尺寸（mm）；

B——图样技术要求尺寸（mm）；

d——圆柱测量棒直径（mm）；

α——斜面角度值（°）。

⑪ 去毛刺。

4）锉配。

① 锉配。件1、件2配合，件2凹槽按件1配作，用0.05mm塞尺检查（不得塞入），达到配合精度要求，保证配合面间隙≤0.1mm。

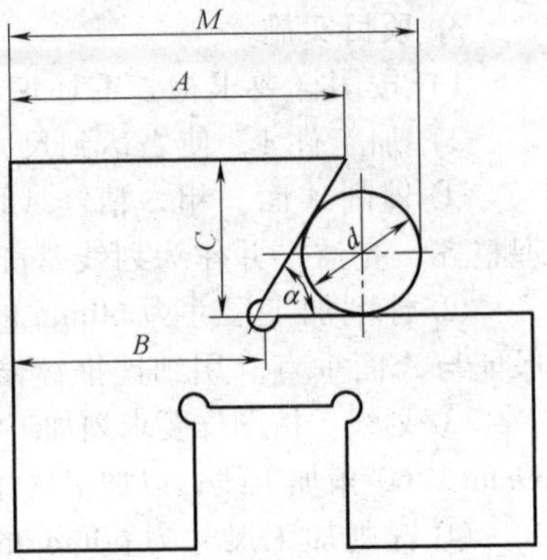

图2-48　角度样板边角尺寸的测量

② 锉配。件1按件2配作60°角，用0.05mm塞尺检查（不得塞入），达到配合精度要求，保证配合面间隙≤0.1mm。

③ 去毛刺。

④ 用砂布将各加工面砂光，上交待检测。

知识拓展3　梯形样板锉配

试加工图2-49所示的梯形样板，毛坯为80mm×62mm×8mm，一块。

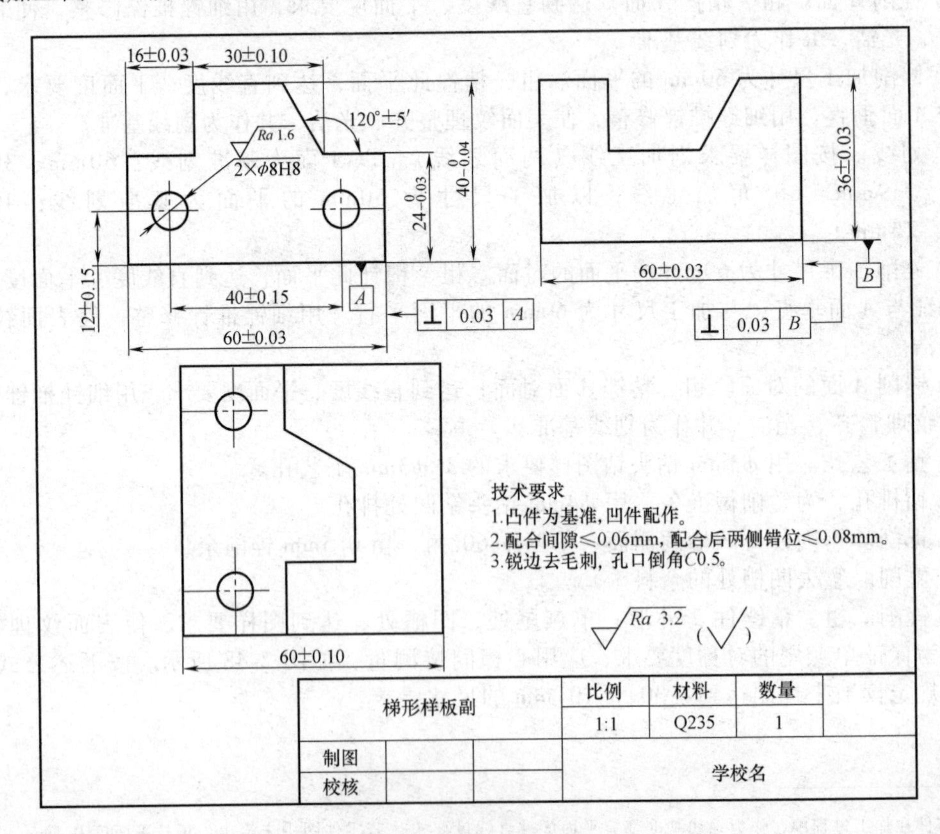

图2-49　梯形样板锉配

1. 工、量、刃具准备

台虎钳（200mm）、台式钻床、划线平板、方箱、扁锉（粗锉 250mm，中锉 200mm，细锉 200mm、150mm）、三角锉（中锉 150mm）、整形锉（5 件 1 套）、钻头（ϕ6mm、ϕ7.8mm）、手用铰刀（ϕ8H8mm）、塞规（ϕ8H8mm）、铰杠、游标卡尺（0~150mm）、高度游标卡尺（0~300mm）、外径千分尺（0~25mm、25~50mm、50~75mm）、游标万能角度尺（0°~320°）、刀口形直角尺（100mm×63mm）、塞尺（0.02~0.5mm）、测量圆柱（ϕ8h8×15mm）、锉刀把、软钳口、铜丝刷、手锯、锯条若干、划针、样冲、锤子等。

2. 评分标准

评分标准见表 2-8。

表 2-8　评分标准

工件	考核要求	配分	评分标准	检测结果	得分
凸件	(60±0.03)mm	4	每超差 0.01mm 扣 1 分		
	$40_{-0.04}^{0}$mm	4	每超差 0.01mm 扣 1 分		
	$24_{-0.03}^{0}$mm(2 处)	4	每超差 1 处扣 2 分		
	(16±0.03)mm	2	每超差 0.01mm 扣 1 分		
	(30±0.10)mm	2	每超差 0.02mm 扣 1 分		
	120°±5′	4	超差全扣		
	⊥ 0.03 A	4	超差全扣		
	(12±0.15)mm(2 处)	4	超差 1 处扣 2 分		
	(40±0.15)mm	2	每超差 0.05mm 扣 1 分		
	孔 ϕ8H8mm、$Ra \leqslant 1.6\mu m$(2 处)	6	超差全扣		
	锉面 $Ra \leqslant 3.2\mu m$(8 处)	8	每超差 1 处扣 1 分		
凹件	(60±0.03)mm	4	每超差 0.01mm 扣 1 分		
	(36±0.03)mm	4	每超差 0.01mm 扣 1 分		
	⊥ 0.03 B	4	超差全扣		
	锉面 $Ra \leqslant 3.2\mu m$(8 处)	8	每超差 1 处扣 1 分		
配合	间隙≤0.06mm(5 处)	10	超差 1 处扣 2 分		
	错位量≤0.08mm	8	每超差 0.01mm 扣 1 分		
	(60±0.10)mm	3	每超差 0.05mm 扣 1 分		
	安全文明生产	10	酌情扣 1~10 分		
	实际完成时间	5	不按时完成酌情扣分		
合计					

3. 项目实施

1）按图样要求检查毛坯尺寸。

2）加工凸件，使之达到尺寸精度和几何精度要求。

① 锉削 *A* 面。粗、精锉 *A* 面，达到直线度、平面度要求，用细锉推锉修整，使表面纹理整齐、光洁，并作为划线基准。

② 锉削加工尺寸为 40mm 的平面。粗、精锉此平面，达到直线度、平面度要求，同时保证与 *A* 面垂直。用细锉推锉修整，使表面纹理整齐、光洁，并作为划线基准。

③ 划线。按图样要求划加工线（两面划线）。以 A 面为基准划线：40mm 、12mm 、24mm ，以加工尺寸为 40mm 的平面为基准划线：60mm、10mm 、16mm 、46mm、50mm。

④ 锉削 A 面对面。粗、精锉 A 面的对面，达到直线度、平面度要求，并与 A 面平行，用细锉推锉修整，使表面纹理整齐、光洁，保证尺寸$40_{-0.04}^{0}$mm。

⑤ 锉削加工尺寸为 40mm 的平面的对面。粗、精锉此平面，达到直线度、平面度要求，同时保证与 A 面垂直、与已加工的 40mm 的平面平行。保证尺寸（60±0.03）mm，用细锉推锉修整，使表面纹理整齐、光洁，并作为划线基准。

⑥ 孔加工。用 ϕ4mm 钻头钻底孔，用 ϕ7.8mm 钻头扩孔，最后用 ϕ8H8mm 铰刀铰孔，达到图样要求孔的尺寸公差要求。

⑦ 锯削。锯削凸件外形，留 0.5mm 锉削余量。

⑧ 锉削。粗、精锉凸件外形尺寸，达到图样尺寸公差和几何公差要求，使零件表面纹理整齐、光洁。

⑨ 去毛刺。为锉配做准备。

3）加工凹件，使之达到尺寸精度和几何精度要求。

① 锉削 B 面。粗、精锉 B 面，达到直线度、平面度要求，用细锉推锉修整，使表面纹理整齐、光洁，并作为划线基准。

② 锉削加工尺寸为 36mm 的平面。粗、精锉此平面，达到直线度、平面度要求，同时保证与 B 面垂直。用细锉推锉修整，使表面纹理整齐、光洁，并作为划线基准。

③ 划线。按图样要求划加工线（两面划线），以 B 面为基准划线：36mm、20mm、120°角加工线；以加工尺寸为 36mm 的平面为基准划线：60mm、14mm、44mm、120°角加工线。

④ 锉削 B 面的对面。粗、精锉 B 面的对面，达到直线度、平面度要求，并和 B 面平行，保证（36±0.03）mm。用细锉推锉修整，使表面纹理整齐、光洁。

⑤ 锉削加工尺寸为 36mm 的平面的对面。粗、精锉此平面，达到直线度、平面度要求，并与 B 面垂直、与已加工的 36mm 平面平行，保证（60±0.03）mm。用细锉推锉修整，使表面纹理整齐、光洁。

⑥ 钻排孔，为錾削做准备。用 ϕ4mm 钻头排凹件内排孔。

⑦ 锯削。锯削凹槽两侧面，留 0.5mm 锉削余量。

⑧ 錾削。錾去尺寸为 30mm 凹槽的余料。

⑨ 锉削凹件外形尺寸。粗、精锉凹件外形尺寸，使零件表面纹理整齐、光洁，达到图样要求的尺寸公差和几何公差。

⑩ 锉削凹槽。粗锉凹槽，接近所划的线条，留锉配余量。

⑪ 去毛刺。

4）锉配。

① 锉配。件 1、件 2 配合，精锉凹件，按凸件锉配，用 0.05mm 塞尺检查（不得塞入），达到配合精度要求，保证配合面间隙≤0.06mm 要求。

② 锉配。锉削周边，保证尺寸（60±0.03）mm、（60±0.10）mm，满足配合后两侧错位≤0.08mm 要求。

③ 锐边去毛刺，孔口倒角 C0.5mm。

④ 用砂布将各加工面砂光，上交待检测。

知识拓展 4　凸台斜边锉配

试加工图 2-50 所示的凸台，毛坯为 62mm×62mm×8mm、42mm×38mm×8mm，各一块。

1. 工、量、刃具准备

台虎钳（200mm）、台式钻床、划线平板、方箱、扁锉（粗锉 250mm，中锉 200mm，细锉 200mm、150mm）、三角锉（中锉 150mm）、整形锉（5 件 1 套）、钻头（ϕ6mm、ϕ7.8mm）、手用铰刀（ϕ8H8mm）、塞规（ϕ8H8mm）、游标卡尺（0~150mm）、高度游标卡尺（0~300mm）、外径千分尺（0~25mm、25~50mm、50~75mm）、游标万能角度尺（0°~320°）、刀口形直角尺（100mm×63mm）、塞尺（0.02~1mm）、测量圆柱（ϕ10h7×15mm）、铰杠、锉刀把、软钳口、铜丝刷、手锯、锯条若干、划针、样冲、锤子等。

2. 评分标准

评分标准见表 2-9。

表 2-9　评分标准

工件	考核要求	配分	评分标准	检测结果	得分
凸件	$40_{-0.05}^{0}$mm	3	超差全扣		
	$35_{-0.05}^{0}$mm	3	超差全扣		
	$22_{-0.03}^{0}$mm	3	超差全扣		
	(18±0.10)mm	3	超差全扣		
	120°±4′	4	超差全扣		
	⊥ 0.03 A	3	超差全扣		
	(15±0.10)mm	2	每超差 0.05mm 扣 1 分		
	(12±0.10)mm	2	每超差 0.05mm 扣 1 分		
	孔 ϕ8H8mm、Ra≤1.6μm	6	每超差 1 处扣 1 分		
	锉面 Ra≤3.2μm(6 处)	6	每超差 1 处扣 1 分		
凹件	(60±0.03)mm(2 处)	6	每超差 1 处扣 3 分		
	$15_{-0.03}^{0}$mm	3	超差全扣		
	(15±0.10)mm	3	每超差 0.01mm 扣 1 分		
	⊥ 0.03 B	3	每超差 0.03mm 扣 1 分		
	锉面 Ra≤3.2μm(10 处)	10	每超差 1 处扣 1 分		
配合	间隙≤0.05mm(5 处)	15	超差 1 处扣 3 分		
	— 0.06	6	超差全扣		
	(38±0.15)mm	4	每超差 0.05mm 扣 1 分		
	安全文明生产	10	酌情扣 1~10 分		
	实际完成时间	5	不按时完成酌情扣分		
合计					

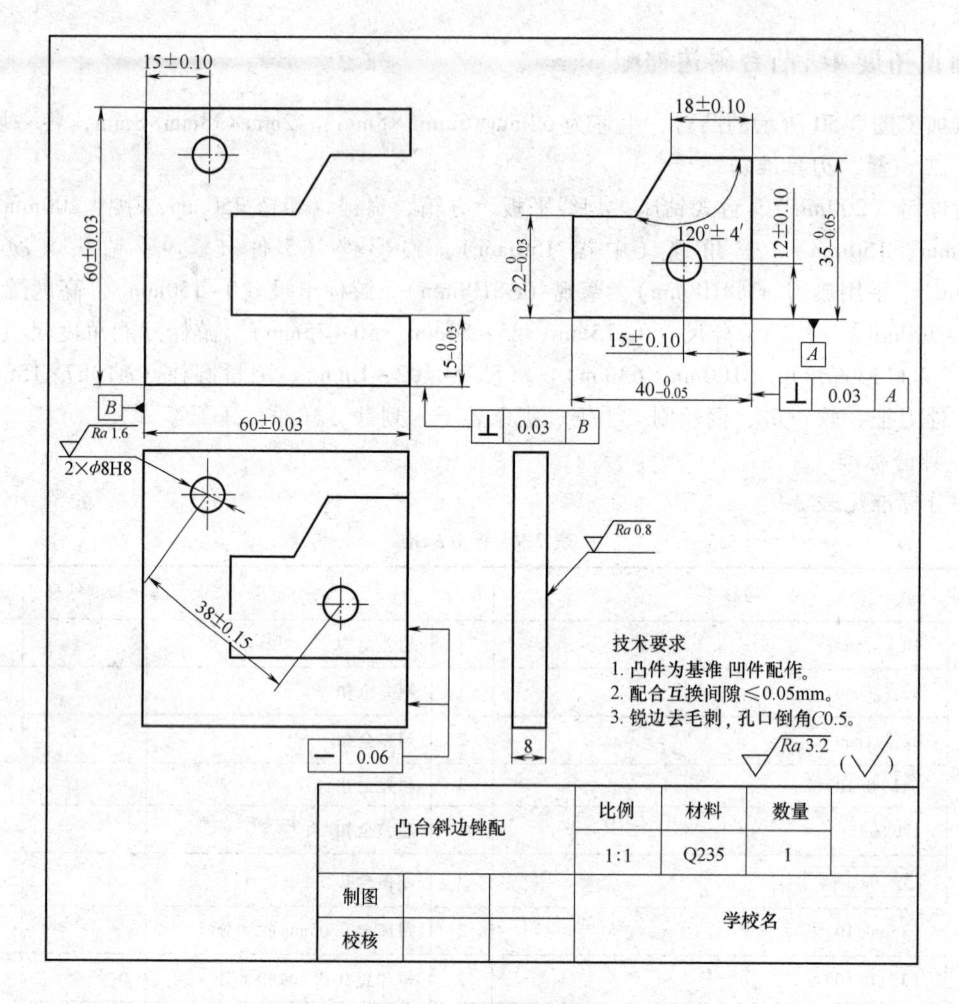

图 2-50 凸台斜边锉配

3. 项目实施

1）按图样要求检查毛坯尺寸。

2）加工凸件，使之达到尺寸精度和几何精度要求。

① 锉削 A 面。粗、精锉 A 面，达到直线度、平面度要求，用细锉推锉修整，使表面纹理整齐、光洁，并作为划线基准。

② 锉削加工尺寸为 35mm 的平面。粗、精锉此平面，达到直线度、平面度要求，同时保证与 A 面垂直。用细锉推锉修整，使表面纹理整齐、光洁，并作为划线基准。

③ 划线。按图样要求划加工线（两面划线），以 A 面为基准划线：35mm、12mm、22mm，以加工尺寸为 35mm 的平面为基准划线：40mm、15mm、18mm、120°角加工线。

④ 锉削 A 面对面。粗、精锉 A 面的对面，达到直线度、平面度要求，并与 A 面平行，用细锉推锉修整，使表面纹理整齐、光洁，保证尺寸$35_{-0.05}^{\ 0}$mm。

⑤ 锉削加工尺寸为 35mm 平面的对面。粗、精锉此平面，达到直线度、平面度要求，并与 A 面垂直、与已加工的 35mm 平面平行，保证$40_{-0.05}^{\ 0}$mm。用细锉推锉修整，使表面纹理整齐、光洁。

⑥ 锯削。锯削凸件外形，留0.5mm锉削余量。

⑦ 锉削。粗、精锉凸件外形，达到图样尺寸公差和几何公差要求，使零件表面纹理整齐、光洁，保证120°角、$40_{-0.05}^{0}$mm。

⑧ 孔加工。用ϕ4mm钻头钻底孔，用ϕ7.8mm钻头扩孔，最后用ϕ8H8mm铰刀铰孔，达到图样要求孔的尺寸公差要求。

⑨ 去毛刺。为锉配做准备。

3）加工凹件，使之达到尺寸精度和几何精度要求。

① 锉削*B*面。粗、精锉*B*面，达到直线度、平面度要求，用细锉推锉修整，使表面纹理整齐、光洁，并作为划线基准。

② 锉削加工尺寸为60mm的平面。粗、精锉此平面，达到直线度、平面度要求，同时保证与*B*面垂直。用细锉推锉修整，使表面纹理整齐、光洁，并作为划线基准。

③ 划线。按图样要求划加工线（两面划线）。以*B*面为基准划线：60mm、15mm、20mm、42mm、120°角加工线。以加工尺寸为60mm的平面为基准划线：60mm、15mm、37mm、50mm、120°角加工线。

④ 锉削*B*面的对面。粗、精锉*B*面的对面，达到直线度、平面度要求，并与*B*面平行，保证（60±0.03）mm。用细锉推锉修整，使表面纹理整齐、光洁。

⑤ 锉削加工尺寸为60mm平面的对面。粗、精锉此平面，达到直线度、平面度要求，并与*B*面垂直、与已加工的60mm平面平行，同时保证（60±0.03）mm。用细锉推锉修整，使表面纹理整齐、光洁。

⑥ 钻排孔，为錾削做准备。用ϕ4mm钻头排凹件内排孔。

⑦ 钻、扩孔。用ϕ4mm钻头钻ϕ8H8mm底孔，用ϕ7.8mm钻头扩孔。

⑧ 铰孔。用ϕ8H8mm铰刀铰孔，达到图样要求孔的尺寸公差要求。

⑨ 锯削。锯削凹件内部凹槽两侧面，留0.5mm锉削余量。

⑩ 錾削。錾去120°凹槽内部余料。

⑪ 锉削。粗锉凹件外形尺寸，接近所划线条，留锉配余量。

⑫ 去毛刺。

4）锉配。

① 锉配。凸件、凹件配合，精锉，凹件按凸件锉配，用0.05mm塞尺检查（不得塞入），达到配合精度要求，保证配合互换间隙≤0.05mm要求。

② 锐边去毛刺，孔口倒角*C*0.5mm。

③ 用砂布将各加工面砂光，上交待检测。

知识拓展5　F型板

试加工图2-51所示的F型板，材料为Q235，毛坯为62mm×62mm×12mm，一块。

1. 工、量、刃具准备

台虎钳（200mm）、台式钻床、划线平板、方箱、扁锉（粗锉400mm，中锉300mm，细锉250mm）、油光锉（150mm）、方锉（200mm）、整形锉（5件1套）、钻头（ϕ4mm、ϕ9.7mm、ϕ11.7mm）、铰刀（ϕ10 H7mm、ϕ12H8mm）、游标卡尺（0~150mm）、高度游标卡尺（0~500mm）、刀口型直角尺（100mm×63mm）、外径千分尺（0~25mm、25~50mm、

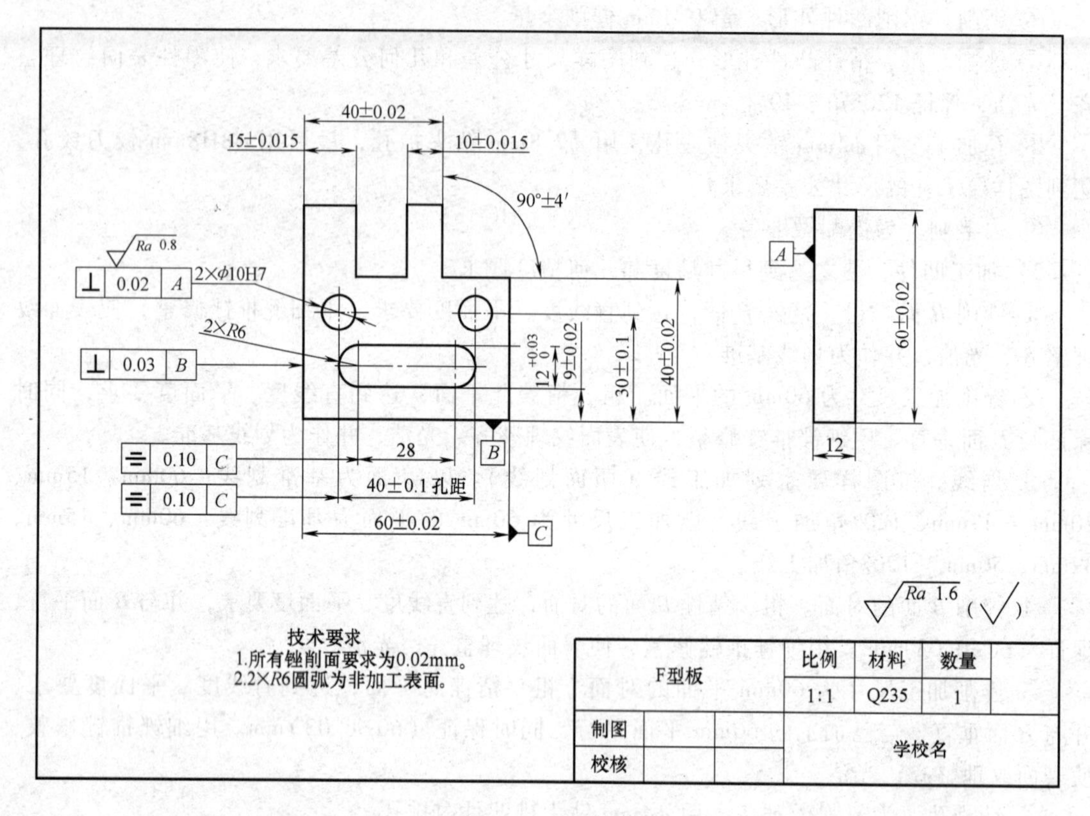

图 2-51 F 型板

50~75mm)、游标万能角度尺(0°~360°)、塞尺(0.02~0.5mm)、錾子、铰杠、锉刀把、软钳口、手锯、锯条若干、样冲、锤子、铜丝刷等。

2. 评分标准

评分标准见表 2-10。

表 2-10 评分标准

考核项目	考核要求	配分	评分标准	检测结果	得分
	(60±0.02) mm	8	超差 0.01mm 扣 1 分		
	(9±0.02) mm	8	超差 0.01mm 扣 1 分		
	90°±4′	6	超差不得分		
	$12^{+0.03}_{0}$	4	超差 0.01mm 扣 1 分		
锉削	(40±0.02) mm	5	超差 0.01mm 扣 1 分		
	(15±0.015) mm	5	超差 0.01mm 扣 1 分		
	(10±0.015) mm	5	超差 0.01mm 扣 1 分		
	⌯ 0.10 C	6	超差不得分		
	⊥ 0.03 B	6	超差不得分		
	表面粗糙度 $Ra \leqslant 1.6\mu m$(10 处)	5	每超一处扣 0.5 分		

（续）

考核项目	考核要求	配分	评分标准	检测结果	得分
铰孔	ϕ10H7mm	6	超差不得分		
	(40±0.1)mm	5	超差 0.01mm 扣 1 分		
	(30±0.1)mm	5	超差 0.01mm 扣 1 分		
	⊥ 0.02 A	6	超差不得分		
	≡ 0.10 C	6	超差不得分		
	表面粗糙度 $Ra \leqslant 0.8\mu m$(2 处)	2	每超一处扣 1 分		
安全文明生产	正确执行国家有关安全技术操作规程及文明生产规定	8	酌情扣 1~8 分		
实际完成时间	在规定时间内容完成	4	超出 10 分钟扣 5 分		
合　计					

3. 项目实施

1）按图样要求检查毛坯尺寸。

2）加工 F 型板，使之达到尺寸精度和几何精度要求。

① 锉削 *B* 面。粗、精锉 *B* 面，达到直线度、平面度要求，保证与 *A* 面垂直，用细锉推锉修整，使表面纹理整齐、光洁，并作为划线基准。

② 锉削 *C* 面。粗、精锉 *C* 面，达到直线度、平面度要求，保证 *C* 面与 *A* 面、*B* 面的垂直度要求，用细锉推锉修整，使表面纹理整齐、光洁，并作为划线基准。

③ 划线。按图样要求划加工线（两面划线），以 *B* 面为基准划线：60mm、40mm、30mm、15mm、9mm，以 *C* 面为基准划线：60mm、10mm 、50mm、16mm、44mm。

④ 锉削。粗、精锉 *B* 面的对面，使零件表面纹理整齐、光洁。保证（60±0.02）mm 且与 *B* 面平行，同时与 *A* 面垂直。

⑤ 粗、精锉 *C* 面的对面，使零件表面纹理整齐、光洁。保证（60±0.02）mm 且与 *C* 面平行，同时与 *A* 面、*B* 面垂直。

⑥ 钻排孔，为錾削做准备。用 ϕ4mm 钻头排 F 槽孔。

⑦ 钻 ϕ10H7mm 孔。用 ϕ4mm 钻头钻底孔，用 ϕ9.7mm 钻头扩孔。

⑧ 键槽加工。用 ϕ4mm 钻头钻底孔（3 个孔，键槽两端各一个，中间钻一个孔），用 ϕ11.7mm 钻头扩孔（3 个）。

⑨ 铰孔。用 ϕ10H7mm 铰刀铰孔，使孔的尺寸达到图样要求的尺寸公差和几何公差要求。用 ϕ12H8mm 铰刀铰孔（2 个，键槽两端铰孔），达到图样要求键槽两端圆弧的尺寸公差和几何公差要求。

⑩ 錾削。用錾子錾削 F 型板余料。

⑪ 锯削。锯削 F 型板外形，留 0.5mm 锉削余量。

⑫ 锉削 F 型板。用方锉粗、精锉 F 型板外形，达到尺寸精度要求。

⑬ 锉削键槽。用圆锉锉削键槽与两端圆孔贯通，然后用扁锉粗、精加工键槽，达到图样要求尺寸精度和对称度要求。

⑭ 去毛刺，达到图样精度要求。

⑮ 锐边去毛刺。

⑯ 用砂布将各加工面砂光，上交待检测。

知识拓展6 45°槽换位对配零件

试加工图2-52所示的45°槽换位对配零件，材料为Q235，毛坯为91mm×60mm×8mm，两块。

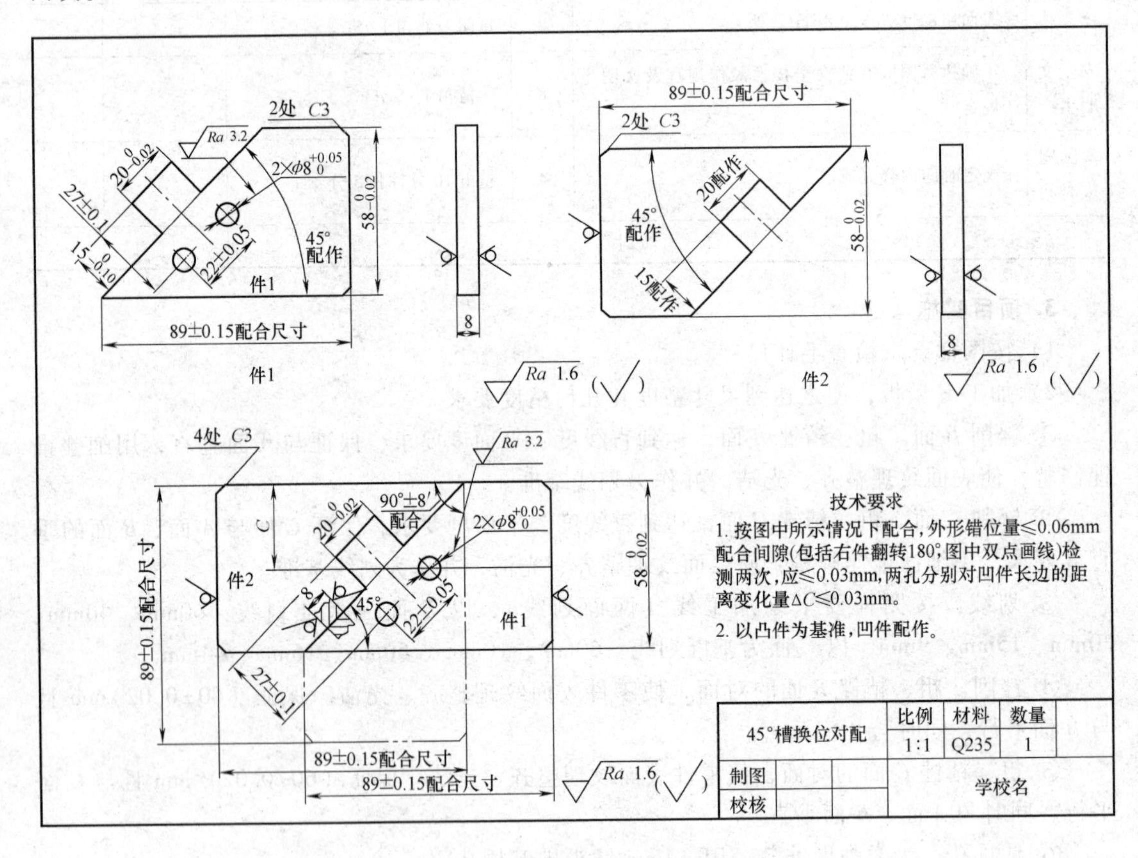

图2-52 45°槽换位对配零件

1. 工、量、刃具准备

台虎钳（200mm）、台式钻床、划线平板、方箱、扁锉（粗锉400mm，中锉300mm，细锉250mm）、油光锉（150mm）、方锉（200mm）、整形锉（5件1套）、钻头（ϕ4mm、ϕ7.8mm）、铰刀（ϕ8 H7mm）、游标卡尺（0~150mm）、高度游标卡尺（0~500mm）、外径千分尺（0~25mm、50~75mm）、刀口型直角尺（100mm×63mm）、塞尺（0.02~0.5mm）、錾子、铰杠、锉刀把、软钳口、手锯、锯条、样冲、锤子、铜丝刷等。

2. 评分标准

评分标准见表2-11。

表 2-11　评分标准

工件	考核要求	配分	评分标准	检测结果	得分
件 1	$58_{-0.02}^{0}$mm	5	超差 0.01mm 扣 1 分		
	(22±0.05) mm	6	每超差 0.05mm 扣 1 分，超差 0.1mm 以上不得分		
	2×$\phi8_{0}^{+0.05}$mm	6	超差不得分		
	(89±0.15) mm	5	超差 0.01mm 扣 1 分		
	$20_{-0.02}^{0}$mm	7	超差不得分		
	$15_{-0.10}^{0}$mm	7	超差不得分		
	测量面表面粗糙度 $Ra \leqslant 1.6\mu m$（8 处）	8	每超一处扣 1 分		
	测量面表面粗糙度 $Ra \leqslant 3.2\mu m$（2 处）	2	每超一处扣 1 分		
件 2	(89±0.15) mm	5	超差 0.01mm 扣 1 分		
	$58_{-0.02}^{0}$mm	5	超差 0.01mm 扣 1 分		
	测量面表面粗糙度 $Ra \leqslant 1.6\mu m$（8 处）	8	每超一处扣 1 分		
配合	外形错位量≤0.06mm	7	每超差 0.02mm 扣 1.5 分，超差 0.04mm 以上不得分		
	配合间隙（包括右件翻转 180°）检测两次，应≤0.03mm	7	超差不得分		
	$\Delta C \leqslant 0.03$mm	4	超差不得分		
	90°±8′	6	每超差 2′扣 2 分		
	安全文明生产	8	酌情扣 1~8 分		
	实际完成时间	4	不按时完成酌情扣分		
合　计					

3. 项目实施

1）按图样要求检查毛坯尺寸。

2）加工件 1，使之达到尺寸精度和几何精度要求。

① 锉削。粗、精锉两个互相垂直的基准面，用细锉推锉外形，使纹理一致，保证直线度、平面度、垂直度要求，并作为划线基准。

② 划线。以加工尺寸为 89mm 的平面为基准划线：58mm、*C*3 加工线，以加工尺寸为 58mm 的平面为基准划线：31mm、89mm、*C*3 加工线。用 V 形铁按图样尺寸划其余线：45°角加工线、15mm、20mm、22mm、27mm。

③ 锉削加工线为 89mm 的平面的对面。粗、精锉加工线为 89mm 的平面的对面，达到图样要求尺寸精度要求和几何精度。

④ 孔加工。用 ϕ4mm 钻头钻底孔，用 ϕ7.8mm 钻头扩孔，最后用 ϕ8H7mm 铰刀铰孔，达到图样要求孔的尺寸精度和几何精度。

⑤ 锯削。按所划线条锯削，留0.5mm锉削余量。

⑥ 锉削。用扁锉、方锉粗、精锉件1外形，用细锉、方锉推锉外形，使纹理一致，达到图样尺寸精度和平面度、平行度、垂直度要求。

⑦ 去毛刺。

3）加工件2，使之达到尺寸精度和几何精度要求。

① 锉削。用扁锉粗、精锉两个互相垂直的基准面，用细锉推锉外形，使纹理一致，保证直线度、平面度、垂直度要求。

② 划线。以加工尺寸为89mm的平面为基准划线：58mm、$C3$，以加工尺寸为58mm的平面为基准划线：31mm、89mm、$C3$。用V形铁按图样尺寸划其余线：45°角加工线、15mm（配作）、20mm（配作）。

③ 锉削加工线为89mm的平面的对面。粗、精锉加工线为89mm的平面的对面，达到图样要求尺寸精度要求和几何精度。

④ 钻孔。用ϕ4mm钻头钻2×ϕ8mm底孔。

⑤ 钻排孔，为錾削做准备。件2内部凹槽按所划线条用ϕ4mm钻头排凹槽孔。

⑥ 锯削。留0.5mm锉削余量。

⑦ 錾削。錾去件2凹槽余料。

⑧ 锉削件2外形。粗、精锉件2斜面，达到几何精度要求，用细锉推锉外形，使纹理一致。

⑨ 锉削件2内部凹槽。用方锉粗锉件2凹槽，接近所划线条。件2凹槽按件1配作，凹槽留锉配余量。

4）锉配。

① 锉配。用方锉精锉件2内部凹槽部分，达到件1与件2配合外形错位量≤0.06mm。

② 锉配。精锉件2内部凹槽部分，配合间隙（包括件2翻转180°，图中双点画线）检测两次，应≤0.03mm，用0.05mm塞尺检查（不得塞入），两孔分别对凹件长边的距离变化量ΔC≤0.03mm。

③ 去毛刺。

④ 用砂纸砂光各加工表面，上交待检测。

知识拓展7　四方配零件

试加工图2-53所示的四方配零件，材料为Q235，毛坯为32mm×32mm×30mm一块，72mm×72mm×10mm一块。

1. 工、量、刃具准备

台虎钳（200mm）、台式钻床、划线平板、方箱、扁锉（粗锉400mm，中锉300mm，细锉250mm）、油光锉（150mm）、方锉（200mm）、整形锉（5件1套）、钻头（ϕ4mm、ϕ9.8mm）、铰刀（ϕ10 H7mm）、游标卡尺（0~150mm）、高度游标卡尺（0~500mm）、外径千分尺（25~50mm、50~75mm）、刀口型直角尺（100mm×63mm）、塞尺（0.02~0.5mm）、錾子、铰杠、锉刀把、软钳口、手锯、锯条若干、样冲、锤子、铜丝刷等。

2. 评分标准

评分标准见表2-12。

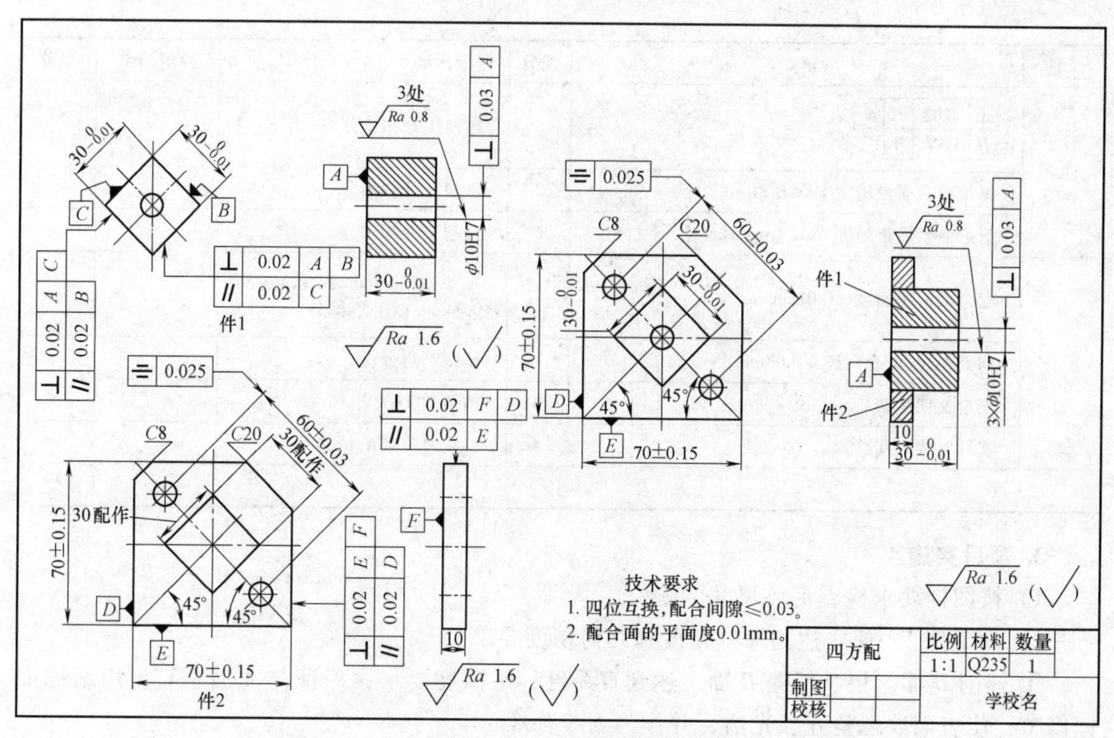

图 2-53　四方配零件

表 2-12　评分标准

工件	考核要求	配分	评分标准	检测结果	得分
件 1	ϕ10H7mm	3	超差不得		
	$30_{-0.01}^{0}$mm（5 处）	10	降级 1 处扣 2 分		
	⊥ 0.03 A	3	超差不得分		
	⊥ 0.02 A C // 0.02 B	6	超差 1 处扣 2 分		
	⊥ 0.02 A B // 0.02 C	6	超差 1 处扣 2 分		
	测量面表面粗糙度 $Ra \leqslant 0.8\mu m$	1	超差不得分		
	测量面表面粗糙度 $Ra \leqslant 1.6\mu m$（6 处）	6	降级 1 处扣 1 分		
件 2	（70±0.15）mm（2 处）	4	超差不得分		
	（60±0.03）mm	2	超差 0.01mm 扣 1 分		
	2×ϕ10H7	6	超差不得分		
	C20mm	2	超差 0.01mm 扣 1 分		
	C8mm	2	超差 0.01mm 扣 1 分		
	⌯ 0.025	3	超差不得分		
	⊥ 0.02 E F // 0.02 D	6	超差 1 处扣 2 分		

（续）

工件	考核要求	配分	评分标准	检测结果	得分
件2	⊥ 0.02 F D // 0.02 E	6	超差1处扣2分		
	测量面表面粗糙度 $Ra \leqslant 0.8\mu m$（2处）	2	每超一处扣1分		
	测量面表面粗糙度 $Ra \leqslant 1.6\mu m$（6处）	6	每超一处扣1分		
配合	配合面的平面度≤0.01mm	7	每超差0.02mm扣1.5分，超差0.04mm以上不得分		
	四面换位，配合间隙≤0.03mm	7	超差不得分		
	安全文明生产	8	酌情扣1~8分		
	实际完成时间	4	不按时完成酌情扣分		
合　计					

3. 项目实施

1）按图样要求检查毛坯尺寸。

2）加工件1，使之达到尺寸精度和几何精度要求。

① 锉削 *B* 面。粗、精锉 *B* 面，达到直线度、平面度要求，保证与 *A* 面垂直，用细锉推锉修整，使表面纹理整齐、光洁，并作为划线基准。

② 锉削 *C* 面。粗、精锉 *C* 面，达到直线度、平面度要求，保证 *C* 面与 *A* 面、*B* 面的垂直度要求，用细锉推锉修整，使表面纹理整齐、光洁，并作为划线基准。

③ 划线。按图样要求划加工线（两面划线），以 *B* 面为基准划线：30mm、15mm，以 C 面为基准划线：30mm、15mm。

④ 锉削。粗、精锉 *B* 面的对面，使零件表面纹理整齐、光洁。保证尺寸$30_{-0.01}^{\ 0}$mm，且与 *B* 面平行，同时与 *A* 面垂直。

⑤ 粗、精锉 *C* 面的对面，使零件表面纹理整齐、光洁。保证尺寸$30_{-0.01}^{\ 0}$mm，且与 *C* 面平行，同时与 *A* 面、*B* 面垂直。

⑥ 孔加工。用 ϕ4mm 钻头钻底孔，用 ϕ9.8mm 扩孔，最后用 ϕ10H7mm 铰刀铰孔，达到图样要求孔的尺寸公差要求。

⑦ 去毛刺。为锉配做准备。

3）加工件2，使之达到尺寸精度和几何精度要求。

① 锉削 *D* 面。粗、精锉 *D* 面，达到直线度、平面度要求，保证与 *F* 面垂直，用细锉推锉修整，使表面纹理整齐、光洁，并作为划线基准。

② 锉削 *E* 面。粗、精锉 *E* 面，达到直线度、平面度要求，保证 *E* 面与 *F* 面、*D* 面的垂直度要求，用细锉推锉修整，使表面纹理整齐、光洁，并作为划线基准。

③ 划线。按图样要求划加工线（两面划线）。以 *D* 面为基准划线：70mm、35mm、*C*8mm 加工线、*C*20mm 加工线、45°线。以 *E* 面为基准划线：70mm、35mm、*C*8mm 加工线、*C*20mm 加工线、45°线。用划规划 ϕ10mm 两个孔，保证两孔中心距 60mm。用 V 形铁划内四方孔加工线。

④ 钻孔。用 ϕ4mm 钻头钻 ϕ10mm 两个孔底孔。

⑤ 钻排孔，为錾削做准备。件2内部四方孔按所划线条用 ϕ4mm 钻头排内四方孔。

⑥ 扩孔、铰孔。用 ϕ9.8mm 钻头扩 ϕ10mm 两个孔，用 ϕ10H7mm 铰刀铰两个孔，达到图样要求孔的尺寸精度和几何精度。

⑦ 錾削。錾去内四方余料。

⑧ 锯削。锯削 C8mm 加工线、C20mm 加工线，留0.5mm 锉削余量。

⑨ 锉削件2外形。粗、精锉件2外形尺寸，达到图样尺寸公差、几何公差要求，用细锉推锉修整，使零件表面纹理整齐、光洁。

⑩ 锉削件2内四方孔。按件1配作，用方锉粗、半精锉件2方孔，留锉配余量，达到对称度要求。

⑪ 去毛刺。为锉配做准备。

4）锉配。

① 锉配。件1、件2配合，精锉，件2按件1锉配，达到配合精度要求，保证四位互换，用0.05mm 塞尺检查（不得塞入），达到配合间隙≤0.03mm 的要求。

② 锉配。保证配合面的平面度0.01mm 要求。

③ 锐边去毛刺。

④ 用砂布将各加工面砂光，上交待检测。

项目3 开式配合件的手动工具加工

3.1 项目描述

本项目是以开式配合件为载体，结合钳工中级工考级标准而进行的项目训练。通过训练使学生综合运用所学过的手动工具加工的基本知识及锉配知识，形成一定的操作技巧，了解影响配合精度的因素，掌握工件的检测及误差的修整方法。

3.2 项目分析

开式配合件是中等复杂程度的锉配练习，通过换位锉配训练，熟练掌握锯削、锉削、换位锉配零件的加工方法并形成一定的操作技巧。

开式配合件锉配训练过程中锯削精度的保证，尺寸精度的控制及换位配合要求的保证，加工中尺寸精度、几何公差的控制是练习的重点。

3.3 技能点

- 錾削方法及要领。
- 攻螺纹、套螺纹方法及要领。
- 换位锉配技巧。
- 加工误差检查方法与修整方法。

开式配合件如图 3-1 所示，毛坯为 100mm×60mm×8mm，材料为 Q235。

1）工、量、刃具准备。台虎钳（200mm）、台式钻床、划线平板、方箱、高度游标卡尺（0~300mm）、游标万能角度尺（0°~320°）、千分尺（0~25mm，25~50mm，50~75mm，75~100mm）、游标卡尺（0~150mm）、刀口形直角尺（100mm×63mm）、扁锉（400mm 粗齿，300mm 中齿，250mm 细齿）、三角锉（350mm、粗齿）、组锉（5 件 1 套）、钻头（ϕ4mm、ϕ7.8mm）、丝锥（M8）、铰杠、锯弓、锯条若干、样冲、铜丝刷、划针、锤子和錾子等。

2）评分标准。评分标准见表 3-1。

表 3-1 评分标准

工件	考核要求	配分	评分标准	检测结果	得分
件 1	$30_{-0.02}^{\ 0}$mm	5	每超差 0.01mm 扣 2 分		
	$27.5_{-0.02}^{\ 0}$mm	5	每超差 0.01mm 扣 2 分		
	90°±3′	4	每超差 1′扣 2 分		
	⌯ 0.03 D	2	超差不得分		
	Ra≤3.2μm(5 处)	5	超差不得分		
件 2	$85_{\ 0}^{+0.04}$mm	5	每超差 0.01mm 扣 2 分		
	(20±0.15)mm	4	超差不得分		
	(45±0.15)mm	4	每超差 0.01mm 扣 2 分		
	(20±0.3)mm	4	超差不得分		

（续）

工件	考核要求	配分	评分标准	检测结果	得分
件 2	(10±0.015) mm	4	每超差 0.01mm 扣 2 分		
	(50±0.03) mm	4	每超差 0.01mm 扣 2 分		
	(10±0.03) mm (2 处)	4	每超差 0.01mm 扣 2 分		
	(50±0.3) mm	4	每超差 0.01 扣 2 分		
	$M8^{+0.06}_{0}$ mm (2 处)	4	每超差 0.01mm 扣 2 分		
	▱ 0.1　(3 处)	6	超差 1 处和 2 分		
	// 0.3 B	2	超差不得分		
	⊥ 0.15 C	2	超差不得分		
	Ra≤3.2μm (5 处)	5	超差 1 处扣 1 分		
配合	配合间隙≤0.05mm	6	超差 1 处扣 3 分		
	外形错位 0.05mm	6	超差 1 处扣 3 分		
	安全文明生产	10	酌情扣 1~10 分		
	实际完成时间	5	不按时完成酌情扣分		
合计					

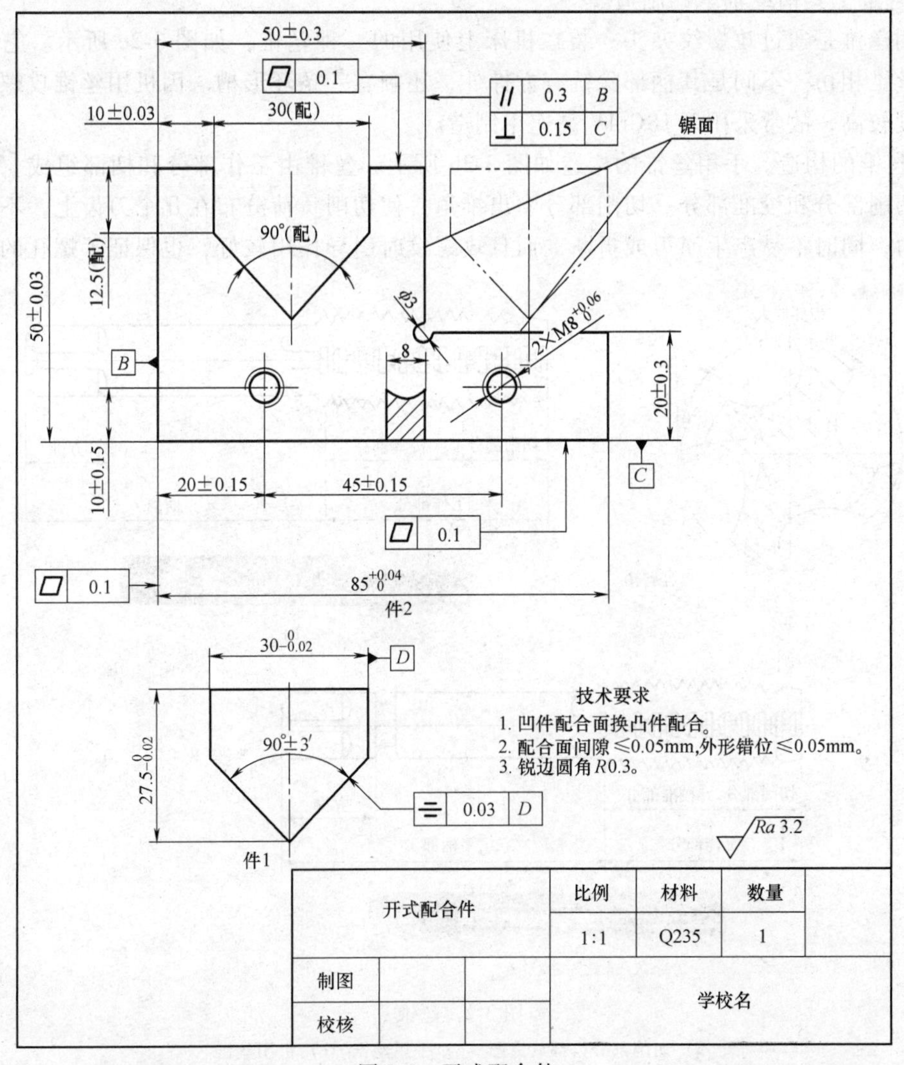

图 3-1　开式配合件

3.4　项目资讯——螺纹加工方法及检测

在圆柱或圆锥外表面上所形成的螺纹称为外螺纹，在圆柱或圆锥内表面上所形成的螺纹为内螺纹。常用的三角形螺纹工件上的螺纹除采用机械加工外，还可以通过攻螺纹和套螺纹等钳工加工方法获得。

1. 攻螺纹

用丝锥在孔中切削出内螺纹的加工方法，称为攻螺纹。

（1）攻螺纹用的工具

1）丝锥。丝锥是一种加工内螺纹的刀具，因其制造简单，使用方便，所以应用很广泛。

① 丝锥的种类。丝锥的种类较多，按使用方法不同，可分手用丝锥和机用丝锥两大类。

手用丝锥是手工攻螺纹时用的一种丝锥，如图3-2b所示，它常用于单件小批生产及各种修配工作中。制造手用丝锥时一般不经磨削，工作时的切削速度较低，通常采用9SiCr、GCr9等合金工具钢或轴承钢制造。

机用丝锥是通过攻螺纹夹头，装在机床上使用的一种丝锥，如图3-2c所示。它的形状与手用丝锥相仿。不同是其柄部除铣有方榫外，还割有一条环形槽。因机用丝锥攻螺纹时的切削速度较高，故常采用W18Cr4V高速钢制造。

② 丝锥的构造。手用丝锥的构造如图3-2b所示。丝锥由工作部分和柄部组成。工作部分包括切削部分和校准部分。切削部分磨出锥角，使切削负荷分布在几个刀齿上，不仅可使工作省力，同时不易产生崩刃或折断，而且攻螺纹时引导作用较好，也保证了螺孔的表面粗

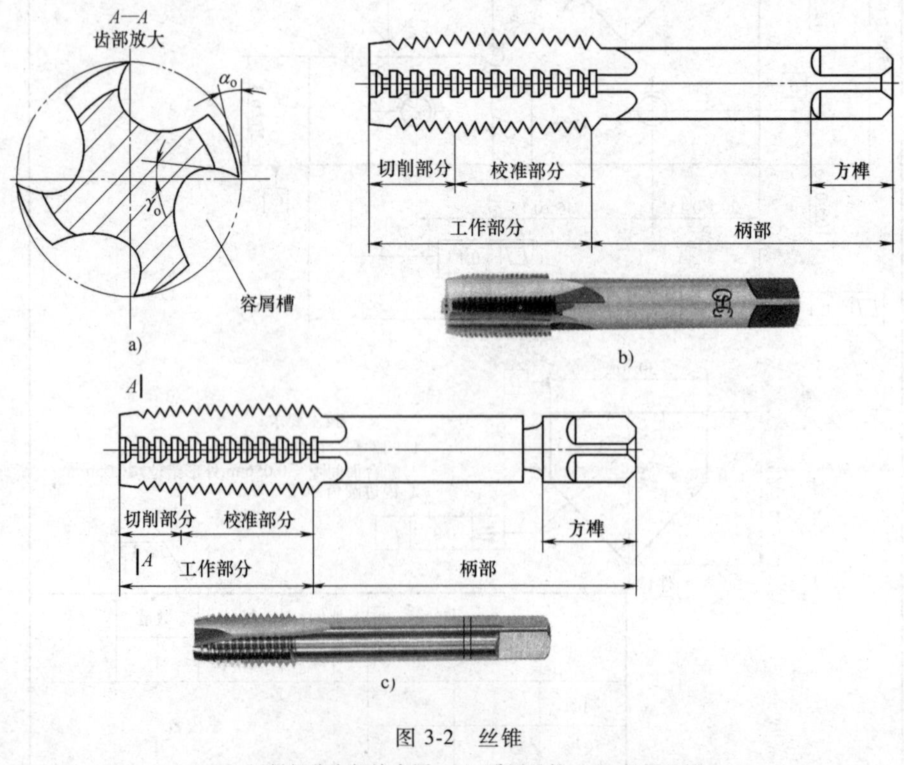

图3-2　丝锥

a）切削部分齿部放大图　b）手用丝锥　c）机用丝锥

糙度。校准部分有完整的牙型，用来校准已切出的螺纹，并引导丝锥沿轴向前进。柄部有方榫，用来传递切削转矩。

③ 丝锥的几何参数。如图3-2a所示，丝锥的工作部分沿轴向有几条容屑槽，以容纳切屑，同时形成切削刃和前角 γ_o。为了适用于不同的被加工材料，前角可以在必要时作适当增减，丝锥前角的选择见表3-2。

表3-2　丝锥前角的选择

被加工材料	铸青铜	铸铁	硬钢	黄铜	中碳钢	低碳钢	不锈钢	铝合金
前角 γ_o	0°	5°	5°	10°	10°	15°	15°~20°	20°~30°

在切削部分的锥面上铲磨出后角 α_o，一般手用丝锥 $\alpha_o=6°\sim8°$，机用丝锥 $\alpha_o=10°\sim12°$，齿侧为0。在丝锥的校准部分，手用丝锥没有后角。

2）成套丝锥。攻螺纹时，为了减小切削力和延长丝锥寿命，一般将整个切削分配给几支丝锥来承担。通常M5~M24丝锥每套有两支；M5以下及M24以上的丝锥每套有三支；细牙螺纹丝锥为两支一套。

为了合理地分配攻螺纹的切削负荷，提高丝锥的寿命和螺纹质量，攻螺纹时，应将整个切削负荷加以合理分配，由几支丝锥来承担。丝锥负荷的分配形式一般有锥形分配和柱形分配两种形式。

① 锥形分配（等径分配）。每套丝锥的大径、中径、小径都相等，切削部分的长度及锥角不同。头锥的切削部分长度为（5~7）P；二锥的切削部分长度为（2.5~4）P；三锥的切削部分长度为（1.5~2）P，如图3-3a所示。

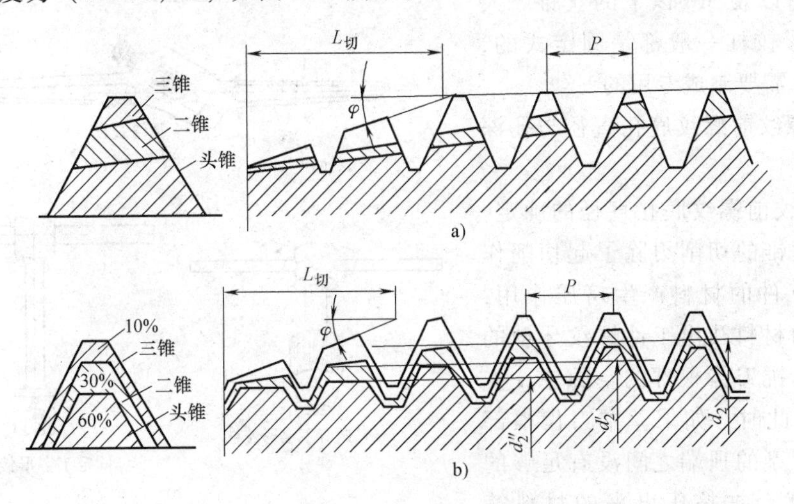

图3-3　成套丝锥切削分配

a）锥形分配　b）柱形分配

$L_切$—丝锥切削部分长度　φ—切削锥角　P—螺距　d_2、d_2'、d_2''—中径

② 柱形分配（不等径分配）。头锥、二锥的大径、中径、小径都比三锥的小，头锥、二锥的螺纹中径一样，大径不一样（头锥大径小，二锥的大径大），如图3-3b所示。因此这种丝锥切削量分配比较合理，三支一套的丝锥按顺序为6∶3∶1分担切削负荷。两支一套的丝锥则为3∶1分担切削负荷。这样分配可使各丝锥磨损均匀，寿命较长，攻螺纹时也较省力。

同时因三锥的两侧刃也参加切削，所以加工的螺纹表面粗糙度值较小，但丝锥的制造成本较高。攻通孔螺纹时也要攻两次或三次，而且丝锥的顺序也不能弄错。因此对于直径小于 M12 的丝锥采用锥形分配，而对于直径较大的丝锥，则采用柱形分配。所以攻 M12 或 M12 以上的通孔螺纹时，一定要用最末一支丝锥攻过，才能得到正确的螺纹直径。

机用丝锥一套也有两支。攻通孔螺纹时，一般都用切削部分较长的头锥一次攻出。只有攻不通孔螺纹时才用二锥攻一次，以增加螺纹的有效长度。

3）铰杠。铰杠是手工攻螺纹时用来夹持丝锥的辅助工具。铰杠分普通铰杠和丁字形铰杠两类。普通铰杠又分固定铰杠和活络铰杠两种，如图 3-4 所示。固定铰杠的方孔尺寸和柄长符合一定的规格，使丝锥受力不会过大，丝锥不易被折断，因此操作比较合理，但规格要少得很多。一般攻制 M5 以下的螺纹孔，宜采用固定铰杠。活络铰杠可以调节方孔尺寸，故应以范围较广。活络铰杠有 150～600mm 六种规格，其适用范围见表 3-3。

表 3-3　活络铰杠适用范围

活络铰杠规格	150mm	230mm	280mm	380mm	580mm	600mm
适用丝锥范围	M5～M8	M8～M12	M12～M14	M14～M16	M16～M22	M24 以上

当攻制带有台阶工作侧边的螺纹孔或攻制机体内部的螺纹时，必须采用丁字形铰杠。小的丁字形铰杠有固定的和可调节的，可调节的有一个四爪的弹簧夹头，一般用以装 M6 以下的丝锥。大尺寸的丁字形铰杠一般都是固定式的，它通常按实际需要制成专用的。

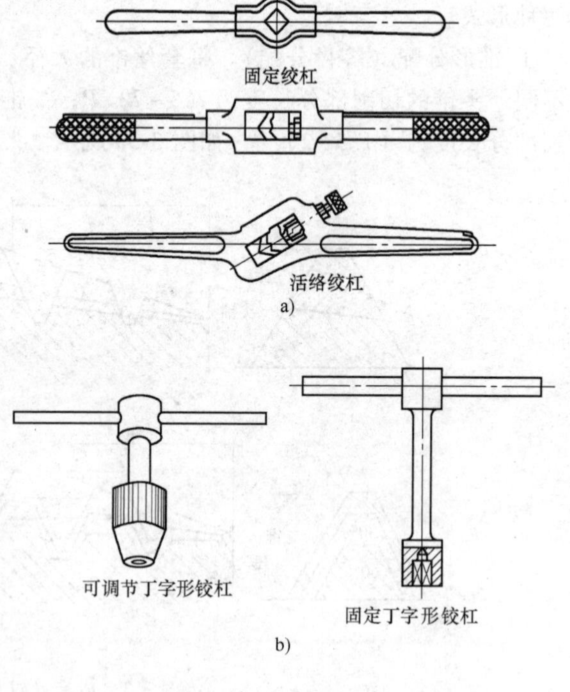

图 3-4　铰杠的种类
a）普通铰杠　b）丁字形铰杠

（2）攻螺纹前螺纹底孔直径与孔深的确定

1）攻螺纹前螺纹底孔直径的确定。攻螺纹时，丝锥的切削刃除了起切削作用外，还对工件的材料产生挤压作用，被挤压出来的材料凸出工件螺纹牙型的顶端，嵌在丝锥刀齿根部的空隙中，如图 3-5 所示。此时，如果丝锥刀齿根部与工件螺纹牙型的顶端之间没有足够的空隙，丝锥就会被挤压出来的材料箍住，造成崩刃、折断和使工件螺纹乱牙。因此攻螺纹时螺纹底孔直径必须大于标准规定的螺纹小径，一般螺纹底孔直径应该根据工件材料的塑性和钻孔时的扩张量来考虑，使攻螺纹时既有足够的空隙来容纳被挤压出来的材料，又能保证加工出来的螺纹具有完整的牙型。

加工普通螺纹底孔的钻头直径计算公式：

① 对钢和其他塑性大的材料，扩张量中等时

$$D_{孔} = D - P$$

② 对铸铁和其他塑性小的材料，扩张量较小时

$$D_{孔} = D - (1.05 \sim 1.1)P$$

式中　$D_{孔}$——螺纹底孔钻头直径（mm）；

D——螺纹大经（mm）；

P——螺距（mm）。

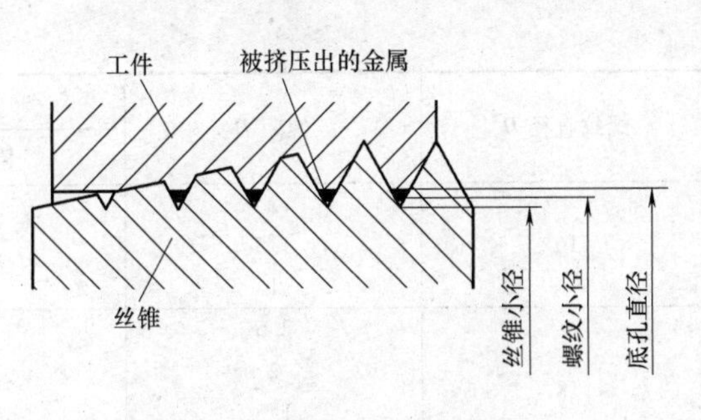

图3-5　螺纹底孔直径的确定

2）攻螺纹前螺纹底孔深度的确定。攻不通孔螺纹时，由于丝锥切削部分不能攻出完整的螺纹牙型，所以钻孔深度要大于螺纹的有效长度。

$$H_{深} = h_{有效} + 0.7D$$

式中　$H_{深}$——底孔深度（mm）；

$h_{有效}$——螺纹有效长度（mm）；

D——螺纹大经（mm）。

常用粗牙、细牙普通螺纹攻螺纹前钻底孔的钻头直径可以从表3-4中查得。

表3-4　常用粗牙、细牙普通螺纹攻螺纹前钻底孔的钻头直径　（单位：mm）

螺纹直径 D	螺距 P	钻头直径 d_0	
		铸铁、青铜、黄铜	钢、可锻铸铁、纯铜、层压板
2	0.4	1.6	1.6
	0.25	1.75	1.75
2.5	0.45	2.05	2.05
	0.35	2.15	2.15
3	0.5	2.5	2.5
	0.35	2.65	2.65
4	0.7	3.3	3.3
	0.5	3.5	3.5
5	0.8	4.1	4.2
	0.5	4.5	4.5
6	1	4.9	5
	0.75	5.2	5.2
8	1.25	6.6	6.7
	1	6.9	7
	0.75	7.1	7.2
10	1.5	8.4	8.5
	1.25	8.6	8.7
	1	8.9	9
	0.75	9.1	9.2
12	1.75	10.1	10.2
	1.5	10.4	10.5
	1.25	10.6	10.7
	1	10.9	11
14	2	11.8	12
	1.5	12.4	12.5
	1	12.9	13

（续）

螺纹直径 D	螺距 P	钻头直径 d_0	
		铸铁、青铜、黄铜	钢、可锻铸铁、纯铜、层压板
16	2	13.8	14
	1.5	14.4	14.5
	1	14.9	15
18	2.5	15.3	15.5
	2	15.8	16
	1.5	16.4	16.5
	1	16.9	17
20	2.5	17.3	17.5
	2	17.8	18
	1.5	18.4	18.5
	1	18.9	19
22	2.5	19.3	19.5
	2	19.8	20
	1.5	20.4	20.5
	1	20.9	21
24	3	20.7	21
	2	21.8	22
	1.5	22.4	22.5
	1	22.9	23

英制螺纹底孔、圆柱管螺纹、圆锥管螺纹攻螺纹前钻底孔的钻头直径可从表3-5、表3-6中查得。

表3-5　英制螺纹、圆柱管螺纹攻螺纹前钻底孔的钻头直径　（单位：mm）

英制螺纹				圆柱管螺纹		
尺寸代号	每25.4mm内所包含的牙数 n	钻头直径/mm		尺寸代号	每25.4mm内所包含的牙数 n	钻头直径/mm
		铸铁、青铜、黄铜	钢、可锻铸铁			
3/16	24	3.8	3.9	1/8	28	8.8
1/4	20	5.1	5.2	1/4	19	11.7
5/16	18	6.6	6.7	3/8	19	15.2
3/8	16	8	8.1	1/2	14	18.9
1/2	12	10.6	10.7	3/4	14	24.4
5/8	11	13.6	13.8	1	11	30.6
3/4	10	16.6	16.8	$1\frac{1}{4}$	11	39.2
7/8	9	19.5	19.7	$1\frac{3}{8}$	11	41.6
1	8	22.3	22.5	$1\frac{1}{2}$	11	45.1
$1\frac{1}{8}$	7	25	25.2			
$1\frac{1}{4}$	7	28.2	28.4			
$1\frac{1}{2}$	6	34	34.2			
$1\frac{3}{4}$	5	39.5	39.7			
2	$4\frac{1}{2}$	45.3	45.6			

表 3-6 圆锥管螺纹攻螺纹前钻底孔的钻头直径 （单位：mm）

55°圆锥管螺纹			60°圆锥管螺纹		
尺寸代号	每 25.4mm 内所包含的牙数 n	钻头直径/mm	尺寸代号	每 25.4mm 内所包含的牙数 n	钻头直径/mm
1/8	28	8.4	1/8	27	8.6
1/4	19	11.2	1/4	18	11.1
3/8	19	14.7	3/8	18	14.5
1/2	14	18.3	1/2	14	17.9
3/4	14	23.6	3/4	14	23.2
1	11	29.7	1	$11\frac{1}{2}$	29.2
$1\frac{1}{4}$	11	38.3	$1\frac{1}{4}$	$11\frac{1}{2}$	37.9
$1\frac{1}{2}$	11	44.1	$1\frac{1}{2}$	$11\frac{1}{2}$	43.9
2	11	55.8	2	$11\frac{1}{2}$	56

（3）攻螺纹的操作要点

1）手攻螺纹。手攻螺纹时应该注意以下几点：

① 攻螺纹前，螺纹底孔口要倒角，通孔螺纹底孔两端孔口都要倒角，这样可使丝锥容易切入，并防止攻螺纹后孔口的螺纹崩裂。

② 攻螺纹前，工件的装夹位置要正确，应尽量使螺孔的中心线置于水平或垂直位置。其目的是攻螺纹时便于判断丝锥是否垂直于工件平面。

③ 开始攻螺纹时，应把丝锥放正，用右手掌按住铰杠的中部沿丝锥中心线用力加压，同时左手配合作顺时针方向旋进，如图 3-6a 所示；或两手握住铰杠两端平衡施加压力，并将丝锥顺时针方向旋进，保持丝锥中心与孔中心线重合，不能歪斜。当切削部分切工件 1~2 圈时，用目测或直角尺检查和校正丝锥的位置，如图 3-6b 所示。当切削部分全部切入工件时，应停止对丝锥施加压力，只需要平稳地旋转铰杠，靠丝锥上的螺纹自然旋进，如图 3-6c 所示。

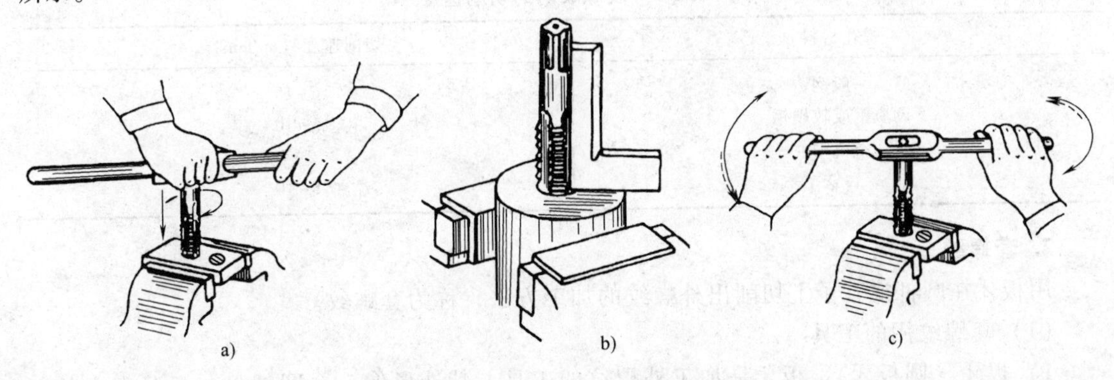

图 3-6 攻螺纹的方法

④ 为了避免切屑过长咬住丝锥，攻螺纹时应经常将丝锥反方向转动 1/2 圈左右，使切屑碎断后容易排出，如图 3-7 所示。

⑤ 在攻不通孔螺纹时，要经常退出丝锥，排除孔中的切屑。当将要攻到孔底时，更应及时排出孔底的积屑，以免攻到孔底时丝锥被扎住。

⑥ 攻通孔螺纹时，丝锥校准部分不应全部攻出头，否则会扩大或损坏孔口最后几牙螺纹。

⑦ 丝锥退出时，应先用铰杠带动螺纹平稳地反向转动，当能用手直接旋动丝锥时，应停止使用铰杠，以防铰杠带动丝锥退出时产生摇摆和振动，破坏螺纹的表面粗糙度。

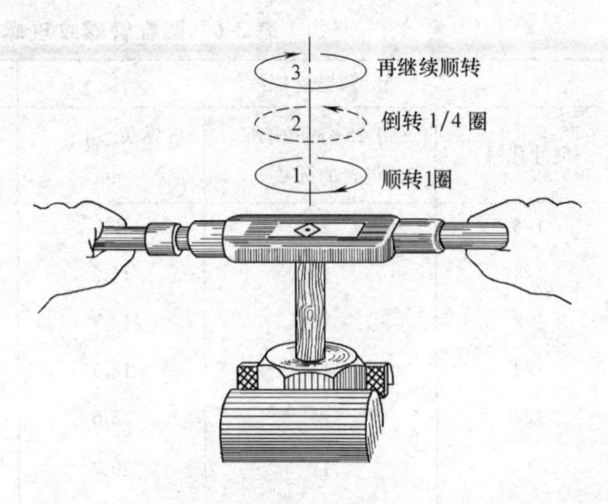

图 3-7　攻螺纹的操作

⑧ 在攻螺纹的过程中，换用另一支丝锥时，应先用手握住旋入已攻出的螺孔中，直到用手旋不动时，再用铰杠进行攻螺纹。

⑨ 在攻材料硬度比较高的螺孔时，应头锥、二锥交替攻削，这样可以减轻头锥切削部分的负荷，防止丝锥折断。

⑩ 攻塑性材料的螺孔时，要加切削液，以减少切削阻力和提高螺孔的表面质量，延长丝锥的使用寿命。一般用机油或浓度较大的乳化液，要求高的螺孔也可以用植物油或二硫化钼等。

2）机攻螺纹。攻螺纹前先按表3-7选用合适的切削速度。当丝锥即将进入螺纹底孔时，进刀要慢，以防止丝锥与螺孔发生撞击。在螺纹切削部分开始攻螺纹时，应在钻床进刀手柄上施加均匀的压力，帮助丝锥切入工件。当切削部分全部切入工件时，应停止对进刀手柄施加压力，而靠丝锥螺纹自然旋进攻螺纹。

机器攻螺纹时，应注意丝锥与钻轴同心。攻通孔时，尽量采用大刃倾角的丝锥，使排屑顺利；攻不通孔时，要高度集中精神，先量好孔深，并在丝锥上作深度记号。另外机器攻螺纹时，钻底孔及攻螺纹最好在工件一次装夹中完成，以保证螺纹的位置精度。

表 3-7　攻螺纹时的切削速度

螺孔材料	切削速度/(m/min)
一般钢	6~15
调质钢或较硬钢	5~10
不锈钢	2~7
铸铁	8~10

2. 套螺纹

用板牙在圆杆或管子上切削出外螺纹的加工方法，称为套螺纹。

(1) 套螺纹用的工具

1）板牙（圆板牙）。板牙是加工外螺纹的工具，其外形像一个圆螺母，只是在它的上面钻有几个排屑孔并形成切削刃。板牙用合金工具钢和高速钢制作并经淬火处理。

如图3-8所示，板牙由切削部分、校准部分和排屑孔组成。板牙两端面都有切削部分，中间一段是校准部分，也是套螺纹时的导向部分。

M3.5 以上的板牙，其外圆上有四个紧定螺钉坑和一条 V 形槽。下面两个锥坑的轴线通过板牙中心，用紧定螺钉固定并传递转矩。板牙磨损后，套出的螺纹直径变大时，可用锯片砂轮在 V 形槽中心割出一条通槽，此时的 V 形槽就成了调整槽。通过紧定螺钉调节上面的两个锥坑，使板牙尺寸缩小。调节范围为 0.1~0.25mm，调节时，应使用标准样规或通过试切来确定螺纹尺寸是否合格。当在 V 形槽开口处旋入螺钉后，可使板牙直径变大。板牙的两端都是切削部分，一端磨损后可换另一端使用。

2）板牙架。板牙架是装夹板牙的工具，如图 3-9 所示。板牙放入相应规格的板牙架孔中，通过紧定螺钉将板牙固定，并传递套螺纹时的切削转矩。

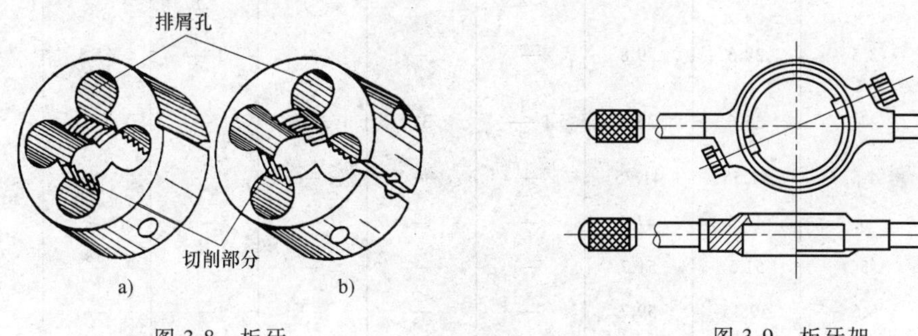

图 3-8　板牙
a）封闭式　b）开槽式

图 3-9　板牙架

（2）套螺纹前圆杆直径的确定　与攻螺纹时一样，用板牙在钢料上套螺纹时，螺孔牙尖也要被挤高一些，所以，套螺纹时圆杆直径应比螺纹的大径稍小一些。

圆杆直径的计算公式：

$$d_{杆} = d - 0.13P$$

式中　$d_{杆}$——套螺纹前圆杆直径（mm）；
d——螺纹大径（mm）；
P——螺距（mm）。

套螺纹的圆杆直径也可以从表 3-8 中查出。

表 3-8　板牙套螺纹时圆杆直径

粗牙普通螺纹				英制螺纹			圆柱管螺纹		
螺纹直径/mm	螺距/mm	螺杆直径/mm		尺寸代号	螺杆直径/mm		尺寸代号	管子外径/mm	
		最小直径	最大直径		最小直径	最大直径		最小直径	最大直径
M6	1	5.8	5.9	1/4	5.9	6	1/8	9.4	9.5
M8	1.25	7.8	7.9	5/16	7.4	7.6	1/4	12.7	13
M10	1.5	9.75	9.85	3/8	9	9.2	3/8	16.2	16.5
M12	1.75	11.75	11.9	1/2	12	12.2	1/2	20.5	20.8
M14	2	13.7	13.85	—	—	—	5/8	22.5	22.8
M16	2	15.7	15.85	5/8	15.2	15.4	3/4	26	26.3
M18	2.5	17.7	17.85	—	—	—	7/8	29.8	30.1
M20	2.5	19.7	19.85	3/4	18.3	18.5	1	32.8	33.1

（续）

粗牙普通螺纹				英制螺纹			圆柱管螺纹		
螺纹直径/mm	螺距/mm	螺杆直径/mm		尺寸代号	螺杆直径/mm		尺寸代号	管子外径/mm	
		最小直径	最大直径		最小直径	最大直径		最小直径	最大直径
M22	2.5	21.7	21.85	7/8	21.4	21.6	$1\frac{1}{8}$	37.4	37.7
M24	3	23.65	23.8	1	24.5	24.8	$1\frac{1}{4}$	41.4	41.7
M27	3	26.65	26.8	$1\frac{1}{4}$	30.7	31	$1\frac{3}{8}$	43.8	44.1
M30	3.5	29.6	29.8	—	—	—	$1\frac{1}{2}$	47.3	47.6
M36	4	35.6	35.8	$1\frac{1}{2}$	37	37.3	—	—	—
M42	4.5	41.55	41.75	—	—	—	—	—	—
M48	5	47.5	47.7	—	—	—	—	—	—
M52	5	51.5	51.7	—	—	—	—	—	—
M60	5.5	59.45	59.7	—	—	—	—	—	—
M64	6	63.4	63.7	—	—	—	—	—	—
M68	6	67.4	67.7	—	—	—	—	—	—

（3）套螺纹的操作要点　套螺纹必须注意以下几点：

1）为使板牙容易对准工件和切入工件，套螺纹前应将圆杆端部倒成锥半角为 15°~20° 的锥体，锥体的最小直径要比螺纹小径小，使切出的螺纹端部避免出现锋口和卷边而影响螺母的旋入，如图 3-10 所示。

2）为了防止圆杆夹持出现偏斜和夹出痕迹，圆杆应装夹在用硬木制成的 V 形钳口或软金属制成的衬垫中，如图 3-11 所示，在加衬垫时圆杆套螺纹部分离钳口要尽量近。

3）为了使板牙切入工件，要在转动板牙时施加轴向力，待板牙切入工件后不再施压。

4）在开始套螺纹时，可用手掌按住板牙中心，适当地施加压力并使铰杠转动。

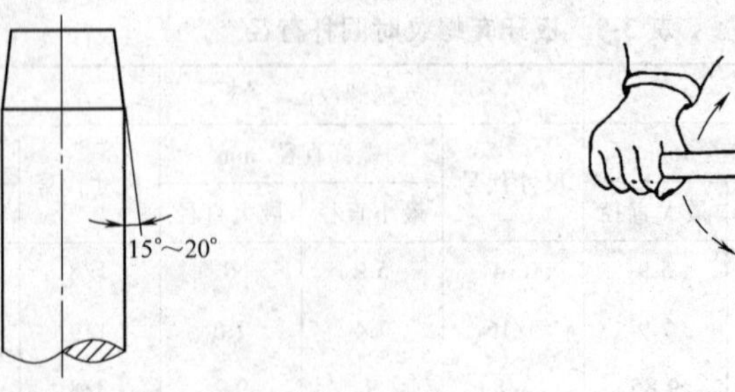

图 3-10　圆杆倒角

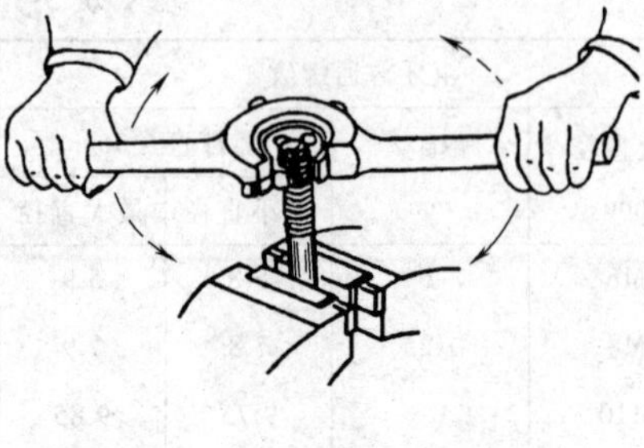

图 3-11　夹紧圆杆的方法

5）当板牙切入圆杆 1~2 圈时，应目测检查和校正板牙的位置。当板牙切入圆杆 3~4 圈时，应停止施加压力，而且平稳地转动铰杠，靠板牙螺纹自然旋进套螺纹，如图 3-12 所示。

6）套螺纹时应保持板牙端面与圆杆轴线垂直，否则套出的螺纹两面会有深有浅，甚至乱牙。

7）在钢件上套螺纹时要加切削液，以延长板牙的使用寿命，减小螺纹的表面粗糙度值。

8）套螺纹过程中，板牙要时常倒转一下进行断屑，并合理选择切削液。常用的切削液有乳化液和机油。

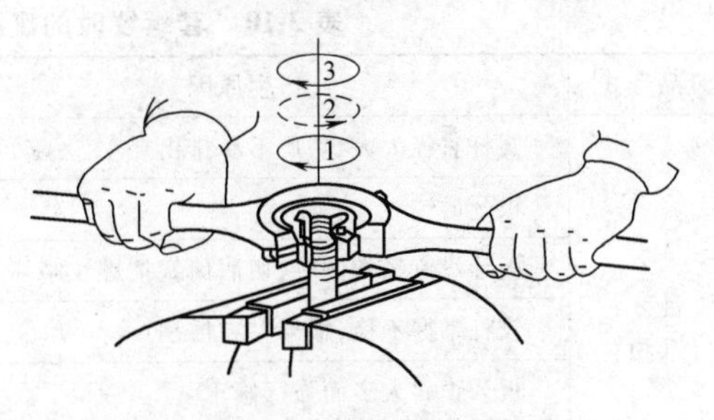

图 3-12　套螺纹方法

3. 废品分析

攻螺纹时的废品形式、产生原因及改进措施见表 3-9；套螺纹时的废品形式、产生原因及改进措施见表 3-10。

表 3-9　攻螺纹时的废品形式、产生原因及改进措施

废品形式	产生原因	改进措施
乱牙	螺纹底孔直径太小，丝锥不易切入，使孔口乱牙	攻螺纹前要根据材料性质选择或计算螺纹底孔直径
	换用二锥、三锥时，与已切出的螺纹没有旋合好就强行攻螺纹	换用二锥、三锥时，应该用手握住旋入已攻出的螺孔中，直到用手旋不动时，再用铰杠进行攻螺纹
	对塑性材料未加切削液或丝锥不经常倒转，而把已切出的螺纹啃伤	塑性材料一定要加入切削液，铰杠每转动 1/2～1 圈就应倒转 1/2 圈，使切屑碎断后容易排出
	头锥攻螺纹不正，用二锥、三锥强行纠正	用二锥攻螺纹时，一定要用手将二锥切削部分旋入螺孔后，再攻螺纹
	丝锥磨钝或切削刃有粘屑	用砂轮或磨石修磨丝锥前刃或加入切削液清理切屑
	丝锥铰杠掌握不稳，攻铝合金等强度较低的材料时，容易被切乱牙	攻螺纹时双手用力要平稳，攻强度较低的材料时，丝锥已切出螺纹后要继续加压旋转
	螺纹歪斜过多而用丝锥强行修正	开始攻螺纹时，两手用力要均衡，并多次检查丝锥与工件表面的垂直度
	丝锥刃口已钝	及时研磨丝锥或加入切削液清理切屑
	加工韧性材料时未加切削液或切屑未断碎强行攻削，把已切削出的螺纹拉坏	加工韧性材料时应加切削液，多倒转丝锥使切屑断碎
滑牙	攻不通孔螺纹时，丝锥已到底孔但仍继续操纵铰杠旋转	攻不通孔螺纹时要经常退出丝锥，排除孔中的切屑。当要攻到孔底时，更应及时排出孔底的切屑，以免攻到底时丝锥被扎住
	在强度较低的材料上攻较小螺纹时，丝锥已切出螺纹仍继续加压，或攻完退出时连铰杠转出	攻强度较低的材料时，丝锥切出螺纹后要继续加压旋转；丝锥退出时，应先用铰杠带动螺纹平稳地反向转动，当能用手直接旋动丝锥时，应停止使用铰杠
螺孔攻歪	丝锥与工件平面不垂直	开始切入时，丝锥要与工件平面垂直，以后要多检查校正
	机攻时丝锥与螺孔轴线不同轴	工件装夹正确，攻螺纹前要先检查丝锥与螺纹孔轴线是否同轴
	攻螺纹时两手用力不均衡	要始终保持两手用力均衡
螺纹牙深不够	攻螺纹前底孔直径太大	攻螺纹前根据材料性质正确选择或计算螺纹底孔直径
	丝锥磨损	及时研磨丝锥

表3-10　套螺纹时的废品形式、产生原因及改进措施

废品形式	产生原因	改进措施
乱牙（乱扣）	圆杆直径太大，切屑不易排出	套螺纹前要根据材料性质正确选择或计算圆杆直径
	板牙磨钝	及时刃磨板牙
	板牙没有经常倒转，切屑堵塞把螺纹啃坏	套螺纹过程中，板牙要时常倒转一下进行断屑
	铰杠掌握不稳，板牙左右摇摆	两手用力要平稳、均匀
	板牙歪斜太多而强行修正	要多检查和校正
	板牙切削刃上粘有积屑瘤	及时清理板牙切削刃上粘有的积屑瘤
	加工塑性材料没有用切削液，螺纹被破坏	根据材料选择切削液
螺纹歪斜	圆杆端面倒角不好，板牙位置难以放正	圆杆端部倒15°~20°锥半角
	两手用力不均匀，铰杠歪斜	两手用力要平稳、均匀
螺纹牙深不够	圆杆直径太小	套螺纹前要根据材料正确选择或计算直径
	板牙V形槽调节不当，直径太大	通过紧定螺钉调整上面的两个锥坑，使板牙尺寸缩小
螺孔偏斜	圆杆倒角歪斜，开始切削时就歪斜，使螺杆一边浅一边深	倒角要四周均匀
	两手用力不均匀，使牙歪斜	切削要正，两手用力要均衡
螺纹太小产生原因	扳手摆动太大，或由于偏斜多次借正，切削边多使螺纹中径小了	要摆稳板牙，用力均衡
	切削后仍使用压力扳动	切削后去除压力，只用旋转力

4. 螺纹检测

螺纹检测方法随螺纹的精度等级、生产批量和设备条件差异而不同。

钳工的螺纹加工是利用丝锥和板牙这类成形刀具进行的。因此，一般只进行外观检查和螺孔轴线对孔口表面垂直度的检查。

外观检查主要是观察加工好的螺纹是否有乱牙现象、牙型是否完整、深浅是否均匀以及螺纹表面质量是否满足要求。

螺孔对孔口表面的垂直度的检查是使用标准检验工具（一头带螺纹）旋入已加工孔中，然后用直角尺靠在螺孔孔口的表面，检查在规定高度范围内的垂直度误差。对于垂直度要求不高的螺孔，也可旋入双头螺柱作粗略检查。

例如检查螺纹的牙型角，一般就用螺纹牙型的角度样板对照一下就可以了。

对于一些精度要求较高的螺纹，比如汽轮机上用于上下气缸固定的双头螺栓、有些调整机构上用的螺纹，必须通过用一定的测量工具和一定的测量方法去检测，才能保证螺纹的精度。一般的测量方法有以下几种：

（1）用螺纹量规检验　对螺纹进行综合检验时使用的是螺纹量规和光滑极限量规，它们都由通规（通端）和止规（止端）组成。光滑极限量规用于检验内、外螺纹顶径尺寸的合格性，螺纹量规的通规用于检验内、外螺纹的作用中径及底径的合格性，螺纹量规的止规用于检验内、外螺纹单一中径的合格性。

螺纹量规的通规是按极限尺寸设计的，是模拟被测螺纹的最大实体牙型边界，具有完整

的牙型，并且其长度等于被测螺纹的旋合长度，检验被测螺纹的作用中径是否超过其最大实体牙型的中径，并同时检验底径实际尺寸是否超过其最大实体尺寸。

如果被测螺纹能够与螺纹通规旋合通过，且与螺纹止规不完全旋合通过（螺纹止规只允许与被测螺纹两段旋合，旋合量不得超过两个螺距），就表明被测螺纹的作用中径没有超过其最大实体牙型的中径，且单一中径没有超出其最小实体牙型的中径，那么就可以保证旋合性和联接强度，则被测螺纹中径合格，否则不合格。

螺纹量规的止规用于检验被测螺纹的单一中径，为了避免牙型半角误差及螺距累积误差对检验的影响，止规的牙型常做成截短型牙型，以使止端只在单一中径处与被检螺纹的牙侧接触，并且止端的牙扣只做出几牙。

图3-13所示为外螺纹的综合检验示意图，用卡规先检验外螺纹顶径的合格性，再用螺纹量规（检验外螺纹的称为螺纹环规）的通端检验，若外螺纹的作用中径合格，且底径（外螺纹小径）没有大于其上极限尺寸，通端应能在旋合长度内与被检螺纹旋合。若被检螺纹的单一中径合格，螺纹环规的止端不应通过被检螺纹，但允许旋进最多2~3牙。

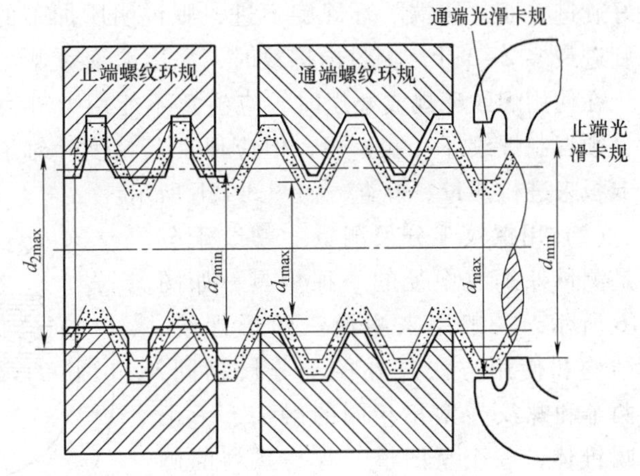

图3-13　外螺纹的综合检验

图3-14所示为内螺纹的综合检验示意图，用光滑极限量规（塞规）检验内螺纹顶径的合格性，再用螺纹量规（螺纹塞规）的通端检验内螺纹的作用中径和底径，若作用中径合格，且内螺纹的大径不小于其下极限尺寸，通规应能在旋合长度内与内螺纹旋合。若内螺纹的单一中径合格，螺纹塞规的止端就不通过，但允许旋进最多2~3牙。

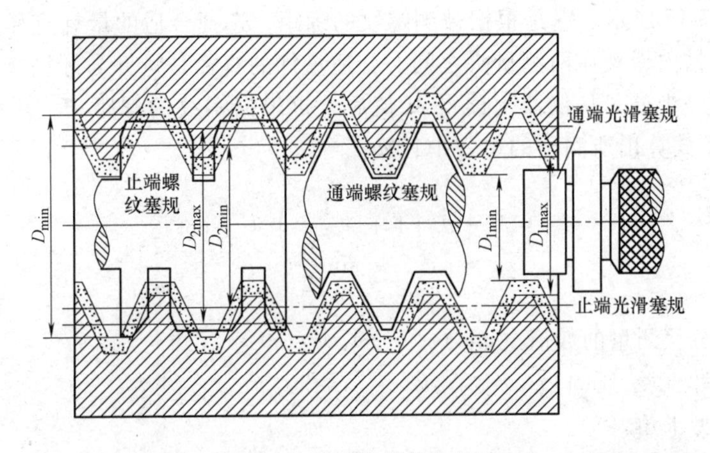

图3-14　内螺纹的综合检验

图3-15所示为用螺纹环（塞）规及卡板进行外螺纹的检验示意图，对于一般标准螺纹，都采用螺纹环规或塞规来测量，如图3-15a所示。在测量外螺纹时，如果螺纹“通端”环规

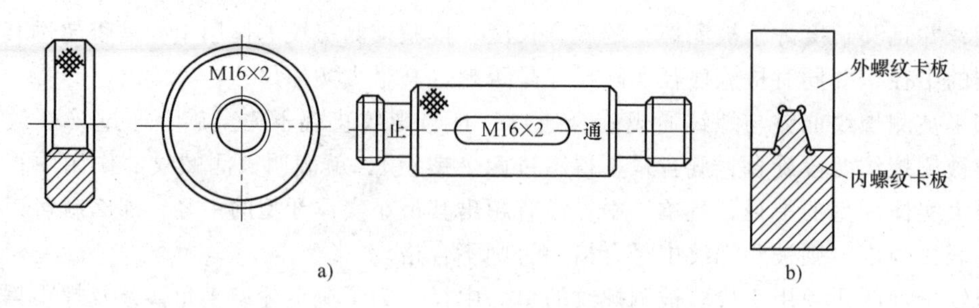

图 3-15　外螺纹的检验

正好旋进，而“止端”环规旋不进，则说明所加工的螺纹符合要求，反之就不合格，但允许旋进最多2~3牙。测量内螺纹时，采用螺纹塞规以相同的方法进行测量。

在使用螺纹环规或塞规时，应注意不能用力过大或用扳手硬旋，在测量一些特殊螺纹时，须自制螺纹环（塞）规，但应保证其精度。对于直径较大的螺纹工件，可采用螺纹牙型卡板来进行测量、检查，如图 3-15b 所示。

（2）用螺纹千分尺测量　螺纹千分尺是测量外螺纹中径的一种量具，如图 3-16 所示，一般用来测量三角形螺纹，其结构和使用方法与外径千分尺相同，有两个和螺纹牙型角相同的触头，一个呈圆锥体，一个呈凹槽。有一系列的测量触头可供不同的牙形角和螺距选用。测量时，首先根据牙型角和螺距大小选择一对合适的测量头装在千分尺上，校对零点后把被检零件的螺纹部分卡在测量头之间，测量头中心线应垂直于螺纹轴线，量得的尺寸就是螺纹的实际中径。

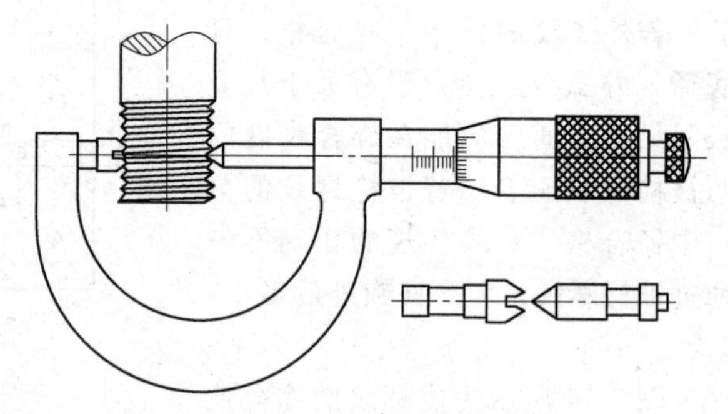

图 3-16　螺纹千分尺测量螺纹

（3）用三针法测量　三针法主要用于测量精密外螺纹的单一中径（如螺纹塞规、丝杠螺纹等），如图 3-17 所示。它是根据被测螺纹的螺距，选择合适的量针直径，按图示位置放在被测螺纹的牙槽内，夹在两测量头之间。合适量针的直径是量针与牙槽接触点的轴间距离正好在基本螺距一半处。从仪器上读得 M 值后，再根据螺纹的螺距 P、牙型半角 $\alpha/2$ 及量针的直径 d_0 按下式算出所测出的单一中径 d_{2s}。

$$d_{2s} = M - d_0\left(1 + \frac{1}{\sin\dfrac{\alpha}{2}}\right) + \frac{P}{2}\cot\frac{\alpha}{2}$$

式中　M——千分尺测量的数值（mm）；

d_0——量针直径（mm）；

$\alpha/2$——牙型半角（°）。

对于米制普通三角形螺纹，其牙型半角 $\alpha/2=30°$，代入上式得

$$d_2 = M - 3d_0 + \frac{\sqrt{3}}{2}P$$

当螺纹存在牙型半角误差时，量针与牙槽接触位置的轴向距离便不在 $P/2$ 处，这就造成了测量误差，为了减小牙型半角误差对测量的影响，应选取最佳量针直径 $d_{0(最佳)}$，由图 3-17 可知：

$$d_{0(最佳)} = \frac{1}{\sqrt{3}}P$$

所以最后的计算公式可简化为

$$d_{2s} = M - \frac{3}{2}d_{0(最佳)}$$

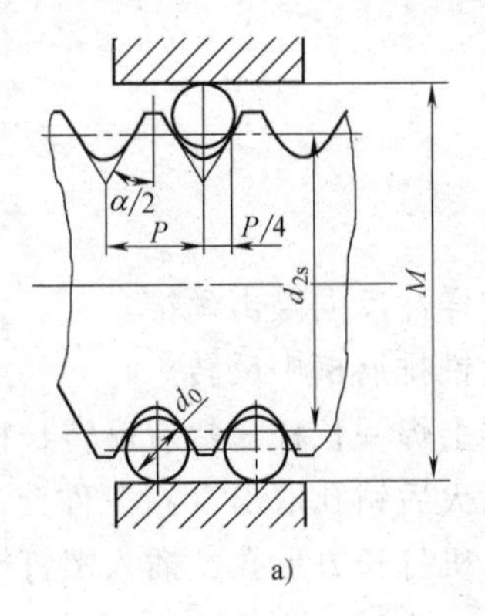

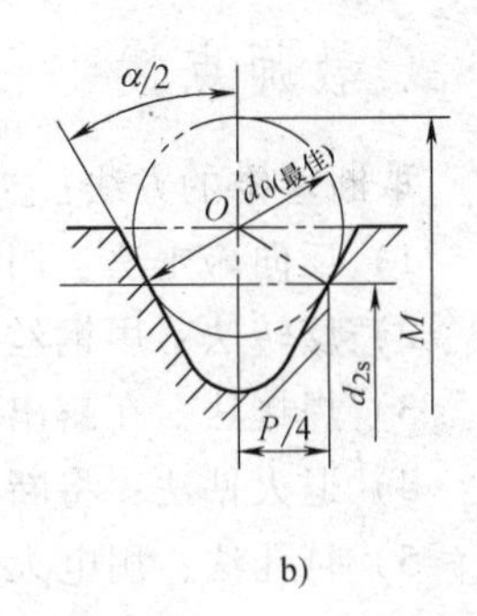

图 3-17　三针法测量螺纹中径

3.5　项目实施

项目实施时参照图 3-1 进行。

1. 毛坯加工

1） 手锯下料：100mm×60mm×8mm，一件。

2） 锉削两个互相垂直基准面。

3） 划线（50±0.3）mm，（20±0.3）mm。

4） 钻 ϕ3mm 工艺孔。

5） 锯削保证（50±0.3）mm，（20±0.3）mm，垂直度 0.15mm，平行度 0.3mm。

2. 凸件加工

1） 锉削基准面和 $30_{-0.02}^{\ 0}$mm 的尺寸。

2） 两面划线。

3） 锯削去余料，留 0.5mm 锉削余量。

4） 锉削保证图样中标注的尺寸精度、几何公差及表面粗糙度。

3. 凹件加工

1） 锉削（50±0.03）mm、$85_{\ 0}^{+0.04}$mm 的尺寸。

2） 两面划线。

3） 钻孔，锯削去余料，留 0.5mm 锉削余量。

4） 锉削（10±0.03）mm，其余留 0.1mm 锉配量保证几何公差。

4. 锉配

1） 划线、打样冲眼。

2） 预钻孔 ϕ4mm，检测孔的位置，如果合格钻 ϕ7.8mm 孔。

3） 攻螺纹 M8。

4） 去毛刺、自检。

教师点拨

取断丝锥的方法：

1）反向敲击法：用錾子或样冲反向敲击丝锥。

2）反转法：用钢丝插入丝锥排屑槽中反转。

3）焊接法：在露出的丝锥上焊一长杆，然后反转长杆。

4）退火钻法：将断丝锥退火后钻孔取出（在工件允许退火的情况下）。

5）打孔法：用电火花小孔机打长方形孔，插入螺钉旋具旋出。

关　　键

1）攻头锥时丝锥必须放正，与工件表面垂直。

2）攻二锥、三锥必须先用手将丝锥旋进头锥已攻过的螺纹中，使其得到良好的引导后，再用铰杠。

3）机攻通孔螺纹时，丝锥的校准部分不能全部攻螺纹，以免反转退出丝锥时产生乱牙。

4）套螺纹时，应保持板牙端面与圆杆轴线垂直，避免切出的螺纹一面深、一面浅。

操作技巧

1）被加工的工件装夹要正，一般情况下，应将工件需要攻螺纹的一面置于水平或垂直的位置。这样在攻螺纹时，就能比较容易地判断和保持丝锥垂直于工件螺纹基面的方向。

2）在开始攻螺纹时，尽量把丝锥放正，然后用一手压住丝锥的轴线方向，用另一手轻轻转动铰杠。当丝锥旋转1~2圈后，从正面或侧面观察丝锥是否和工件的螺纹基面垂直，必要时可用直角尺进行校正，一般在攻进3~4圈螺纹后，丝锥的方向就基本确定。

3）攻削铸铁比攻削钢材时的速度可以适当快一些，每次旋进后，再倒转约为旋进的1/2的行程。

警　　告

1）转动铰杠时，操作者的两手用力要平衡，切忌用力过猛和左右晃动，否则容易将螺纹牙型撕裂和导致螺纹孔扩大及出现锥度。

2）攻削不通孔螺纹时，当末锥攻完、用铰杠带动丝锥倒旋松动后，应用手将丝锥旋出，不宜用铰杠旋出丝锥，尤其不能用一只手快速拨动铰杠来旋出丝锥。

重点提示

1）每次套螺纹前应将板牙排屑槽内及螺纹内的切屑清除干净。

2）套螺纹前要检查圆杆直径大小和端部倒角。

3）工件装夹时，要使孔中心垂直于钳口，防止螺纹攻歪。

4）在钢制圆杆上套螺纹时要加机油润滑。

3.6　项目检查与评价

该项目的检查单见表 3-11。

表 3-11　检查单

学习领域名称	零件的手动工具加工		项目 3 开式配合件的手动工具加工		
工件	质检内容	配分	评分标准	学生自评结果	教师检查结果
件 1	$30_{-0.02}^{0}$mm	5	每超差 0.01mm 扣 2 分		
	$27.5_{-0.02}^{0}$mm	5	每超差 0.01mm 扣 2 分		
	90°±3′	4	每超差 1′扣 2 分		
	⌯ 0.03 D	2	超差不得分		
	$Ra\leqslant3.2\mu m$（5 处）	5	超差不得分		
件 2	$85_{0}^{+0.04}$mm	5	每超差 0.01mm 扣 2 分		
	(20±0.15)mm	4	超差不得分		
	(45±0.15)mm	4	每超差 0.01mm 扣 2 分		
	(20±0.3)mm	4	超差不得分		
	(10±0.015)mm	4	每超差 0.01mm 扣 2 分		
	(50±0.03)mm	4	每超差 0.01mm 扣 2 分		
	(10±0.03)mm（2 处）	4	每超差 0.01mm 扣 2 分		
	(50±0.3)mm	4	每超差 0.01mm 扣 2 分		
	$M8_{0}^{+0.06}$mm（2 处）	4	每超差 0.01mm 扣 2 分		
	▱ 0.1（3 处）	6	超差 1 处扣 2 分		
	// 0.3 B	2	超差不得分		
	⊥ 0.15 C	2	超差不得分		
	$Ra\leqslant3.2\mu m$（5 处）	5	超差 1 处扣 1 分		
配合	配合间隙≤0.05mm	6	超差 1 处扣 3 分		
	外形错位 0.05mm	6	超差 1 处扣 3 分		
	安全文明生产	10	酌情扣 1~10 分		
	实际完成时间	5	不按时完成酌情扣分		
总成绩					
班级		组别		签字	
存在问题：			整改措施：		

填表　　年　　月　　日

3.7　项目总结

通过对开式配合件的手动工具加工操作练习，熟练掌握攻螺纹、套螺纹的操作要领，同时培养学生自主分析螺纹加工过程中出现废品的原因及采取的措施。通过开式配合件换位锉配零件的操作训练，进一步强化学生对手动工具加工基本功的掌握程度，同时形成一定的操作技巧。

3.8　思考与习题

1）试述丝锥的各部分名称、结构特点及作用。

2）什么是铰杠？有哪几种类型？各有何作用？

3）为什么攻螺纹时的底孔直径要大于标准规定的螺纹小径？

4）分别在钢和铸铁上攻M16和M12×1螺纹，螺纹有效长度为35mm，求攻螺纹前钻底孔的钻头直径及钻孔深度。

5）攻螺纹的工作要点有哪些？

6）成套丝锥在结构上怎样保证切削负荷的分配？

7）为什么攻螺纹时的底孔深度要大于所需的螺孔的深度？

8）手攻螺纹的注意事项有哪些？

9）试述不通孔螺纹攻制的操作要点。

10）试述套螺纹工作的要点。

11）板牙有何作用？

12）分析攻螺纹时产生废品的原因。

13）分析套螺纹时产生废品的原因。

3.9　知识拓展

知识拓展1　四方体锉配

加工图3-18所示四方体锉配零件，毛坯件1为50mm×50mm×12mm，毛坯件2为28mm×28mm×12mm。

1. 工、量、刃具准备

台虎钳（200mm）、台式钻床、划线平板、方箱、游标卡尺、千分尺（0～25mm、25～50mm）、游标万能角度尺（0°～320°）、刀口形直角尺（100mm×63mm）、高度游标卡尺（0～300mm）、百分表（0～10mm）、磁力表座、扁锉（粗锉400mm，中锉300mm，细锉250mm）、方锉、整形锉（5件1套）、锯弓、锯条若干、样冲、划针、钻头（ϕ4mm）、锤子和錾子等。

2. 评分标准

评分标准见表3-12。

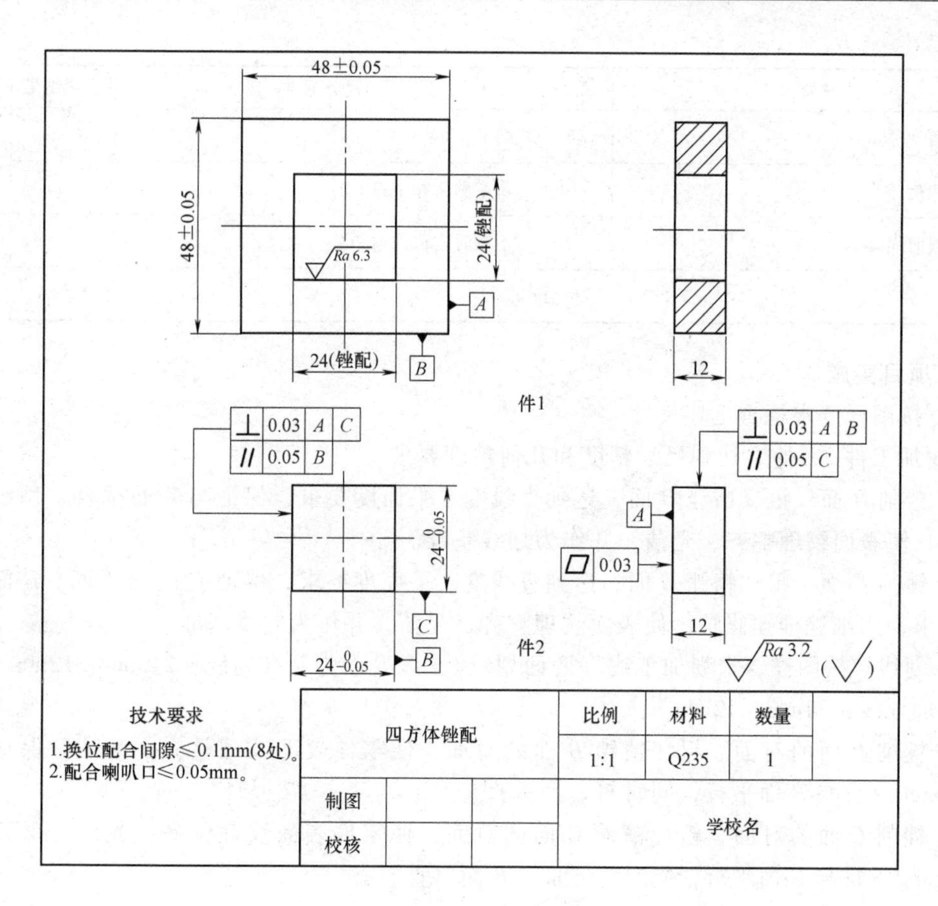

图 3-18　四方体锉配

表 3-12　评分标准

考核要求	配分	评分标准	检测结果	得分
$24_{-0.05}^{\ 0}$mm（2 处）	6	超差一处扣 3 分		
(48±0.05) mm（2 处）	6	超差一处扣 3 分		
⊥ 0.03 A B	4	超差不得分		
⊥ 0.03 A C	4	超差不得分		
// 0.05 C	4	超差不得分		
// 0.05 B	4	超差不得分		
换位配合间隙≤0. 1mm（8 处）	15	超差全扣		
▱ 0.03 （6 处）	12	超差一处扣 2 分		
测量面表面粗糙度 Ra≤3. 2μm（8 处）	16	超差一处扣 2 分		
配合喇叭口≤0. 05mm	6	超差不得分		

（续）

考核要求	配分	评分标准	检测结果	得分
内角清角	8	酌情扣1~8分		
安全文明生产	10	违章酌情扣1~10分		
实际完成时间	5	不按时完成酌情扣分		
合　　计				

3. 项目实施

1）按图样要求检查毛坯尺寸。

2）加工件2，使之达到尺寸精度和几何精度要求。

① 锉削 *B* 面。粗、精锉 *B* 面，达到直线度、平面度要求，保证与 *A* 面垂直，用细锉推锉修整，使表面纹理整齐、光洁，并作为划线基准。

② 锉削 *C* 面。粗、精锉 *C* 面，达到直线度、平面度要求，保证 *C* 面与 *A* 面、*B* 面的垂直度要求，用细锉推锉修整，使表面纹理整齐、光洁，并作为划线基准。

③ 划线。按图样要求划加工线（两面划线），以 *B* 面为基准划线：24mm 、12mm，以 *C* 面为基准划线：24mm、12mm。

④ 锉削 *B* 面的对面。粗、精锉 *B* 面的对面，使零件表面纹理整齐、光洁。保证尺寸 $24_{-0.05}^{0}$mm，且与 *B* 面平行，同时与 *A* 面垂直。

⑤ 锉削 *C* 面的对面。粗、精锉 *C* 面的对面，使零件表面纹理整齐、光洁。保证尺寸 $24_{-0.05}^{0}$mm，且与 *C* 面平行，同时与 *A* 面、*B* 面垂直。

⑥ 去毛刺。为锉配做准备。

3）加工件1，使之达到尺寸精度和几何精度要求。

① 锉削 *A* 面。粗、精锉 *A* 面，达到直线度、平面度要求，用细锉推锉修整，使表面纹理整齐、光洁，并作为划线基准。

② 锉削 *B* 面。粗、精锉 *B* 面，达到直线度、平面度要求，保证 *B* 面与 *A* 面垂直，用细锉推锉修整，使表面纹理整齐、光洁，并作为划线基准。

③ 划线。按图样要求划加工线（两面划线）。以 *B* 面为基准划线：48mm、24mm、12mm、36mm；以 *A* 面为基准划线：48mm、24mm、12mm、36mm 。

④ 锉削 *A* 面的对面。粗、精锉 *A* 面的对面，保证尺寸（48±0.05）mm，且与 *A* 面平行。

⑤ 锉削 *B* 面的对面。粗、精锉 *B* 面的对面，保证尺寸（48±0.05）mm，且与 *A* 面平行，与 *B* 面垂直。

⑥ 钻排孔，为錾削做准备。用 ϕ4mm 钻头排内四方孔。

⑦ 錾削。錾去内四方余料。

⑧ 锉削。按件2配作，粗、半精锉方孔至接近所划线条，并留锉配余量。

⑨ 去毛刺。

4）锉配。

① 锉配。件1与件2转位精修，达到件2在件1四方套孔内自由平行，推进和推出毫无阻碍即可，用0.05mm塞尺检查（不得塞入），保证换位配合间隙≤0.1mm要求，配合喇叭

口≤0.05mm。

② 去毛刺，修光。

③ 用砂布将各加工面砂光，上交待检测。

知识拓展2　四方体换位锉配

试加工图3-19所示的四方体换位锉配零件，毛坯件1为52mm×62mm×8mm，毛坯件2为25mm×25mm×8mm，材料均为45钢。

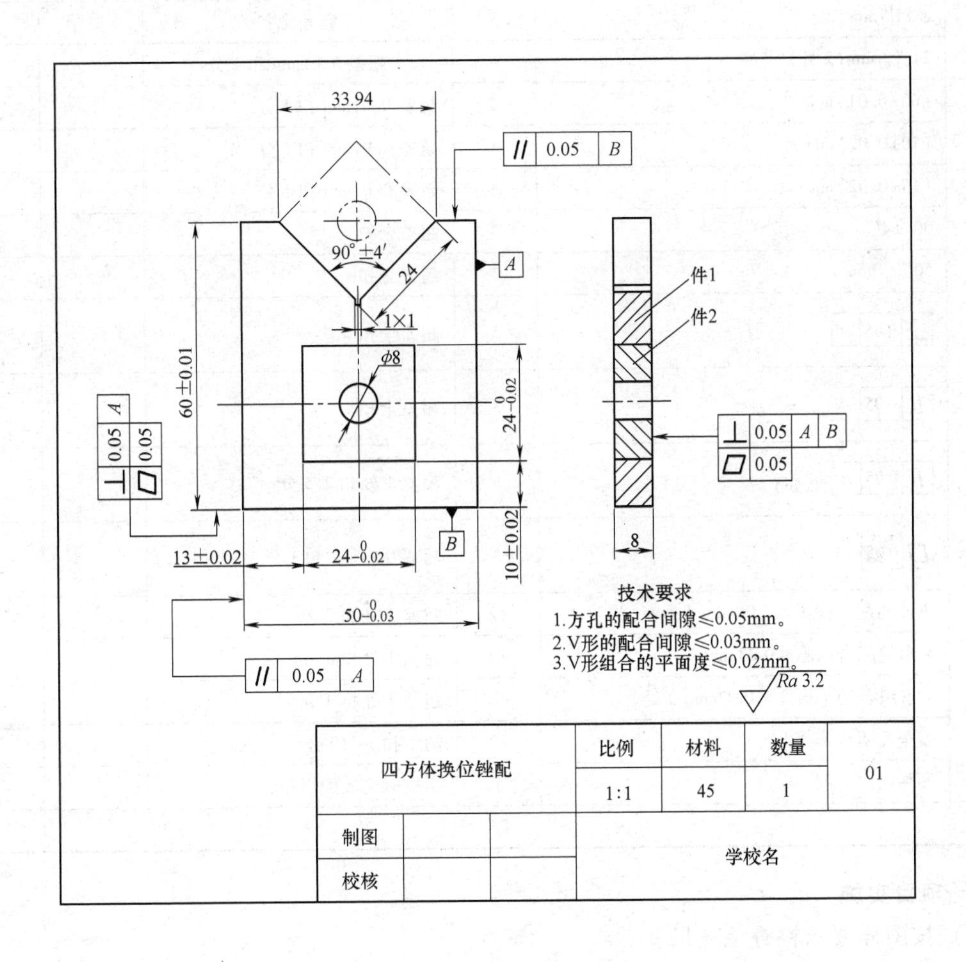

图3-19　四方体换位锉配

1. 工、量、刃具准备

台虎钳（200mm）、台式钻床、划线平板、方箱、游标卡尺、千分尺（0~25mm、25~50mm、50~75mm）、游标万能角度尺（0°~320°）、刀口形直角尺（100mm×63mm）、高度游标卡尺（0~300mm）、百分表、磁力表座、塞尺（0.02~1mm）、扁锉（粗锉400mm，中锉300mm，细锉200mm）、方锉、整形锉（5件1套）、锯弓、锯条若干、样冲、划针、钻头（ϕ4mm、ϕ8mm）、锤子和錾子等。

2. 评分标准

评分标准见表3-13。

表 3-13　评分标准

工件	考核要求	配分	评分标准	检测结果	得分
件2	测量面表面粗糙度 $Ra \leqslant 3.2\mu m$（5处）	5	超差1处扣1分		
	⊥ 0.05 A B	3	超差全扣		
	▱ 0.05	3	超差0.01mm扣1分		
	ϕ 8H7mm	3	超差全扣		
	$24_{-0.02}^{0}$mm（2处）	6	超差0.01mm扣1分		
件1	(60±0.01)mm	3	超差0.01mm扣1分		
	(10±0.02)mm	3	超差0.01mm扣1分		
	(13±0.02)mm	3	超差0.01mm扣1分		
	90°±4′	3	超差全扣		
	$50_{-0.03}^{0}$mm	3	超差全扣		
	⊥ 0.05 A	3	超差全扣		
	// 0.05 A	3	超差全扣		
	// 0.05 B（2处）	5	超差1处扣2.5分		
	▱ 0.05	3	超差0.01mm扣1分		
配合	方孔的配合间隙≤0.05mm（4处）	12	超差1处扣3分		
	V形的配合间隙≤0.03mm（4处）	16	超差1处扣4分		
	V形组合的平面度≤0.02mm（2处）	8	超差1处扣4分		
	安全文明生产	10	酌情扣1~10分		
	实际完成时间	5	不按时完成酌情扣分		
合计					

3. 项目实施

1）按图样要求检查毛坯尺寸。

2）加工件2，使之达到尺寸精度和几何精度要求。

① 锉削A面。粗、精锉A面，达到直线度、平面度要求，用细锉推锉修整，使表面纹理整齐、光洁，并作为划线基准。

② 锉削B面。粗、精锉B面，达到直线度、平面度要求，保证B面与A面的垂直度要求，用细锉推锉修整，使表面纹理整齐、光洁，并作为划线基准。

③ 划线。按图样要求划加工线（两面划线），以B面为基准划线：24mm、12mm，以A面为基准划线：24mm、12mm。

④ 锉削A面的对面。粗、精锉A面的对面，使零件表面纹理整齐、光洁。保证尺寸$24_{-0.02}^{0}$mm，且与A面平行。

⑤ 锉削B面的对面。粗、精锉B面的对面，使零件表面纹理整齐、光洁。保证尺寸

$24_{-0.02}^{\ 0}$mm，且与 *B* 面平行、与 *A* 面垂直。

⑥ 孔加工。用 ϕ4mm 钻头钻底孔，用 ϕ7.8mm 钻头扩孔，然后用 ϕ8H7mm 铰刀铰孔。

⑦ 去毛刺。为锉配做准备。

3）加工件1，使之达到尺寸精度和几何精度要求。

① 锉削 *A* 面。粗、精锉 *A* 面，达到平面度要求，用细锉推锉修整，使表面纹理整齐、光洁，并作为划线基准。

② 锉削 *B* 面。粗、精锉 *B* 面，达到平面度要求，保证 *B* 面与 *A* 面的垂直度要求，用细锉推锉修整，使表面纹理整齐、光洁，并作为划线基准。

③ 划线。按图样要求划加工线（两面划线）。以 *B* 面为基准划线：60mm、10mm、34mm、V形槽（90°角）加工线；以 *A* 面为基准划线：50mm、25mm、13mm、37mm、V形槽（90°角）加工线。

④ 锉削 *A* 面的对面。粗、精锉 *A* 面的对面，保证尺寸$50_{-0.03}^{\ 0}$mm、(60±0.01)mm，且与 *A* 面平行。

⑤ 锉削 *B* 面的对面。粗、精锉 *B* 面的对面，保证尺寸$50_{-0.03}^{\ 0}$mm、(60±0.01)mm，且与 *B* 面平行、与 *A* 面垂直。

⑥ 钻排孔，为錾削做准备。用 ϕ4mm 钻头按所划线条排内四方孔。

⑦ 錾削。錾去内四方余料。

⑧ 锯削V形槽。锯削V形槽余料、1mm×1mm。

⑨ 锉削件1内四方孔。粗锉、半精锉方孔至接近所划线条，按件2配作，并留锉配余量。

⑩ 锉削V形槽（90°角）。粗锉、半精锉V形（90°角）至接近所划线条，按件2配作，并留锉配余量。

⑪ 去毛刺。

4）锉配。

① 锉配。锉配件1内四方孔。件2与件1转位精修，达到件2在件1孔内自由平行，用0.05mm塞尺检查（不得塞入），推进和推出毫无阻碍即可，保证方孔的配合互换间隙≤0.05mm要求。

② 锉配。锉配件1V形槽（90°角）。粗、精锉V形槽，保证图样要求45°及90°，并用件2试配，用0.05mm塞尺检查（不得塞入）。保证V形槽的配合间隙≤0.03mm，V形组合的平面度≤0.02mm。

③ 锉配。锉配件1内四方孔，用0.05mm塞尺检查（不得塞入），保证方孔的配合间隙≤0.05mm要求。

④ 去毛刺。

⑤ 用砂布将各加工面砂光，上交待检测。

知识拓展3　五方体锉配（一）

试加工图3-20所示工件，毛坯件1为 ϕ50mm×21mm，毛坯件2为102mm×57mm×21mm。

1. 工、量、刃具准备

台虎钳（200mm）、台式钻床、划线平板、方箱、游标卡尺（0~150mm）、千分尺（0~

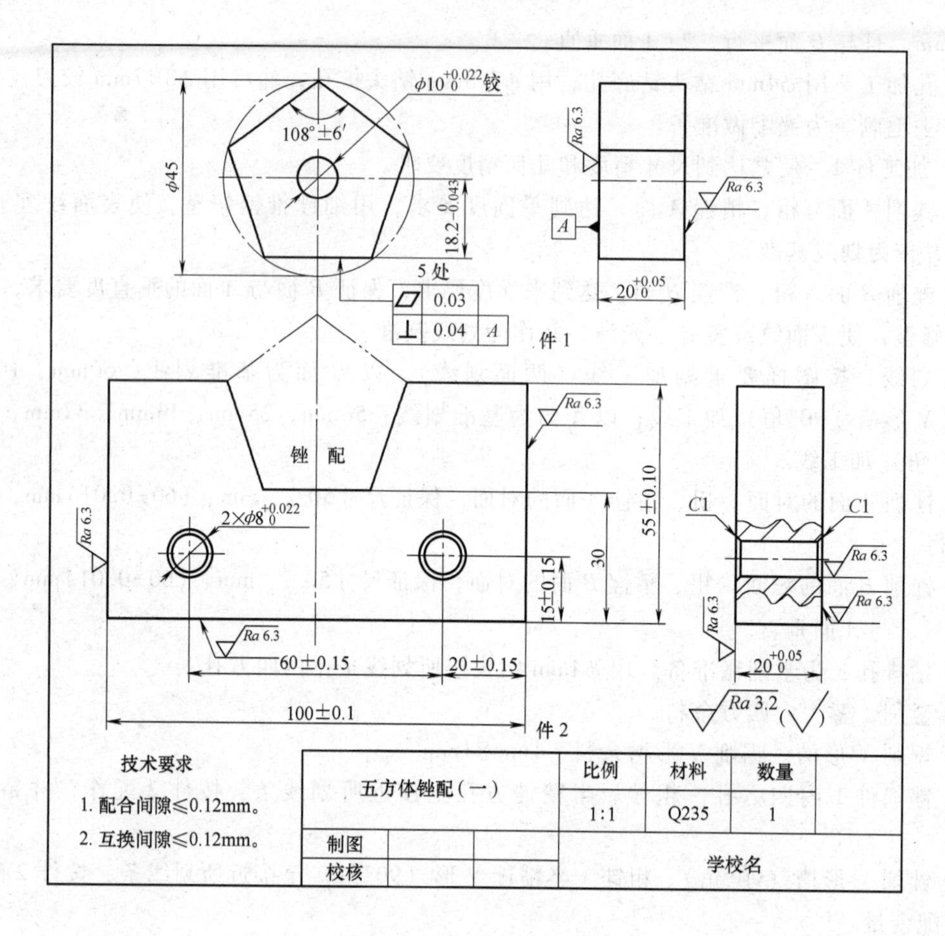

图 3-20　五方体锉配（一）

25mm、25~50mm、50~75mm）、游标万能角度尺（0°~320°）、刀口形直角尺（100mm×63mm）、高度游标卡尺（0~300mm）、角度样板（120°）、正弦规、百分表、磁力表座、塞尺（0.02~1mm）、扁锉（粗锉 400mm，中锉 300mm，细锉 250mm）、方锉、圆锉（φ8mm）、整形锉（5件1套）、锯弓、锯条若干、样冲、划针、铜丝刷、钻头（φ4mm、φ7.8mm、φ9.7mm）、铰刀（φ8H7mm、φ10 H7mm）、锤子和錾子等。

2. 评分标准

评分标准见表 3-14。

表 3-14　评分标准

工件	考核要求	配分	评分标准	检测结果	得分
件1	测量面表面粗糙度 $Ra\leqslant3.2\mu m$（5处）	5	超差1处扣1分		
	108°±6′（5处）	5	超差1处扣1分		
	$18.2^{\ 0}_{-0.043}$mm（5处）	10	超差1处扣2分		
	⊥ 0.04 A（5处）	5	超差1处扣1分		
	▱ 0.03（5处）	5	超差1处扣1分		
	$\phi10^{+0.022}_{0}$ mm	2	每超差 0.01mm 扣1分		

（续）

工件	考核要求	配分	评分标准	检测结果	得分
件 2	测量面表面粗糙度 $Ra \leq 3.2\mu m$（10 处）	10	超差 1 处扣 1 分		
	（55±0.1）mm（2 处）	8	超差 1 处扣 4 分		
	（15±0.15）mm（2 处）	4	超差 1 处扣 2 分		
	（20±0.15）mm	6	每超差 0.05mm 扣 3 分		
	（60±0.15）mm	6	每超差 0.05mm 扣 3 分		
	（100±0.1）mm	3	超差 0.01mm 扣 1 分		
	$2\times\phi8^{+0.022}_{0}$mm	4	超差 1 处扣 2 分		
配合	配合间隙≤0.12mm（3 处）	6	超差 1 处扣 2 分		
	互换间隙≤0.12mm（3 处）	6	超差 1 处扣 2 分		
	安全文明生产	10	酌情扣 1~10 分		
	实际完成时间	5	不按时完成酌情扣分		
合　计					

3. 项目实施

1）按图样要求检查毛坯尺寸。

2）加工件 1，使之达到尺寸精度和几何精度要求。

① 锉削 A 面。粗、精锉 ϕ50mm 的一个端面，达到直线度、平面度要求，用细锉推锉修整，使表面纹理整齐、光洁，并作为划线基准 A。

② 划线。以 A 面为基准划五方体长度加工线：20mm。

③ 锉削 A 面对面。粗、精锉 A 面对面，达到直线度、平面度要求，并与 A 面平行，保证尺寸$20^{+0.05}_{0}$mm，用细锉推锉修整，使表面纹理整齐、光洁。

④ 划线。按图样要求划加工线，根据已计算的尺寸，采用坐标法或分度头划线，划出五方全部加工线。（注：用分度头划线须先钻出 ϕ10mm 中心孔，ϕ10mm 孔插定位销。）

⑤ 孔加工。用 ϕ4mm 钻头钻底孔，用 ϕ9.7mm 钻头扩孔，然后用 ϕ10H7mm 铰刀铰孔。

⑥ 锯削。按所划线条锯削五方体外形，留 0.5mm 锉削余量。

⑦ 锉削。粗、精锉五方体外形，使零件表面纹理整齐、光洁，用游标万能角度尺检查，保证 108°，同时达到图样要求的尺寸精度和几何精度。

⑧ 去毛刺。为锉配做准备。

3）加工件 2，使之达到尺寸精度和几何精度要求。

① 锉削。粗、精锉加工尺寸为 100mm 的基准面，达到直线度、平面度要求，用细锉推锉修整，使表面纹理整齐、光洁，并作为划线基准。

② 锉削。粗、精锉加工尺寸为 55mm 的基准面，达到直线度、平面度要求，并与加工尺寸为 100mm 的基准面垂直。用细锉推锉修整，使表面纹理整齐、光洁，并作为划线基准。

③ 划线。按图样要求划加工线（两面划线）。以加工尺寸为 100mm 加工面为基准划线：15 mm、30mm、55 mm；以加工尺寸为 55mm 加工面为基准划线：20mm、80mm、100 mm，按计算尺寸划五方体的加工线。

④ 锉削加工尺寸为 100mm 的基准面的对面。粗、精锉加工尺寸为 100mm 的基准面的对

面，达到直线度、平面度要求，保证与加工尺寸为100mm的基准面平行，并与加工尺寸为55mm的加工面垂直。用细锉推锉修整，使表面纹理整齐、光洁，保证尺寸（55±0.10）mm。

⑤ 锉削加工尺寸为55mm的基准面的对面。粗、精锉加工尺寸为55mm的基准面的对面，达到直线度、平面度要求，保证与加工尺寸为55mm的基准面平行，并与加工尺寸为100mm的基准面垂直。用细锉推锉修整，使表面纹理整齐、光洁，保证尺寸100mm。

⑥ 钻孔。用ϕ4mm钻头按所划线条钻ϕ8mm底孔。

⑦ 钻排孔，为錾削做准备。用ϕ4mm钻头按所划线条钻件2五方体凹槽的内排孔。

⑧ 扩孔。用ϕ7.8mm钻头扩孔，用ϕ10mm钻头倒角。

⑨ 铰孔。用ϕ8H7mm铰刀铰孔，达到孔尺寸公差要求。

⑩ 锯削。锯削五方体凹槽余料，留0.5mm锉削余量。

⑪ 錾削。錾去五方体凹槽余料。

⑫ 锉削件2五方体凹槽。按件1配作，粗、精锉五方至接近所划线条，并留锉配余量。

⑬ 去毛刺，为锉配做准备。

4）锉配。

① 锉配。件1与件2精修，用0.05mm塞尺检查（不得塞入），达到配合要求，保证五方体凹槽的配合间隙≤0.12mm要求。

② 锉配。件1与件2转位精修，用0.05mm塞尺检查（不得塞入），达到配合要求，达到件1在件2凹槽内自由推进和推出毫无阻碍，保证五方体凹槽的配合互换间隙≤0.12mm要求。

③ 去毛刺。

④ 用砂布将各加工面砂光，上交待检测。

知识拓展4　五方体锉配（二）

试加工图3-21所示工件，毛坯件1为40mm×40mm×6mm，毛坯件2为62mm×62mm×6mm。

1. 工、量、刃具准备

台虎钳（200mm）、台式钻床、划线平板、方箱、游标卡尺（0~150mm）、千分尺（0~25mm、25~50mm、50~75mm）、游标万能角度尺（0°~320°）、刀口形直角尺（100mm×63mm）、高度游标卡尺（0~300mm）、正弦规、百分表、磁力表座、塞尺（0.02~1mm）、扁锉（粗锉400mm，中锉300mm，细锉250mm）、方锉、圆锉（ϕ8mm）、整形锉（5件1套）、锯弓、锯条若干、样冲、划针、铜丝刷、钻头（ϕ4mm、ϕ7.8mm、ϕ9.7mm）、铰刀（ϕ8H7mm、ϕ10H7mm）、锤子和錾子等。

2. 评分标准

评分标准见表3-15。

表3-15　评分标准

工件	考核要求	配分	评分标准	检测结果	得分
件1	测量面表面粗糙度 Ra≤3.2μm(5处)	5	超差1处扣1分		
	108°±6′(5处)	15	超差1处扣3分		
	16.18mm(5处)	10	超差1处扣2分		

（续）

工件	考核要求	配分	评分标准	检测结果	得分
件 1	⊥ 0.05 A（5 处）	5	超差 1 处扣 1 分		
	▱ 0.04（5 处）	5	超差 1 处扣 1 分		
	ϕ10H7mm	2	超差全扣		
件 2	测量面表面粗糙度 Ra≤3.2μm(9 处)	9	超差 1 处扣 1 分		
	(40±0.1)mm(2 处)	5	超差 1 处扣 2.5 分		
	(60±0.06)mm(2 处)	5	超差 1 处扣 2.5 分		
	(10±0.15)mm(2 处)	5	超差 1 处扣 2.5 分		
	(10±0.1)mm	2	超差全扣		
	(30±0.1)mm(2 处)	4	超差 1 处扣 2 分		
	2×ϕ8H7mm	3	超差 1 处扣 1.5 分		
配合	配合间隙≤0.05mm(5 处)	10	超差 1 处扣 2 分		
	安全文明生产	10	酌情扣 1~10 分		
	实际完成时间	5	不按时完成酌情扣分		
合　计					

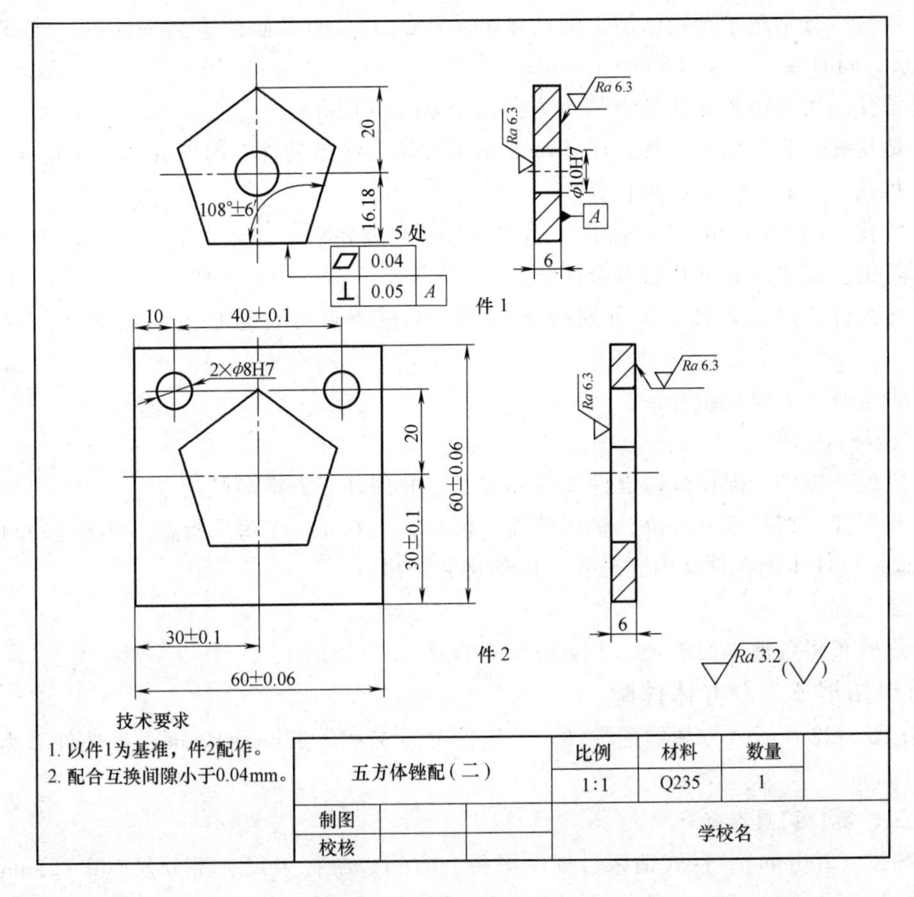

图 3-21　五方体锉配（二）

3. 项目实施

1）按图样要求检查毛坯尺寸。

2）加工件1，使之达到尺寸精度和几何精度要求。

① 锉削。粗、精锉两个互相垂直的基准面，达到直线度、平面度、垂直度要求，同时保证加工的两个平面与基准 *A* 垂直，并作为划线基准。

② 划线。按图样要求划加工线（两面划线），根据已计算的尺寸，采用坐标法或分度头划线，划出五方体全部加工线。（注：用分度头划线须先钻出 ϕ10mm 中心孔，ϕ10mm 孔插定位销。）

③ 锯削。按所划线条锯削五方体外形，留 0.5mm 锉削余量。

④ 锉削。粗、精锉五方体外形，使零件表面纹理整齐、光洁，用游标万能角度尺检查，保证 108°，同时达到图样要求的尺寸精度和几何精度。

⑤ 去毛刺。为锉配做准备。

3）加工件2，使之达到尺寸精度和几何精度要求。

① 锉削。粗、精锉两个互相垂直的基准面，达到平面度、直线度要求，同时保证两平面分别与基准 *A* 垂直。用细锉推锉修整，使表面纹理整齐、光洁，并作为划线基准。

② 划线。按图样要求划加工线（两面划线）。按图样要求划 60mm、30mm 以及两个 ϕ8mm 加工线，按计算尺寸划五方体的加工线。

③ 锉削。分别粗、精锉已加工的两个 60mm 加工面的对面，达到平面度、直线度、平行度要求，同时保证尺寸（60±0.06）mm。

④ 钻孔。用 ϕ4mm 钻头按所划线条钻两个 ϕ8mm 底孔。

⑤ 钻排孔，为錾削做准备。用 ϕ4mm 钻头按所划线条钻件2内五方体的内排孔。

⑥ 扩孔。用 ϕ7.8mm 钻头扩孔。

⑦ 铰孔。用 ϕ8H7mm 铰刀铰孔，达到孔尺寸公差要求。

⑧ 錾削。錾去内五方孔的多余部分。

⑨ 锉削件2内五方孔。按所划线条粗锉、半精锉五方孔至接近所划线条，并留锉配余量。

⑩ 去毛刺，为锉配做准备。

4）锉配。

① 锉配。按件1配作，精锉件2内五方孔，并用外五方定向试配。

② 精配锉。按外五方转位，整体精锉，修整，用 0.05mm 塞尺检查（不得塞入），达到配合要求，使件1能在件2内五方孔自由推进和推出。

③ 去毛刺。

④ 用砂布将各加工面砂光，上交待检测。

知识拓展5　六方体锉配

加工图3-22所示六方体锉配零件，毛坯件1为 37mm×32mm×10mm，毛坯件2为62mm×62mm×10mm。

1. 工、量、刃具准备

台虎钳（200mm）、台式钻床、划线平板、方箱、游标卡尺、千分尺（0~25mm、25~50mm、50~75mm）、刀口形直角尺（100mm×63mm）、高度游标卡尺（0~300mm）、正弦

规、角度样板（120°）、百分表、塞尺（0.02～1mm）、扁锉（粗锉400mm，中锉300mm，细锉250mm）、三角锉（粗锉350mm）、半圆锉（粗锉250mm）、整形锉（5件1套）、锯弓、锯条若干、样冲、划针、钻头（ϕ4mm、ϕ9.7mm）、锤子和錾子等。

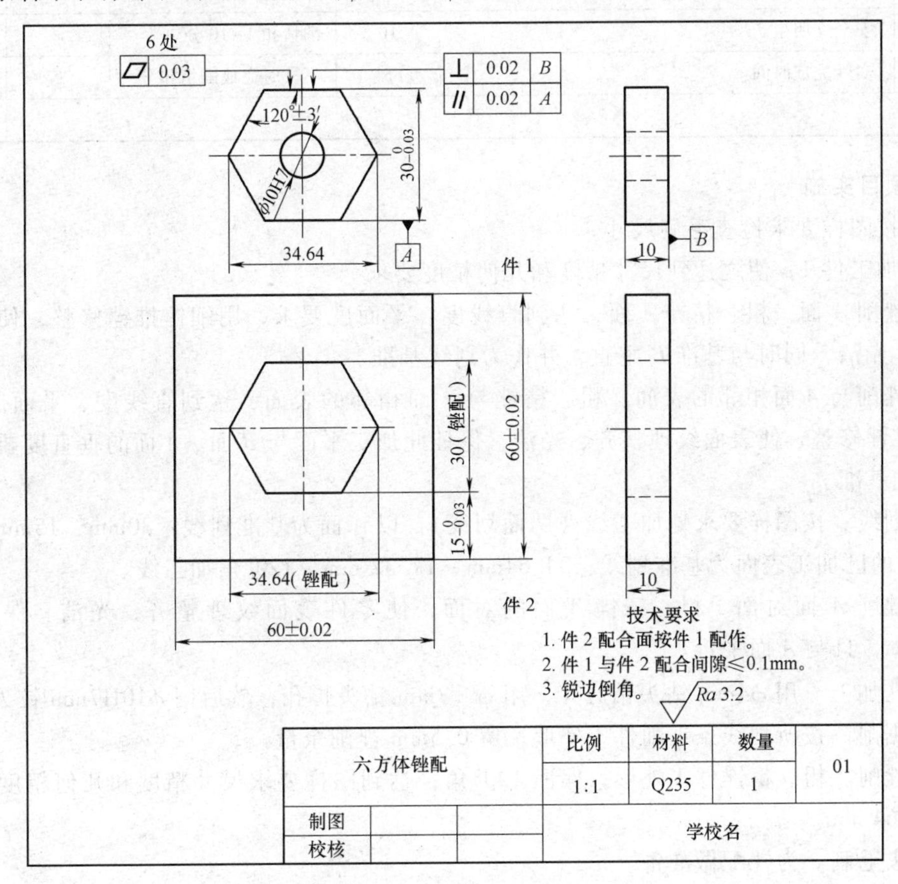

图3-22　六方体锉配

2. 评分标准

评分标准见表3-16。

表3-16　评分标准

工件	考核要求	配分	评分标准	检测结果	得分
件1	测量面表面粗糙度 Ra≤3.2μm(6处)	6	超差1处扣1分		
	$30_{-0.03}^{0}$mm(3处)	9	超差1处扣3分		
	120°±3′(6处)	12	超差1处扣2分		
	ϕ10H7mm	3	超差全扣		
	⊥ 0.02 B (6处)	6	超差1处扣1分		
	// 0.02 A (3处)	3	超差1处扣1分		
	▱ 0.03 (6处)	6	超差1处扣1分		
件2	测量面表面粗糙度 Ra≤3.2μm(10处)	10	超差1处扣1分		
	(60±0.02)mm(2处)	8	超差1处扣4分		
	$15_{-0.03}^{0}$mm	4	每超差0.01mm扣1分		

（续）

工件	考核要求	配分	评分标准	检测结果	得分
配合	配合间隙≤0.1mm（6处）	18	超差1处扣3分		
	安全文明生产	10	酌情扣1~10分		
	实际完成时间	5	不按时完成酌情扣分		
合　计					

3. 项目实施

1）按图样要求检查毛坯尺寸。

2）加工件1，使之达到尺寸精度和几何精度要求。

① 锉削*A*面。粗、精锉*A*面，达到直线度、平面度要求，用细锉推锉修整，使表面纹理整齐、光洁，同时与基准*B*垂直，并作为划线基准。

② 锉削与*A*面相邻的表面。粗、精锉与*A*面相邻的表面，达到直线度、平面度要求，用细锉推锉修整，使表面纹理整齐、光洁，保证此加工平面与*B*面、*A*面的垂直度要求，并作为划线基准。

③ 划线。按图样要求划加工线（两面划线），以*A*面为基准划线：30mm、15mm，以与*A*面垂直的已加工表面为基准划线：34.64mm、17.32 mm、120°角加工线。

④ 锉削*A*面对面。粗、精锉*A*面的对面，使零件表面纹理整齐、光洁。保证尺寸$30_{-0.03}^{0}$mm，且与*A*面平行。

⑤ 孔加工。用ϕ4mm钻头钻底孔，用ϕ9.7mm钻头扩孔，然后用ϕ10H7mm铰刀铰孔。

⑥ 锯削。按所划线条锯削件1外形，留0.5mm锉削余量。

⑦ 锉削。粗、精锉件1外形，保证120°角，达到图样要求尺寸精度和几何精度，保证尺寸34.64 mm。

⑧ 去毛刺。为锉配做准备。

3）加工件2，使之达到尺寸精度和几何精度要求。

① 锉削*A*面。粗、精锉*A*面，达到直线度、平面度要求，用细锉推锉修整，使表面纹理整齐、光洁，同时与基准*B*垂直，并作为划线基准。

② 锉削与*A*面相邻的表面。粗、精锉与*A*面相邻的表面，达到直线度、平面度要求，用细锉推锉修整，使表面纹理整齐、光洁，保证此加工平面与*B*面、*A*面的垂直度要求，并作为划线基准。

③ 划线。按图样要求划加工线（两面划线），以*A*面为基准划线：60mm、15mm、30mm、45mm，以与*A*面垂直的已加工表面为基准划线：60mm、12.68mm、30mm、47.32mm、120°角加工线。

④ 锉削*A*面对面。粗、精锉*A*面的对面，达到直线度、平面度要求，使零件表面纹理整齐、光洁，且与*A*面平行、与*B*面垂直，保证尺寸（60±0.02）mm。

⑤ 锉削与*A*面垂直的相邻表面的对面。粗、精锉与*A*面垂直的相邻表面的对面，达到直线度、平面度要求，使零件表面纹理整齐、光洁，与*B*面垂直、与对面平行，保证尺寸（60±0.02）mm。

⑥ 钻排孔，为錾削做准备。用ϕ4mm钻头按所划线条排内六方孔。

⑦ 錾削。錾去内六方余料。

⑧ 锉削。粗锉、半精锉内六方孔，接近所划线条，按件1配作，并留锉配余量。

⑨ 去毛刺。为锉配做准备。

4）锉配。

① 锉配。件1与件2转位精修，达到件1在件1孔内自由平行，用0.05mm塞尺检查（不得塞入），达到配合要求，推进和推出毫无阻碍，保证六方孔的配合间隙≤0.1mm要求。

② 锐边倒角。

③ 去毛刺。

④ 用砂布将各加工面砂光，上交待检测。

知识拓展6　燕尾圆弧锉配

试加工图3-23所示燕尾圆弧对配零件，毛坯为120mm×50mm×8mm，材料为Q235钢。

1. 工、量、刃具准备

台虎钳（200mm）、台式钻床、划线平板、方箱、游标卡尺（0~150mm）、千分尺（25~50mm、75~100mm）、高度游标卡尺（0~300mm）、游标万能角度尺（0°~320°）刀口形直角尺（100mm×63mm）、半径样板、扁锉（粗锉400mm，中锉300mm，细锉250mm）、三角锉（粗锉350mm）、半圆锉（粗锉250mm）、整形锉（5件1套）、锯弓、锯条若干、样冲、划针、铜丝刷、钻头（ϕ4mm、ϕ9.7mm）、铰刀（ϕ10 H8）、锤子和錾子等。

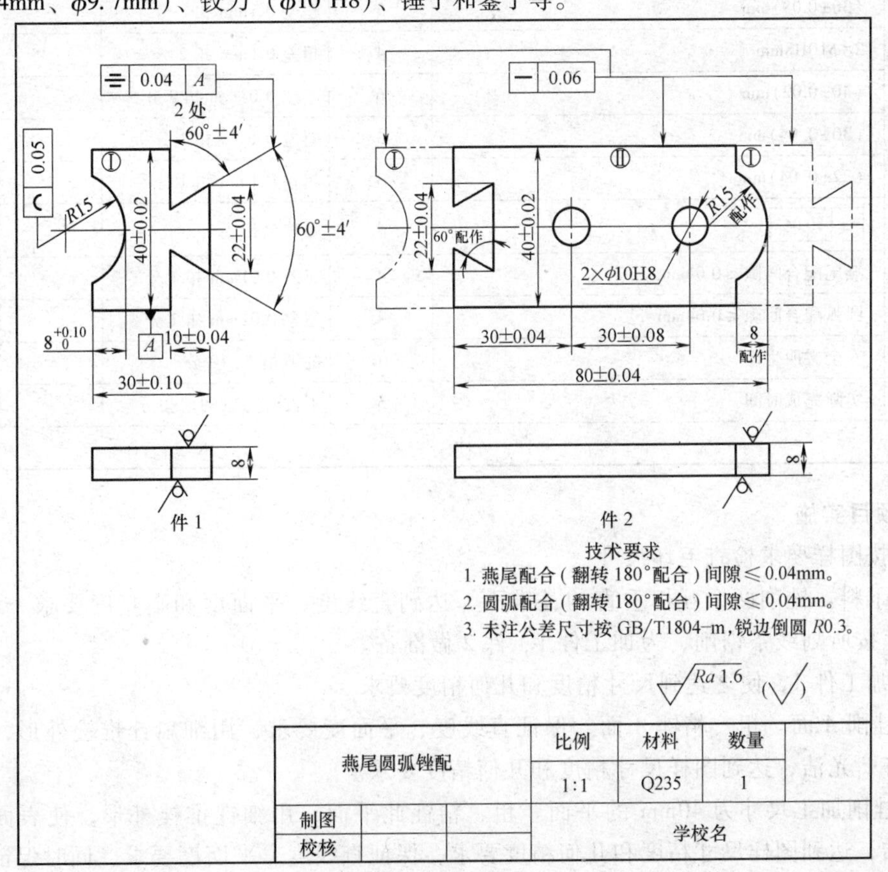

图3-23　燕尾圆弧锉配

2. 评分标准

评分标准见表3-17。

表3-17 评分标准

工件	考核要求	配分	评分标准	检测结果	得分
件1	测量面表面粗糙度 $Ra \leqslant 1.6\mu m$（10处）	10	超差1处扣1分		
	60°±4′（2处）	6	超差1处扣3分		
	60°±4′	2	超差不得分		
	⌒ 0.05	3	超差全扣		
	R15mm圆弧面圆滑	2	超差0.01mm扣1分		
	⌯ 0.04 A	4	超差不得分		
	$8^{+0.1}_{0}$mm	3	超差0.1mm扣1分		
	（30±0.10）mm	4	超差0.1mm扣2分		
	（10±0.04）mm	2	超差0.1mm扣1分		
	（22±0.04）mm	2	超差0.1mm扣1分		
件2	测量面表面粗糙度 $Ra \leqslant 1.6\mu m$（10处）	10	超差1处扣1分		
	（80±0.04）mm	6	超差0.01mm扣2分		
	（30±0.08）mm	3	超差0.1mm扣2分		
	2×ϕ10H8mm	4	超差0.1mm扣2分		
	（40±0.02）mm	6	超差0.01mm扣2分		
	（30±0.04）mm	3	超差0.1mm扣1分		
	（22±0.04）mm	3	超差0.1mm扣1分		
	— 0.06	4	超差全扣		
配合	燕尾配合间隙≤0.04mm	4	超差0.01mm扣1分		
	圆弧配合间隙≤0.04mm	4	超差0.01mm扣1分		
	安全文明生产	10	酌情扣1~10分		
	实际完成时间	5	不按时完成酌情扣分		
合计					

3. 项目实施

1）按图样要求检查毛坯尺寸。

2）下料。锉削两个互相垂直的基准面，达到直线度、平面度和垂直度要求。划85mm加工线，按所划线条锯削，为加工件1、件2做准备。

3）加工件1，使之达到尺寸精度和几何精度要求。

① 锉削 A 面。粗、精锉 A 面，保证直线度、平面度要求，用细扁锉推锉外形，使表面纹理整齐、光洁，达到图样尺寸精度和几何精度要求。

② 锉削加工尺寸为40mm的平面。粗、精锉此平面，用细锉推锉外形，使表面纹理整齐、光洁，达到图样尺寸精度和几何精度要求，保证直线度、平面度要求，同时保证与 A 面的垂直度要求。

③ 划线。按图样要求划加工线（两面划线），以 A 面为基准划加工线：40mm、20mm、9mm、31mm、60°角加工线，以加工尺寸为40mm的平面为基准划加工线：30mm、10mm、22mm（用半径样板划 R15mm圆弧加工线）。

④ 锉削 A 面对面。粗、精锉 A 面对面，达到直线度、平面度要求，保证尺寸（40±0.02）mm，并与 A 面平行。

⑤ 锉削加工尺寸为40mm平面的对面。粗、精锉加工尺寸为40mm平面的对面，达到直线度、平面度要求，保证尺寸（30±0.10）mm，并与加工尺寸为40mm的平面平行。

⑥ 锯削。按所划线条锯削加工，留0.5mm锉削余量。

⑦ 锉削。用扁锉、三角锉粗、精锉件1燕尾处外形，用细锉推锉燕尾处外形，使表面纹理整齐、光洁，达到图样尺寸精度和几何精度要求。用半圆锉粗锉、半精锉内圆弧表面，留锉配余量。

⑧ 去毛刺，为锉配做准备。

4）加工件2，使之达到尺寸精度和几何精度要求。

① 锉削 A 面。粗、精锉 A 面，达到直线度、平面度要求，用细锉推锉外形，使表面纹理整齐、光洁，达到图样尺寸精度和几何精度要求。

② 锉削加工尺寸为40mm的平面。粗、精锉此平面，用细锉推锉外形，使表面纹理整齐、光洁，达到图样尺寸精度和几何精度要求，保证直线度、平面度要求，同时保证与 A 面的垂直度要求。

③ 划线。按图样要求划加工线（两面划线），以 A 面为基准划加工线：40mm、20mm、9mm 、31mm、60°角加工线，以加工尺寸为40mm的平面为基准划加工线：80mm、10mm、30mm、60mm、72mm（用半径样板划 R15mm加工线）。

④ 锉削 A 面对面。粗、精锉 A 面对面，达到直线度、平面度要求，用细锉推锉外形，使表面纹理整齐、光洁，保证与 A 面平行，保证尺寸（40±0.02）mm 。

⑤ 锉削加工尺寸为40mm平面的对面。粗、精锉加工尺寸为40mm平面的对面，达到直线度、平面度、与 A 面的垂直度要求，用细锉推锉外形，使表面纹理整齐、光洁。保证尺寸（80±0.04）mm。

⑥ 钻排孔，为錾削做准备。用 ϕ4mm钻头排燕尾凹槽孔。

⑦ 孔加工。用 ϕ4mm钻头钻 ϕ10底孔，用 ϕ9.7mm钻头扩孔，最后用 ϕ10H8mm铰刀铰孔。

⑧ 錾削。錾去燕尾余料。

⑨ 锯削。按所划线条锯削加工，留0.5mm锉削余量。

⑩ 锉削。按所划线条锉削，用三角锉粗锉燕尾部分，接近所划线条，燕尾部分按件1配作，留锉配余量。用扁锉锉削圆弧部分，圆弧部分按图样要求加工，达到尺寸精度要求。

⑪ 去毛刺，为锉配做准备。

5）锉配。

① 锉配。件2燕尾部分按件1配作，用三角锉精锉件2燕尾部分，并用0.05mm塞尺检查（不得塞入），达到翻转180°配合，间隙≤0.04mm。

② 锉配。件1圆弧部分按件2配作，用半圆锉精锉件1圆弧部分，并用0.05mm塞尺检查（不得塞入），达到翻转180°配合，间隙≤0.04mm。

③ 锐边倒圆 R0.3mm。

④ 用砂纸砂光各加工表面，上交待检测。

知识拓展7　燕尾锉配零件

试加工图3-24所示的燕尾锉配零件，材料Q235钢，毛坯为110mm×82mm×10mm一块。

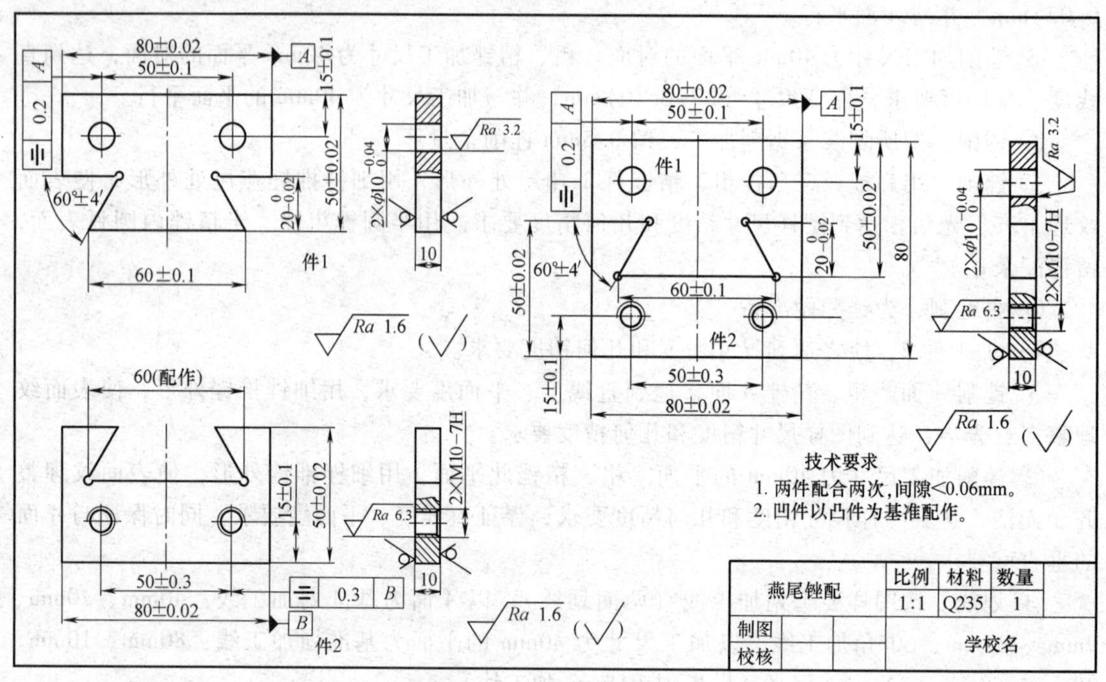

图3-24　燕尾锉配零件

1. 工、量、刃具准备

台虎钳（200mm）、台式钻床、划线平板、方箱、扁锉（粗锉400mm，中锉300mm，细锉250mm、150mm）、三角锉（200mm）、整形锉（5件1套）、钻头（ϕ3mm、ϕ4mm、ϕ8.5mm、ϕ9.7mm）、丝锥（M10-H7mm）、铰刀（ϕ10H7mm）、游标卡尺（0~150mm）、高度游标卡尺（0~500mm）、刀口型直角尺（100mm×63mm）、游标万能角度尺（0°~320°、2′）、塞尺（0.02~0.5mm）、錾子、铰杠、锉刀把、软钳口、手锯、锯条若干、样冲、锤子、铜丝刷等。

2. 评分标准

评分标准见表3-18。

表3-18　评分标准

工件	考核要求	配分	评分标准	检测结果	得分
件1	测量面表面粗糙度 $Ra \leq 1.6\mu m$(8处)	8	降级1处扣1分		
	(80±0.02)mm	4	超差0.01mm扣1分		
	(50±0.1)mm	4	超差0.01mm扣1分		
	(15±0.1)mm	4	超差0.01mm扣1分		
	50±0.02mm	4	超差0.01mm扣1分		
	60°±4′	4	超差2′扣2分		

（续）

工件	考核要求	配分	评分标准	检测结果	得分
件1	$\phi 10^{-0.04}_{0}$	4	超差不得分		
	⌯ 0.2 B	5	超差不得分		
件2	(80±0.02)mm	4	超差0.01mm扣1分		
	(50±0.3)mm	4	超差0.01mm扣1分		
	(50±0.02)mm	4	超差0.01mm扣1分		
	(15±0.1)mm	4	超差0.01mm扣1分		
	2×M10mm	8	超差不得分		
	⌯ 0.3 B	4	超差不得分		
	测量面表面粗糙度 $Ra \leqslant 1.6\mu m$（7处）	7	降级1处扣1分		
	测量面表面粗糙度 $Ra \leqslant 6.3\mu m$（1处）	1	降级1处扣1分		
配合	60mm	3	超差0.01mm扣1分		
	$20^{0}_{-0.02}$mm	4	超差0.01mm扣1分		
	配合间隙≤0.06mm（2处）	4	超差1处扣2分		
	外形错位0.05mm（2处）	4	超差1处扣2分		
	安全文明生产	8	酌情扣1~8分		
	实际完成时间	4	不按时完成酌情扣分		
合计					

3. 项目实施

1）按图样要求检查毛坯尺寸。

2）下料。锉削加工尺寸为80mm的平面作为下料划线基准面，达到平面度要求。划55mm加工线，按所划线条锯削，为加工件1、件2做准备。

3）加工件1，使之达到尺寸精度和几何精度要求。

① 锉削A面。粗、精锉A面，达到直线度、平面度要求，用细锉推锉外形，使纹理整齐、光洁，保证图样几何精度要求。

② 锉削加工尺寸为80mm的平面。粗、精锉此平面，达到直线度、平面度要求。用细锉推锉外形，使纹理整齐、光洁，保证与A面的垂直度要求。

③ 划线。按图样要求划加工线（两面划线），以A面为基准划线：80mm、40mm、15mm、65mm、60°角加工线，以加工尺寸为80mm的平面为基准划线：50mm、30mm、15mm。

④ 锉削A面对面。粗、精锉A面对面，用细锉推锉外形，使表面纹理整齐、光洁，达到直线度、平面度以及与A面的平行度要求，保证尺寸（80±0.02）mm。

⑤ 锉削加工尺寸为80mm的平面的对面。粗、精锉加工尺寸为80mm的平面的对面，用细锉推锉外形，使表面纹理整齐、光洁，达到直线度、平面度要求，同时保证与加工尺寸为80mm的平面平行，保证尺寸（50±0.02）mm。

⑥ 钻孔。用ϕ3mm钻头钻2×ϕ3mm工艺孔。

⑦ 孔加工。用ϕ3mm钻头钻ϕ10底孔，用ϕ9.7mm钻头扩孔，最后用ϕ10H7mm铰刀

铰孔，去毛刺，达到孔的精度要求。

⑧ 锯削。按所划线条锯削加工件 1 外形，留 0.5 mm 锉削余量。

⑨ 锉削。用扁锉、三角锉粗、精锉件 1 外形，用游标万能角度尺测量 60°角，用细锉推锉外形，使表面纹理一致，达到图样尺寸精度和几何精度要求。

⑩ 去毛刺，为锉配做准备。

4）加工件 2，使之达到尺寸精度和几何精度要求。

① 锉削 *B* 面。粗、精锉 *B* 面，用细锉推锉外形，使表面纹理整齐、光洁，达达到直线度、平面度要求。

② 锉削加工尺寸为 80mm 的平面。粗、精锉此平面，用细锉推锉外形，使表面纹理整齐、光洁，达到直线度、平面度要求，同时保证与 A 面的垂直度要求。

③ 划线。按图样要求划加工线（两面划线），以 *B* 面为基准划线：80mm、40mm、65mm、15mm、60° 角加工线，以加工尺寸为 80mm 的平面为基准划线：50mm、15mm、30mm。

④ 锉削 *B* 面对面。粗、精锉 B 面的对面，用细锉推锉外形，使表面纹理整齐、光洁，达到直线度、平面度要求，同时保证与加工尺寸为 80mm 的平面垂直，与 *B* 面平行，并保证尺寸（80±0.02)mm 。

⑤ 锉削加工尺寸为 80mm 的平面的对面。粗、精锉加工尺寸为 80mm 的平面的对面，用细锉推锉外形，使表面纹理一致，达到图样尺寸精度和几何精度要求，保证直线度、平面度要求，同时保证与工尺寸为 80mm 的平面的平行，保证尺寸（50±0.02)mm 。

⑥ 钻工艺孔。用 ϕ3mm 钻头钻 2×ϕ3mm 工艺孔。

⑦ 钻排孔，为錾削做准备。用 ϕ4mm 钻头排件 2 燕尾凹槽孔。

⑧ 钻 2×M10-7H 螺纹底孔。用 ϕ4mm 钻头钻 2×M10-7H 底孔，用 ϕ8.5mm 钻头扩孔，为攻螺纹做准备。

⑨ 螺纹加工。用 M10mm 丝锥攻 2×M10-7H 两个螺纹孔。

⑩ 锯削。按所划线条锯削加工，留 0.5mm 锉削余量。

⑪ 錾削。錾削件 2 燕尾凹槽余料。

⑫ 锉削。按所划线条锉削，用三角锉粗锉件 2 燕尾凹槽部分，接近至所划线条，件 2 凹槽按件 1 配作，留锉配余量。

⑬ 去毛刺。

5）锉配。

① 锉配。按件 1 配锉件 2 燕尾凹槽部分，精锉达到尺寸精度要求，并用 0.05 mm 塞尺检查（不得塞入），达到配合要求，两件配合两次，配合间隙≤0.06mm。

② 去毛刺。

③ 用砂纸砂光各加工表面，上交待检测。

知识拓展 8　凹凸体锉配零件

试加工图 3-25 所示的凹凸体锉配零件，材料 Q235 钢，毛坯两表面磨削加工，毛坯件 1 为 46mm×61mm×12mm，毛坯件 2 为 36mm×61mm×12mm。

1. 工、量、刃具准备

台虎钳（200mm）、台式钻床、划线平板、方箱、V 形铁、扁锉（粗锉 400mm，中锉

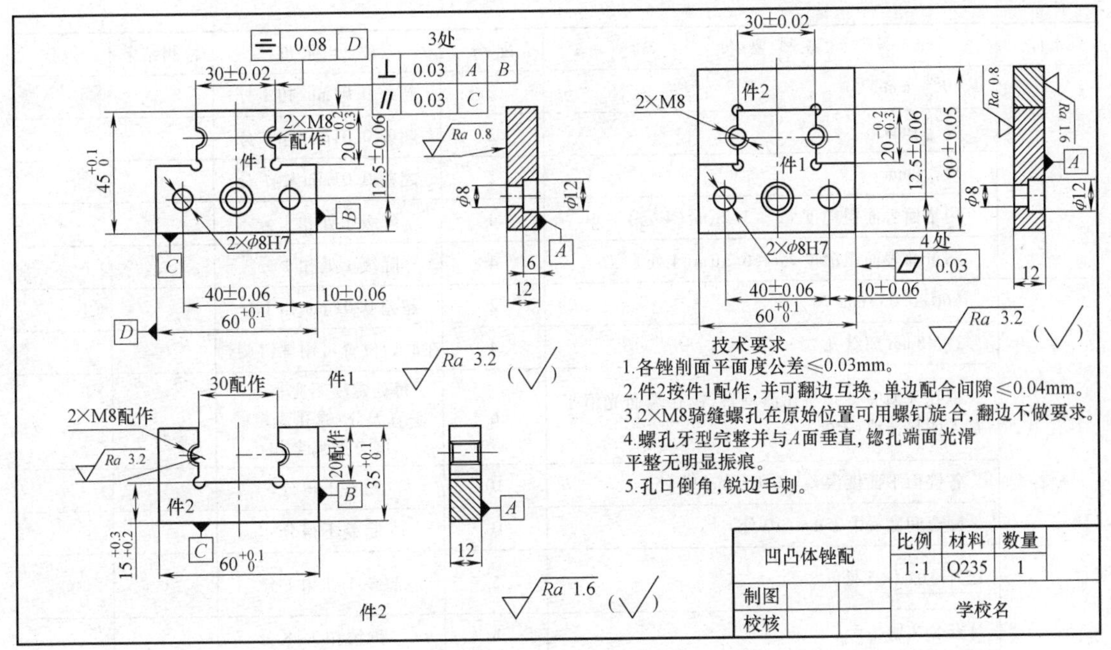

图 3-25 凹凸体锉配零件

300mm，细锉 250mm、150mm）、整形锉（5 件 1 套）、中心钻（ϕ2mm）、钻头（ϕ3mm、ϕ4mm、ϕ7.8mm、ϕ11.7mm）、丝锥（M8H7mm）、铰刀（ϕ10H7mm）、游标卡尺（0~150mm）、高度游标卡尺（0~500mm）、外径千分尺（0~25mm、25~50mm、50~75mm）、刀口型直角尺（100mm×63mm）、金属直尺（0~150mm）、塞尺（0.02~0.5mm）、紧定螺钉（M8×10mm，2 个）錾子、铰杠、锉刀把、软钳口、手锯、锯条若干、样冲、锤子、铜丝刷等。

2. 评分标准

评分标准见表 3-19。

表 3-19 评分标准

工件	考核要求	配分	评分标准	检测结果	得分
件 1	测量面表面粗糙度 $Ra \leqslant 3.2\mu m$（4 处）	4	降级 1 处扣 1 分		
	测量面表面粗糙度 $Ra \leqslant 6.3\mu m$（4 处）	4	降级 1 处扣 1 分		
	(30±0.02) mm	2	超差 0.01mm 扣 1 分		
	$60^{+0.1}_{0}$ mm	4	超差 0.01mm 扣 1 分		
	$20^{-0.2}_{-0.3}$ mm	2	超差 0.01mm 扣 1 分		
	$45^{+0.1}_{0}$ mm	2	超差 0.01mm 扣 1 分		
	(40±0.06) mm	2	超差 0.01mm 扣 1 分		
	(10±0.06) mm	2	超差 0.01mm 扣 1 分		
	(12.5±0.06) mm	2	超差 0.01mm 扣 1 分		
	孔径 ϕ8H7mm（2 处）	4	超差不得分		
	⌯ 0.08 D	3	超差不得分		
	⊥ 0.03 A B // 0.03 C	6	超差不得分		

（续）

工件	考核要求	配分	评分标准	检测结果	得分
件2	$60^{+0.1}_{0}$mm	2	超差0.01mm扣1分		
	$35^{+0.1}_{0}$mm	2	超差0.01mm扣1分		
	$15^{+0.3}_{+0.2}$mm	2	超差0.01mm扣1分		
	测量面表面粗糙度 Ra≤3.2μm（4处）	4	降级1处扣1分		
	测量面表面粗糙度 Ra≤6.3μm（4处）	4	降级1处扣1分		
配合	（60±0.05）mm	2	超差0.01mm扣1分		
	2×M8mm骑缝孔	4	在原始位置可用螺钉旋合		
	螺孔牙型完整并与A面垂直，锪孔端面光滑平整无明显振痕（3处）	6	每处螺纹不完整不垂直无分；锪孔面粗糙度有振痕全扣		
	各锉面平面度误差≤0.03mm（10处）	10	超差不得分		
	配合间隙≤0.05mm（10处）	10	超差不得分		
	▱ 0.03 （5处）	5	超差1处扣1分		
	安全文明生产	8	酌情扣1~8分		
	实际完成时间	4	不按时完成酌情扣分		
合　计					

3. 项目实施

1）按图样要求检查毛坯尺寸。

2）加工件1，使之达到尺寸精度和几何精度要求。

① 锉削 C 面。粗、精锉 C 面，用细锉推锉外形，使表面纹理整齐、光洁，达到直线度、平面度要求，同时保证与 A 面的垂直度要求。

② 锉削 B 面。粗、精锉 B 面，用细锉推锉外形，使纹理整齐、光洁，达到直线度、平面度要求，同时保证与 A 面、C 面的垂直度要求。

③ 划线。按图样要求划加工线（两面划线），以 B 面为基准划线：60mm、30mm、10mm、50mm、15mm、45mm；以 C 面为基准划线：45mm、12.5mm、25mm、35mm。

④ 锉削 B 面对面。粗、精锉 B 面对面，用细锉推锉外形，使表面纹理整齐、光洁，达到直线度、平面度要求，同时保证与 C 面垂直度、与 B 面平行度的要求，保证尺寸60mm。

⑤ 锉削 C 面对面。粗、精锉 C 面对面，用细锉推锉外形，使表面纹理整齐、光洁，达到直线度、平面度要求，同时保证与 B 面垂直度、与 C 面平行度的要求，保证尺寸45mm。

⑥ 钻孔。用 ϕ3mm 钻头钻 2×ϕ3mm 工艺孔，钻 2×ϕ8mm 和 ϕ12mm 底孔。

⑦ 扩孔。用 ϕ7.8mm 钻头扩孔。

⑧ 锪孔。用 ϕ12mm 钻头锪孔，保证锪孔端面光滑平整，无明显振痕。

⑨ 铰孔。用 ϕ8H7mm、ϕ12H7mm 铰刀铰孔，达到孔的精度要求。

⑩ 锯削。按所划线条锯削件1外形凸处，留0.5mm锉削余量。

⑪ 锉削件1外形凸处。粗、精锉件1外形凸处，用细锉推锉外形，使表面纹理整齐、光洁，达到图样尺寸精度和几何精度要求。

⑫ 去毛刺，为锉配做准备。

3）加工件2，使之达到尺寸精度和几何精度要求。

① 锉削 C 面。粗、精锉 C 面，用细锉推锉外形，使表面纹理整齐、光洁，达到直线度、平面度要求，同时保证与 A 面的垂直度要求。

② 锉削 B 面。粗、精锉 B 面，用细扁锉推锉外形，使表面纹理整齐、光洁，达到直线度、平面度要求，同时保证与 A 面、C 面的垂直度要求。

③ 划线。按图样要求划加工线（两面划线），以 B 面为基准划线：60mm、30mm、15mm、45mm；以 C 面为基准划线：35mm、15mm、25mm。

④ 锉削 B 面对面。粗、精锉 B 面对面，用细锉推锉外形，使表面纹理整齐、光洁，达到直线度、平面度要求，同时保证与 C 面、A 面垂直，与 B 面平行，并保证尺寸60mm。

⑤ 锉削 C 面对面。粗、精锉 C 面对面，用细锉推锉外形，使表面纹理整齐、光洁，达到直线度、平面度要求，同时保证与 B 面、A 面垂直，与 B 面平行，并保证尺寸30mm。

⑥ 钻工艺孔。用 ϕ3mm 钻头钻 2×ϕ3mm 工艺孔。

⑦ 钻排孔，为錾削做准备。用 ϕ4mm 钻头排凹槽处孔。

⑧ 锯削。按所划线条锯削加工凸件外形，留0.5mm锉削余量。

⑨ 錾削。錾削凹槽余料。

⑩ 锉削。按所划线条锉削，粗锉、半精锉凹槽部分，接近所划线条，凹槽部分按件1配作，留锉配余量。

⑪ 去毛刺。

4）锉配。

① 锉配。精锉件2凹槽部分，件2按件1配作，用0.05mm塞尺检查（不得塞入），并可翻边互换，单边配合间隙≤0.04mm。

② 钻孔。用 ϕ4mm 钻头钻 2×M8mm 螺纹底孔，用 ϕ6.7mm 钻头扩孔，为攻 2×M8mm 螺纹做准备。

③ 攻螺纹。用 M8H7mm 丝锥攻螺纹，2×M8mm 骑缝孔在原始位置可用螺钉旋合，翻边不做要求，并与 A 面垂直。

④ 孔口倒角，锐边去毛刺。

⑤ 用砂纸砂光各加工表面，上交待检测。

项目4　原始平板刮削

4.1　项目描述

本项目以原始平板零件为载体，学生通过本项目的学习，能正确选择刮刀，对原始平板进行刮削和检测。通过本项目内容的学习，使学生熟悉原始平板的刮削原理及步骤。

4.2　项目分析

原始平板刮削是用三块平板按一定的规律互研互刮，使平板达到一定的精度。通过训练进一步巩固刮削的基本知识和基本操作技能，熟练掌握手刮和挺刮方法，并能正确进行原始平板的刮削。其中刮削姿势是训练的重点，只有通过不断地练习，才能熟练掌握刮削的动作和要领。

4.3　技能点

- 平面、曲面刮削方法、要领。
- 原始平板刮削步骤。

试刮削图4-1所示的原始平板。

1）工、量、刃具准备。每组三块平板，并在醒目处分别编号1、2、3，粗、细、精平面刮刀、磨石、机油、显示剂、毛刷等。

2）评分标准。评分标准见表4-1。

表4-1　评分标准

技术要求	配分	评分标准	检测结果	得分
站立姿势正确	10	姿势不正确酌情扣分		
两手握刮刀姿势正确，用力得当	15	姿势不正确酌情扣分		
刀迹整齐、美观（3块）	10	酌情扣分		
接触点每25mm×25mm内均达到18个点以上（3块）	20	酌情扣分		
点子清晰、均匀，每25mm×25mm内点数允许误差6点（3块）	15	不合格不得分		
无明显落刀痕，无丝纹和振痕	15	酌情扣分		
安全文明生产	10	酌情扣1~10分		
实际完成时间	5	不按时完成酌情扣分		
合　计				

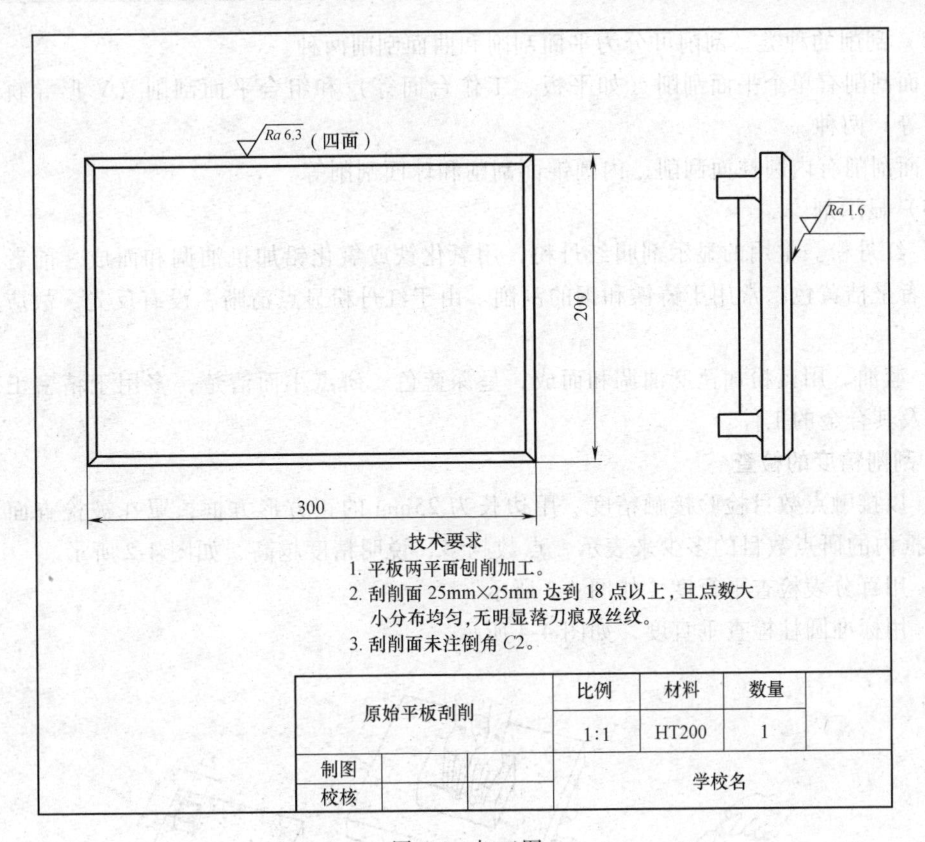

图 4-1 加工图

4.4 项目资讯

4.4.1 刮削

1. 刮削的基本知识

（1）刮削的概念及作用　用刮刀在工件表面上刮去一层很薄的金属的加工方法称为刮削。刮削是精加工的一种方法。

1）刮削精度。刮削表面精度是以研点数来表示的。

2）刮削的目的。刮削的目的是减少摩擦、磨损、提高使用寿命。

3）刮削的作用。

① 经过多次反复地受到刮刀负前角的推挤，起到了压光作用，因此表面很光，同时表面组织变得比原来紧密。

② 刮削后的工件表面形成比较均匀的微浅凹坑，创造了良好的存油条件。

③ 刮削具有切削量小、产生热量少、装夹没有变形等特点，能获得很高的几何精度、尺寸精度、接触精度、传动精度和很小的表面粗糙度值。

（2）刮削余量　每次的刮削量很少，因此要求机械加工后留下的刮削余量不宜很大，刮削前的余量一般在 0.05~0.4mm，具体数值根据工件刮削面积大小而定。

（3）刮削的种类　刮削可分为平面刮削和曲面刮削两种。

平面刮削有单个平面刮削（如平板、工作台面等）和组合平面刮削（V形导轨面和燕尾槽面等）两种。

曲面刮削有内圆柱面刮削、内圆锥面刮削和球面刮削等。

（4）显示剂

1）红丹粉。常用的显示剂叫红丹粉，用氧化铁或氧化铅加机油调和而成。前者呈紫红色，后者呈桔黄色。常用于铸铁和钢的刮削。由于红丹粉显点清晰，没有反光，故应用非常广泛。

2）蓝油。用蓝粉加蓖麻油调和而成，呈深蓝色。研点小而清楚，多用于精密工件和非铁金属及其合金的工件。

2. 刮削精度的检查

1）以接触点数目检验接触精度。用边长为25mm的正方形方框，罩在被检查面上，根据在方框内的研点数目的多少来表示，点数越多，说明精度越高，如图4-2所示。

2）用百分表检查平行度，如图4-3所示。

3）用标准圆柱检查垂直度，如图4-4所示。

图4-2　刮削精度的检查

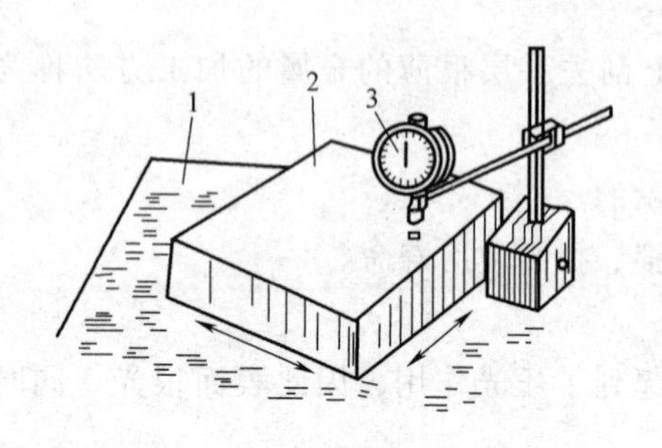

图4-3　用百分表检查平行度

1—标准平板　2—工件　3—百分表

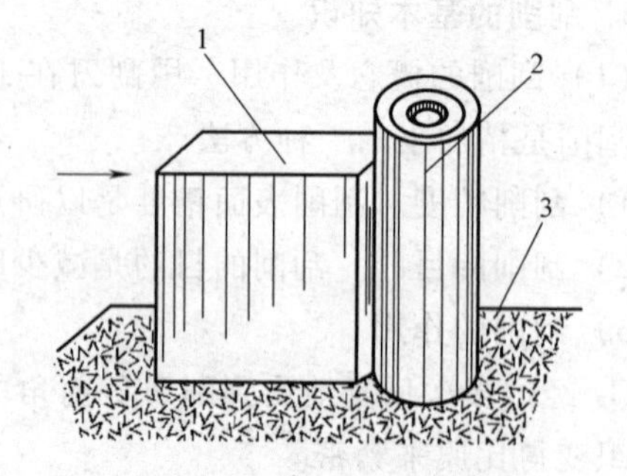

图4-4　用标准圆柱检查垂直度

1—工件　2—圆柱角尺　3—标准平板

3. 刮削工具及操作步骤

（1）刮刀　刮刀是刮削工作中的重要工具，要求刀头部分有足够的硬度和刃口锋利。材料采用T10A～T12A碳素工具钢或弹性较好的GCr15滚动轴承钢锻造而成，并经刃磨和热处理淬硬，也可在刮刀头部焊上硬质合金，以刮削硬金属。刮刀可分为平面刮刀（图 4-5）和曲面刮刀（图 4-6）两种。平面刮刀用于刮削平面，常用的有直头和弯头两种。曲面刮刀用来刮削内曲面，如工件上的油槽和孔的边缘等。常用的曲面刮刀有三角刮刀、柳叶刮刀和蛇头刮刀。刮刀用钝后，可在磨石上修磨。

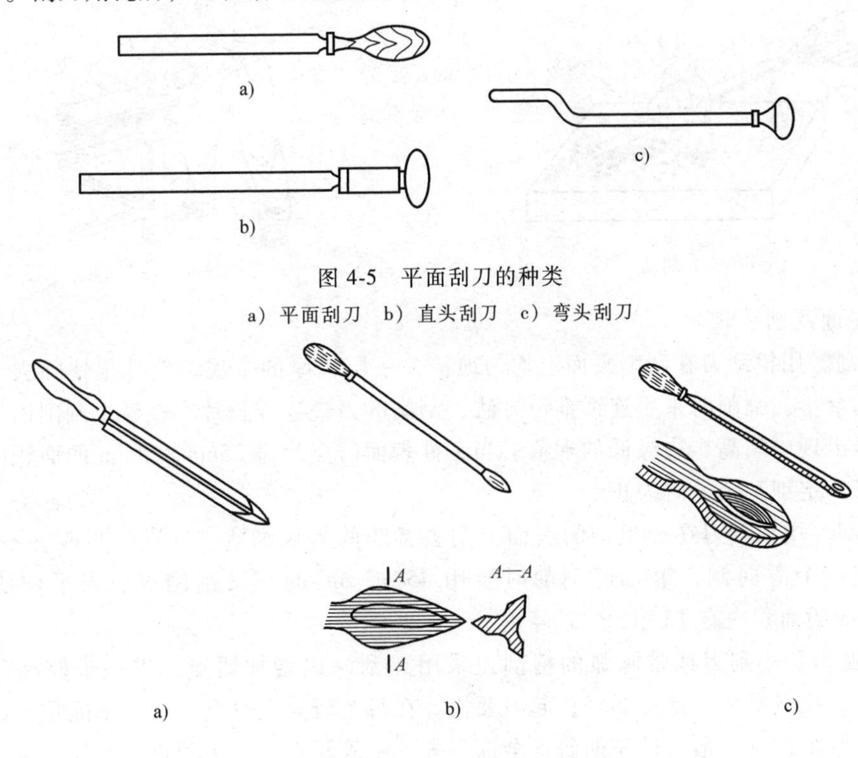

图 4-5　平面刮刀的种类

a）平面刮刀　b）直头刮刀　c）弯头刮刀

图 4-6　曲面刮刀的种类

a）三角刮刀　b）柳叶刮刀　c）蛇头刮刀

（2）刮削平面的操作方法

1）在工件加工表面均匀涂抹红丹油，与标准平板或平尺贴紧推磨，显示出高点。

2）用刮刀将工件上显示出的高点逐一刮去。

3）将上述过程重复多次，使工件上的亮点（即高点）逐渐增多，且分布越来越均匀，从而使工件获得较高的平面度和较低的表面粗糙度。

（3）平面刮削的姿势　平面刮削的姿势有手刮法和挺刮法两种。

1）手刮法。右手握刀柄，左手四指向下握住距刮刀头部 50mm～70mm 处。左手靠小拇指掌部贴在刀背上，刮刀与被刮削表面成 25°～30°角度。同时，左脚前跨一步，上身随着推刮而向前倾斜，以增加左手压力，以便于看清刮刀前面研点情况。右臂利用上身摆动使刮刀向前推进，在推进的同时，左手下压，引导刮刀前进，落刀要轻，当推进到所需要位置时，左手迅速提起，完成一个手刮动作。这种刮削方法动作灵活、适应性强，应用于各种工作位置，对刮刀长度要求不太严格，姿势可合理掌握，但手易疲劳，因此不宜在加工余量较大的场合采用，如图 4-7 所示。

2）挺刮法。将刮刀柄放在小腹右下侧，双手握住刀身，左手在前，握于距刮刀切削刃约 80mm 处，右手在后。切削刃对准研点，左手下压，利用腿部和臀部力量，使刮刀向前推进，在推进到所需距离后，双手迅速将刮刀提起，完成一次挺刮动作。由于挺刮法用下腹肌肉用力，每刀切削量较大，因此适合大余量的刮削，工作效率较高，但需要弯曲身体操作，故腰部易疲劳，如图 4-8 所示。

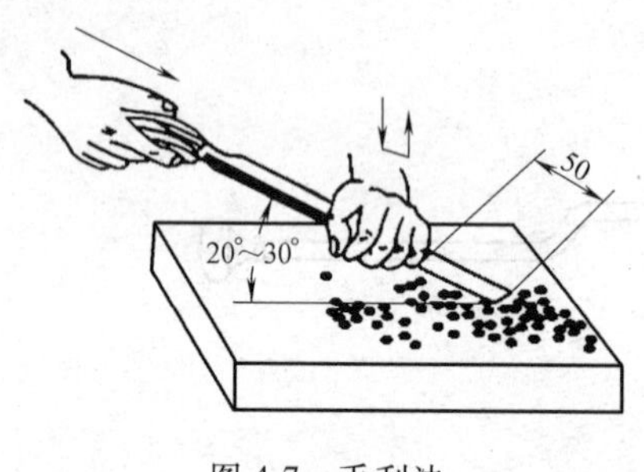

图 4-7　手刮法

图 4-8　挺刮法

（4）平面刮削步骤

1）粗刮。用粗刮刀在刮削平面上均匀地铲去一层较厚的金属，使其很快除去刀痕、锈斑或过多的余量。刮削时采用连续推铲方法，刮削的刀迹连成长片。在整个刮削面上要均匀刮削，不能出现中间高、边缘低的现象。当工件表面研点为每 25mm×25mm 的面积内有 2~3 个，并且有一定细刮余量时为止。

2）细刮。用细刮刀在经粗刮的表面上刮去稀疏的大块高研点，进一步改善不平现象。细刮时要朝一个方向刮，第二遍刮削时要用 45° 或 65° 的交叉刮网纹。当平均研点为每 25mm×25mm 的面积内有 12~15 个时停止。

3）精刮。用小刮刀或带圆弧的精刮刀采用点刮法以增加研点，进一步提高刮削面精度。刮削时，找点要准，落刀要轻，起刀要快。在每个研点上只刮一刀，不能重复，刮削方向要按交叉原则进行。最大最亮的研点全部刮去，中等研点只刮去顶点一小片，小研点留着不刮。使研点数为每 25mm×25m 的面积内有 18 个以上时，就要在最后的几遍刮削中，让刀迹的大小交叉一致，排列整齐美观，以结束精刮。精刮后一般应达到每 25mm×25m 的面积内有 20~25 个接触点。

4）刮花。刮花是在已刮好的工件表面上用刮刀刮去极薄的一层金属，以形成花纹。刮花的作用主要是增加美观和积存润滑油，改善其润滑条件，并可根据花纹的磨损和消失情况来判断其磨损程度。常见的花纹有斜纹、鱼鳞纹、半月纹等，如图 4-9 所示。

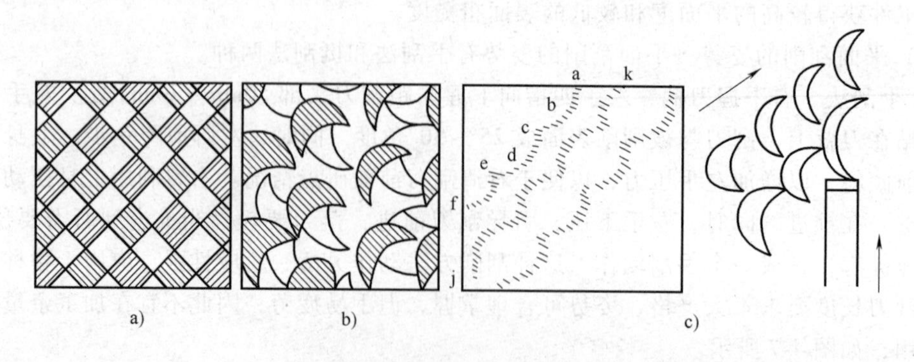

图 4-9　刮花的花纹

a）斜纹　b）鱼鳞纹　c）半月纹

刮花时多用带有弹性的刀杆，刃口较窄而锋利的刮刀。

(5) 曲面刮削

1) 曲面刮削姿势。曲面刮削姿势有两种，第一种如图 4-10a 所示，右手握刀柄，左手掌心向下，四指横握刀身，大拇指抵住刀身，左右手同时作圆弧运动，并顺曲面刮刀作后拉或前推的螺旋形运动，刀迹与曲面轴线成 45°夹角，交叉进行；第二种如图 4-10b 所示，刮刀柄放置在右手臂上，双手握住刀身，刮削动作和刮削轨迹与第一种姿势相同。

2) 曲面刮削要点。

① 在曲面上研点：用标准轴或配合轴作校准工具，显示剂涂在轴或轴承孔表面。用轴在轴承孔中来回转动显点，然后根据显点刮削，如图 4-10c 所示。

② 内孔刮削精度检查：25mm×25mm 面积内接触点数而定，一般中间点可以少些，前后端可多些。

3) 曲面刮削注意事项。

① 刮削时用力不可太大，以不发生抖动、不产生振痕为宜。

② 交叉刮削时，刀痕与曲面内孔中心线约为 45°，以防止刮面产生波纹，研点也不会为条状。

③ 研点时相配合的轴应沿曲面作来回转动，精刮时转动弧长应小于 25mm，切忌沿轴线方向作直线研点。

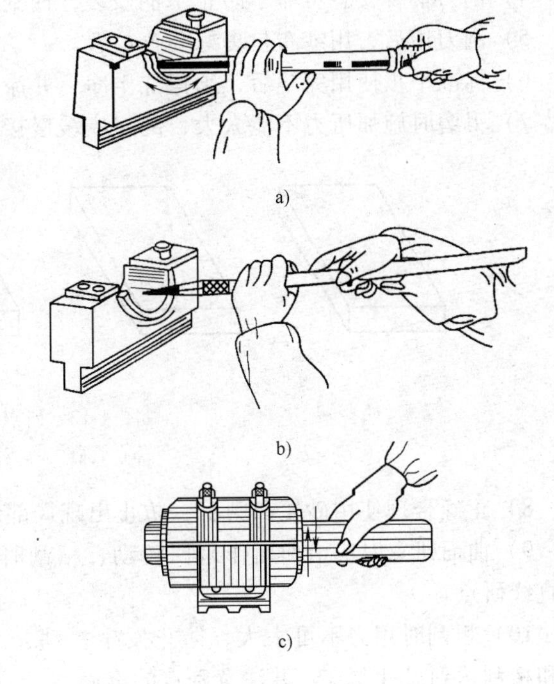

图 4-10　曲面刮削
a）短杆握刀法　b）长杆握刀法
c）轴作曲面研磨

④ 一般情况是孔的前后端磨损快，因此，刮削内孔时，前后端的研点要多些，中间段的研点可以少些。

4. 研点方法

一般采用渐进法刮削，即不用标准板，而以三块（或三块以上）平板依次循环互研互刮，直至达到要求。

推研及显点如图 4-11 所示。直研（纵、横面）以消除纵横起伏产生的平面度误差，如图 4-12a 所示，通过几次循环，达到各平板显点一致，然后采用对角刮研，消除平面的扭曲误差，如图 4-12b 所示。

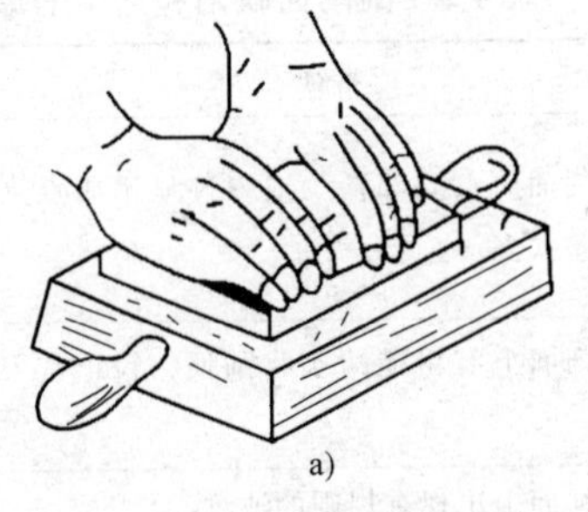

图 4-11　推研及显点
a）推研　b）显点

刮削推研时，要特别重视清洁工作，切不可让杂质留在研合面上，以免造成刮研面或标准平板的严重划伤。不论是粗、细、精刮，对小工件的显示研点，应当是标准平板固定，工件在平板上推研。推研时要求压力均匀，避免显示失真。

5. 刮削的安全文明生产及注意事项

1）刮削前，工件的锐边、锐角必须去掉，防止碰手。

2）在显点研刮时，工件不可超出标准平板太多，以免掉下而损坏工件。

3）刮削工件边缘时，不能用力过大过猛，以免失控，发生事故。

4）刮刀柄要安装可靠，防止木柄破裂，使刮刀柄端穿过木柄伤人。

5）刮刀用后，用纱布包裹好妥善放置。

6）标准平板使用完毕后，须擦洗干净，并涂抹机油，妥善放置。

7）刃磨时施加压力不能太大，刮刀应缓慢接近砂轮，避免刮刀颤抖过大造成事故。

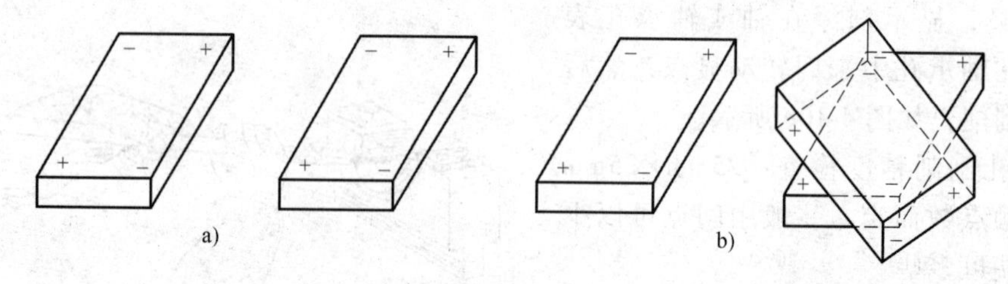

图 4-12　研点方法

a）直研　b）对角研

8）正确合理使用砂轮和磨石，防止出现局部凹陷，降低使用寿命。

9）曲面研点时应沿曲面作来回转动，精刮时转动弧长应小于 25mm，不能沿轴线方向作直线研点。

10）粗刮时用力不可太大，防止发生抖动，产生振痕，同时控制加工余量，以保证细刮和精刮达到尺寸要求，并注意刮点的准确性。

11）使用三角刮刀要注意安全，防止伤人。

6. 废品分析

刮削是一种精密加工，每刮一刀去除的余量很少，故一般不易产生废品。但在刮削有配合公差要求的工件时，也很容易产生缺陷，常见的缺陷和产生原因见表 4-2。

表 4-2　刮削面缺陷和产生的原因

缺陷形式	特征	产生原因
深凹痕	刮削面研点局部稀少或刀迹显示研点高低相差太多	1. 粗刮时用力不均、局部落刀太重或多次刀迹重叠 2. 切削刃磨得弧度过大
撕痕	刮削面上有粗糙的条状刮痕，较正常刀迹深	1. 切削刃不光洁和不锋利 2. 切削刃有缺口或裂纹
振痕	刮削面上出现有规则的波纹	多次同向刮削，刀迹没有交叉
划痕	刮削面上划出深浅不一的直线	研点时夹有砂粒、切屑等杂质，或显示剂不清洁
刮削面精密度不准确	显点情况无规律的改变且捉摸不定	1. 推磨研点时压力不均，研具伸出工件太多，按出现的假点刮削造成 2. 研具本身不准确

4.4.2　研磨

1. 研磨的基本知识

（1）研磨的概念　用研磨工具（研具）和研磨剂从工件表面上磨掉一层极薄的金属，使工件表面获得精确的尺寸、准确的几何形状和极小的表面粗糙度值，这种精密加工的方法，称为研磨。

（2）研磨的特点及应用

1）研磨可以获得其他方法难以达到的高尺寸精度和形状精度。通过研磨后尺寸公差等级可达 IT5～IT3，尺寸精度可达到 0.001～0.005mm。

2）容易获得极小的表面粗糙度值，一般情况下表面粗糙度 $Ra=1.6\sim0.1\mu m$，最小可达 $Ra=0.012\mu m$。

3）研磨不需要复杂的设备，方法简便可靠。

4）研磨的生产率很低，有时劳动强度也很大。

5）经研磨后的零件能提高表面的耐磨性、耐蚀性及疲劳强度，从而延长了零件的使用寿命。

6）研磨可加工不淬火钢件、淬火钢件、铸铁件和某些非铁金属件，广泛用于单件小批量生产中高精度的外圆、内圆和平面的加工，如精密量具和液压配合零件等。

（3）研磨工具　平面研磨通常都采用标准平板。粗研常用平面上制槽的平板，以避免过多的研磨剂浮在平板上，保证工件研磨表面与平板的均匀接触；同时可使研磨时的热量从沟槽中散去，如图 4-13a 所示。精研时，为了获得较小的表面粗糙度值，应在精密光滑的平板上进行，如图 4-13b 所示。研磨时要使工件表面各处都受到均匀的切削，手工研磨时合理的运动对提高研磨效率、工件表面质量和研具的寿命都有直接影响。

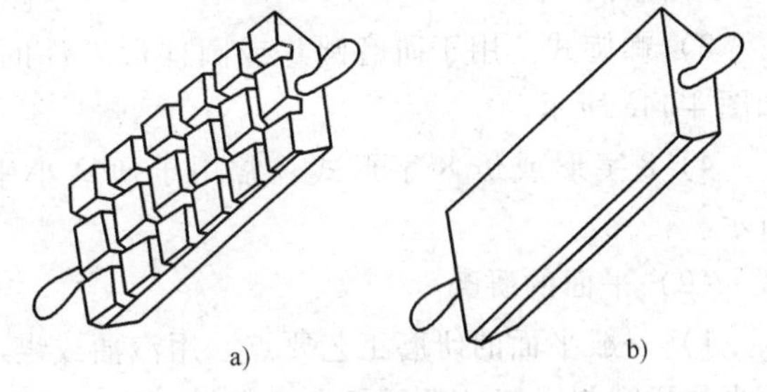

图 4-13　研磨平板

a）有槽平板　b）光滑平板

（4）对研具材料的要求　研具材料要具有很好的耐磨性、稳定性和足够的刚度，组织细致均匀，同时还要具有嵌存磨料微粒的性能，表面硬度要比工件硬度低。

（5）研具的主要材料

1）灰铸铁具有硬度适中、嵌入性好、价格低、研磨效果好等特点，是一种应用广泛的研磨材料。

2）球墨铸铁比灰铸铁的嵌入性更好，且更加均匀、牢固，常用于精密工件的研磨。

3）低碳钢韧性较好，不易折断，常用来制作小型工件的研具。

4）铜的性质较软，嵌入性好，常用来作研磨软钢类工件的研具。

（6）研磨剂　研磨剂是磨料和研磨液调合而成的混合剂。

1）磨料。在研磨中起切削作用，研磨效率、工作精度和表面粗糙度都与磨料有密切关系。常用磨料有刚玉和碳化硅等。刚玉主要用于碳素工具钢、合金工具钢、高速钢和铸铁工件的研磨。碳化硅的硬度高于刚玉磨料，除用于一般钢铁材料制件的研磨外，主要用来研磨硬质合金、陶瓷与硬铬之类的高硬度工件。

2）研磨液。在研磨中起调和磨料、冷却和润滑的作用。粗研钢件可用煤油、汽油或机油，精研时可用煤油和机油混合的混合液。

3）研磨膏。在磨料和研磨液中再加入适量的石蜡、蜂蜡等填料和黏性较大而氧化作用较强的油酸、脂肪酸等，即可配制成研磨膏。使用时将研磨膏加机油稀释即可进行研磨。研磨膏分粗、中、精三种，可按研磨精度的高低选用。

2. 研磨要点

（1）研磨运动　研磨操作方法分为手工研磨和机械研磨。

手工研磨时一般采用直线往复式、直线摆动式、螺旋式、8字形或仿8字形式等几种，如图4-14所示。

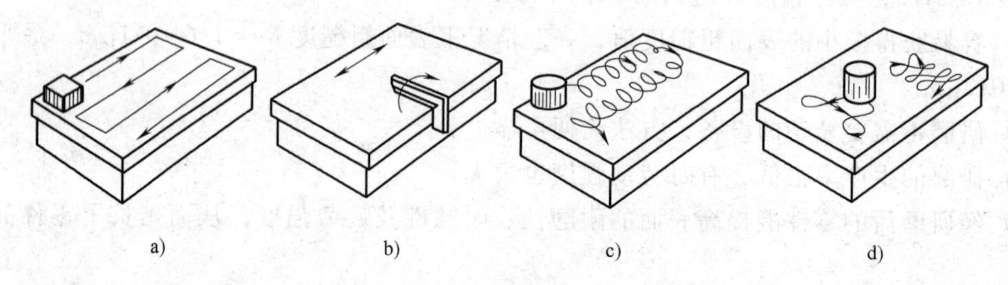

图4-14　研磨活动轨迹

a）直线往复式　b）直线摆动式　c）螺旋式　d）8字形或仿8字形式

1）直线往复式。常用于研磨有台阶的狭长平面等，能获得较高的几何精度，如图4-14a所示。

2）直线摆动式。用于研磨某些圆弧面，如样板角尺、双斜面直尺的圆弧测量面，如图4-14b所示。

3）螺旋式。用于研磨圆片或圆柱形工件的端面，能获得较好的表面粗糙度和平面度，如图4-14c所示。

4）8字形或仿8字形式。常用于研磨小平面工件。如量规的测量面等，如图4-14d所示。

（2）平面的研磨

1）一般平面的研磨工艺要点。用汽油或煤油把研磨平板的工作表面清洁后擦干；涂上适当的研磨剂；工件沿平板全部表面，按8字形、仿8字形或螺旋式运动轨迹进行研磨，如图4-15所示。

2）狭窄平面的研磨工艺要点。为防止研磨平面产生倾斜和圆角，研磨时用金属块做成导靠，采用直线研磨轨迹，如图4-16所示。

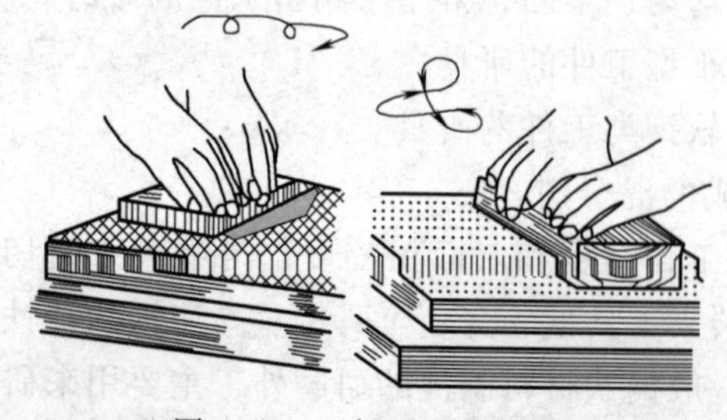

图4-15　一般平面的研磨

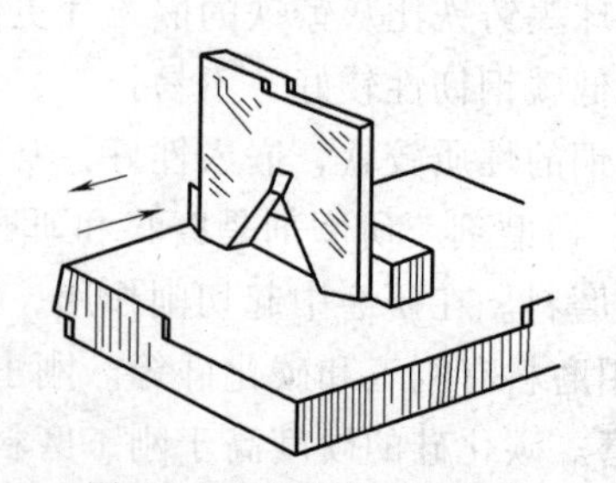

图4-16　狭窄平面的研磨

(3) 研磨时的上料　研磨时的上料方法有压嵌法和涂敷法两种。

1）压嵌法。

① 用三块平板在上面加上研磨剂，用原始研磨法轮换嵌砂，使砂粒均匀嵌入平板内，以进行研磨工作。

② 用淬硬压棒将研磨剂均匀压入平板，以进行研磨工作。

2）涂敷法。研磨前将研磨剂涂敷在工件或研具上，其加工精度不及压嵌法高。

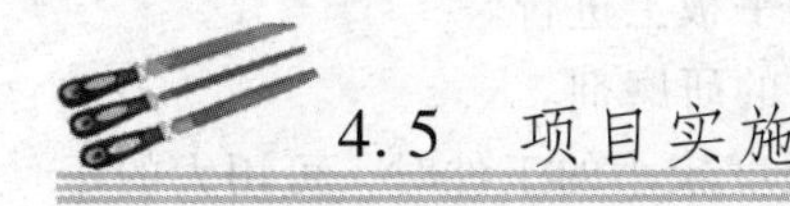

4.5　项目实施

1）将三块平板单独进行粗刮，去除机械加工的刀痕和锈斑。

2）对三块平板分别编号1、2、3，按编号次序进行刮削，刮削循环步骤如图4-17所示。

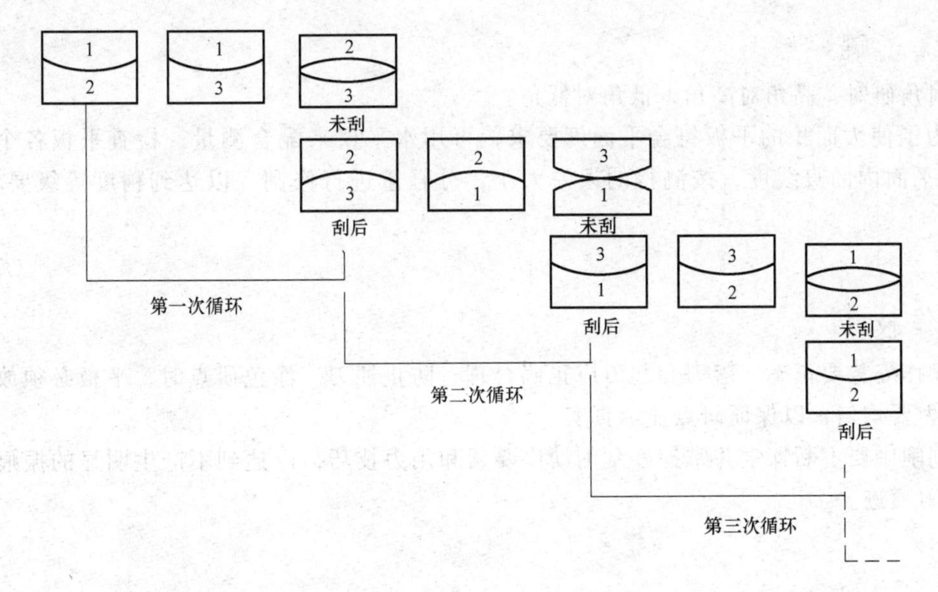

图4-17　原始平板刮削循环步骤

① 第一次循环刮削。

a. 设1号平板为基准，与2号平板互研互刮，使1号、2号平板贴合。

b. 将3号平板与1号平板互研，单刮3号平板，使1号、3号平板贴合。

c. 将2号、3号平板互研互刮，这时2号和3号平板的平面度略有提高。

② 第二次循环刮削。

a. 在上一次2号与3号平板互研互刮的基础上，按顺序以2号平板为基准，1号与2号平板互研，单刮1号平板，使2号、1号平板贴合。

b. 将3号平板与1号平板互研，这时3号和1号平板的平面度又有了提高。

③ 第三次循环刮削。

a. 在上一次3号与1号平板互研互刮的基础上，按顺序以3号平板为基准，2号与3号平板互研，单刮2号平板，使3号、2号平板贴合。

b. 将1号平板与2号平板互研互刮，这时1号和2号平板的平面度进一步提高。

3）如此循环刮削，次数越多，则平板越精密。直到在三块平板中任取两块推研，不论是直研还是对角研，都能得到相近的清晰研点，且每块平板上任意25mm×25mm内均达到18~20个研点以上，表面粗糙度 $Ra \leqslant 0.8\mu m$，且刀迹排列整齐美观，刮削即完成。

教师点拨

1）精研时，为了获得较小的表面粗糙度值，应在光滑的平板上进行。

2）研磨前，应先做好平板表面的清洗工作，并加上适当的研磨剂。

3）研磨中的压力和速度要适当，一般在粗研磨或研磨硬度较小的工件时，可用大的压力及较慢速度进行；而在精研磨时或对大工件研磨时，就应用小的压力及快的速度进行研磨。

关　　键

1）对角研时，高角对高角，低角对低角。

2）为了使大面积的平板符合平面度要求，可用水平仪来配合测量，检查平板各个部位在垂直平面内的直线度，按测得的误差大小，分轻重进行修刮，以达到精度等级要求。

操作技巧

1）操作姿势要正确，落刀和起刀应正确合理，防止梗刀。涂色研点时，平板必须放置稳定，施力要均匀，以保证研点显示真实。

2）刮削中要不断探索并掌握好刮削动作要领和用力技巧，以达到不产生明显的振痕和起刀、落刀痕迹。

警　　告

1）刮削大型工件时，搬动要注意安全，安放要平稳。

2）刮削工件边缘时，不能用力过大过猛，避免因刮刀刮出工件而产生事故。

重点提示

1）要严格按照粗、细、精刮的步骤进行刮削，达到要求后才能进入下道工序，否则影响刮削速度，又不易将平板刮好。

2）从粗刮到细刮的过程中，研点移动距离应逐渐缩短，显示剂涂层逐步减薄，才能使显点真实、清晰。

4.6　项目检查与评价

该项目的检查单见表4-3。

表 4-3 检查单

学习领域名称	零件的手动工具加工		项目 4 原始平板刮削（图 4-1）		
序号	质检内容	配分	评分标准	学生自评结果	教师检查结果
1	站立姿势	10	姿势不正确酌情扣分		
2	两手握刀姿势正确，用力得当	15	姿势不正确酌情扣分		
3	刀迹整齐、美观（3 块）	10	酌情扣分		
4	接触点每 25mm×25mm 内均达到 18 个点以上（3 块）	20	酌情扣分		
5	点子清晰、均匀，25mm×25mm 点数允许误差 6 点（3 块）	15	不合格不得分		
6	无明显落刀痕，无丝纹和振痕	15	酌情扣分		
7	安全文明生产	10	违者每次扣 2 分，严重者扣 5~10 分		
8	实际完成时间	5	不按时完成酌情扣分		
总成绩					
班级		组别		签字	
存在问题：			整改措施：		

填表　　年　　月　　日

4.7 项目总结

通过对原始平板进行刮削加工操作练习，熟练掌握原始平板的刮削操作要领，同时培养学生自主分析刮削过程中出现废品的原因。通过对原始平板刮削的操作训练，进一步强化学生对刮刀的正确使用能力。

4.8 思考与习题

1）什么是刮削？刮削有哪些特点？

2）什么是粗刮、细刮、精刮、刮花？刮花有何作用？

3）刮削的接触精度用什么方法检验？

4）常用的刮刀有哪些？各有什么特点？

5）简述平面刮削的步骤。

6）说明曲面刮削方法和注意事项。

7）磨料在研磨中的作用如何？

8）什么是研磨？研磨有哪些特点？

9）对研具材料有哪些要求？常用研具材料有哪几种？

10）手工研磨时一般采用哪几种研磨方式？它们的适用范围如何？

4.9 知识拓展

试对图 4-18 所示的直角尺进行研磨。评分标准见表 4-4。

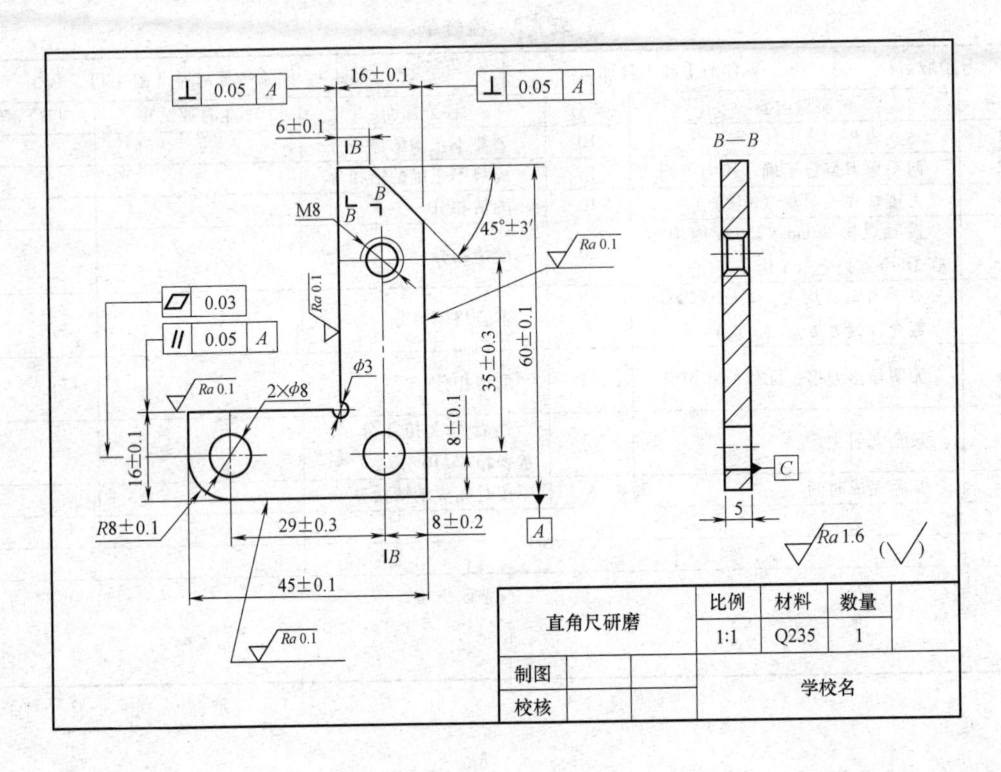

图 4-18　直角尺

表 4-4　评分标准

项次	考核要求	配分	评分标准	检测结果	得分
1	(16±0.1)mm(2处)	6	超差0.01mm扣1分		
2	(45±0.1)mm	5	超差0.01mm扣1分		
3	(60±0.1)mm	5	超差0.01mm扣1分		
4	45°±3′	5	超差1′扣1分		
5	R(8±0.1)mm	5	超差0.01mm扣1分		
6	⊥ 0.05 A (2处)	8	超差1处扣4分		
7	// 0.05 A	4	超差不得分		
8	▱ 0.03	4	超差不得分		
9	测量面表面粗糙度 $Ra \leqslant 1.6\mu m$(6处)	6	降级1处扣1分		
10	测量面表面粗糙度 $Ra \leqslant 0.1\mu m$(4处)	8	超差不得分		
11	2×ϕ8mm(2处)	6	超差1处扣3分		
12	M8mm	4	超差不得分		
13	(8±0.2)mm(2处)	4	超差0.01mm扣1分		
14	(29±0.3)mm	5	超差0.01mm扣1分		
15	(6±0.1)mm	5	超差0.01mm扣1分		
16	(35±0.3)mm	5	超差0.01mm扣1分		
17	安全文明生产	10	违规酌情扣1~10分		
18	实际完成时间	5	不按时完成酌情扣分		
合　计					

项目实施如下。

1）按图样要求检查毛坯尺寸。

2）加工直角尺，使之达到尺寸精度和几何精度要求。

① 锉削 A 面。粗、精锉 A 面，用细扁锉推锉外形，使表面纹理整齐、光洁，达到直线度、平面度要求。

② 锉削加工尺寸为60mm 的平面。粗、精锉加工尺寸为60mm 的平面，用细扁锉推锉外形，使表面纹理整齐、光洁，达到直线度、平面度要求，并保证与基准 A 的垂直度要求。

③ 划线。按图样要求划线（两面划线），以 A 面为基准划线：60mm、8mm、16mm、43mm、45°±3′加工线。以加工尺寸为 60mm 的平面为基准划线：45mm、8mm、10mm、16mm、37mm。

④ 锉削 A 面对面。粗、精锉 A 面对面，用细扁锉推锉外形，使表面纹理整齐、光洁，达到直线度、平面度与 A 面平行度要求。保证尺寸 60±0.1mm。

⑤ 锉削加工尺寸为60mm 平面的对面。粗、精锉加工尺寸为60mm 平面的对面，用细扁锉推锉外形，使表面纹理整齐、光洁，达到直线度、平面度以及与 A 面垂直度要求。保证尺寸 45±0.1mm。

⑥ 钻工艺孔。用 ϕ3mm 钻头钻工艺孔。

⑦ 孔加工。用 ϕ3mm 钻头钻 ϕ8mm 两个底孔，用 ϕ7.8mm 钻头扩孔，最后用 ϕ8H7mm 铰刀铰孔。

⑧ 锯削。按所划线条锯削，留 0.5mm 锉削余量。

⑨ 锉削。粗、精锉直角尺外形，达到图样要求的尺寸精度和几何精度。

⑩ 去毛刺。为研磨做准备。

3）研磨，达到图样要求精度。

① 研磨直角尺的两个外侧面：尺寸 60±0.1mm、45±0.1mm。为防止研磨平面产生倾斜和圆角，研磨时用金属块做成导靠，采用直线研磨轨迹。

a. 粗研磨。选用光滑研磨平板，选用粗研磨膏，均匀涂在光滑平板的研磨面上，握持直角尺，分别研磨直角尺的两个外侧研磨面，并保证角度公差±3′。

b. 精研磨。选用光滑研磨平板，选用细研磨膏，均匀涂在光滑平板的研磨面上，握持直角尺，利用工件自重研磨直角尺的两个外侧面，使表面粗糙度值达到 $Ra \leqslant 0.1\mu m$。

c. 质量检验。用刀口型直角尺、塞尺检验工件垂直度及直线度，用正弦规检测工件角度 45°±3′，用千分尺检测尺寸精度。

② 研磨直角尺内侧面尺寸：采用直线摆动式研磨轨迹。

a. 粗研磨。选用光滑研磨平板，选用粗研磨膏，均匀涂在光滑平板的研磨面上，握持直角尺，分别研磨直角尺的两个内研磨面。

b. 精研磨。选用光滑研磨平板，选用细研磨膏，均匀涂在光滑平板的研磨面上，握持直角尺，利用工件自重研磨直角尺的两个内侧面，使表面粗糙度值达到 $Ra \leqslant 0.1\mu m$ 。

c. 质量检验。用刀口型直角尺、塞尺检验工件垂直度及直线度。

项目5　薄板料矫正与弯形

5.1　项目描述

本项目以薄板材料矫正与弯形练习零件为载体，学生通过本项目的训练，领会矫正的实质，熟悉常见材料的弯型与矫正技巧，并能应用所学的知识解决简单的工艺技术问题，同时培养学生对不同材料的弯形和矫正方法的选择能力、实际动手操作能力，以及对于大型零件的弯形和矫正工具的选择能力，并养成良好的文明生产习惯。

5.2　项目分析

通过薄板材料的矫正与弯形练习，了解零件的矫正与弯形的种类，掌握常用材料的矫正与弯形方法，特别是能利用常用的矫正与弯形工具在平板上对薄板进行矫正，能够根据图样要求对弯形前的坯料进行长度计算，并能熟练使用弯形工具按照图样要求对工件进行弯形与矫正。

5.3　技能点

✍ 薄板料的矫正和弯形方法。

工件如图5-1所示。材料准备：薄板30mm×120mm×2mm，Q235钢。

1）工、量、刃具准备。台虎钳（200mm）、台式钻床、划线平板、方箱、游标卡尺（0~150mm）、高度游标卡尺（0~500mm）、金属直尺、锉刀、手锯、锯条若干、划针、样冲、软硬锤子、衬垫、扳手、铜丝刷等。

2）评分标准。评分标准见表5-1。

表5-1　评分标准

项次	技术要求	配分	评分标准	检测结果	得分
1	件1、件2按图加工	15	酌情扣分		
2	件1尺寸±0.5mm	15	酌情扣分		
3	件1圆弧正确	10	超差一处扣3分		
4	件2尺寸±0.5mm	10	酌情扣分		
5	件2圆弧 R4mm 正确	10	酌情扣分		
6	件2角度正确	10	超差一处扣5分		
7	工件无伤痕	15	酌情扣分		
8	安全文明生产	10	违规酌情扣1~10分		
9	实际完成时间	5	不按时完成酌情扣分		
合　计					

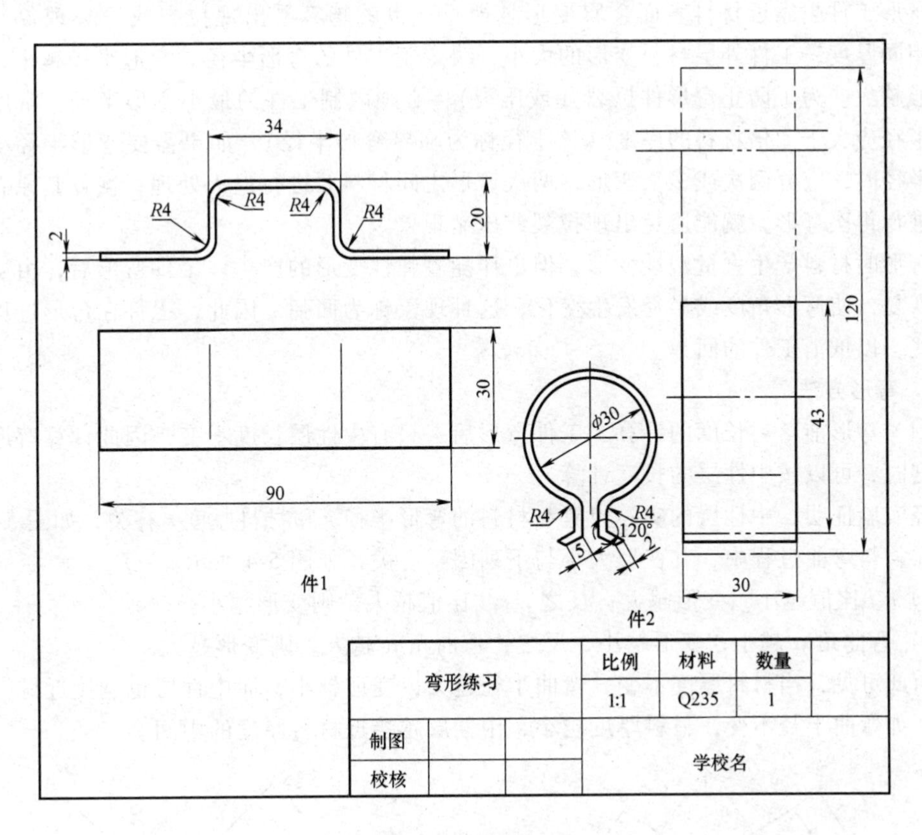

图 5-1　加工图

5.4　项目资讯

5.4.1　弯形

1. 弯形的概念

将坯料弯成所需的曲线形状或角度的加工方法称为弯形。

弯形是使材料产生塑性变形，因此只有塑性好的材料才能进行弯形。钢板弯形后外层材料伸长，内层材料缩短，中间有一层材料弯形后长度不变，称为中性层，如图 5-2 所示。

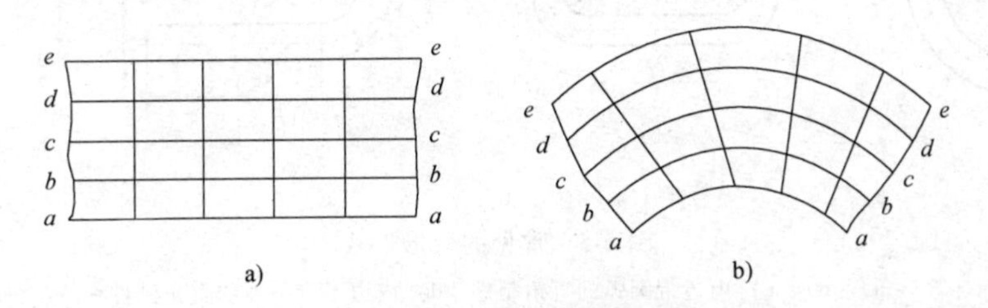

图 5-2　钢板弯形情况

a）弯形前　b）弯形后

弯形工件越靠近材料表面金属变形越严重，也就越容易出现拉裂或压裂现象。同种材料，相同厚度，工件外层材料变形的大小，决定于工件的弯形半径。弯形半径越小，外层材料变形越大。为了防止弯形件拉裂（或压裂），必须限制工件的最小弯形半径。常用材料的弯形半径应大于2倍材料的厚度（该半径称为临界弯形半径）。如果需要弯形半径小于临界弯形半径时，应分两次或多次弯形，两次弯形之间材料要进行退火处理，恢复其原有力学性能，进行再次弯形，就能避免出现拉裂或压裂现象。

弯形时材料产生大量塑性变形，但也伴随着弹性变形的产生。工件弯形后，由于弹性变形的恢复，使弯形角度或半径发生变化，这种现象称为回弹。因此，工件在弯形过程中要弯过一些，以抵消工件的回弹。

2. 弯形方法

（1）弯形前落料长度的计算　工件弯形后，只有中性层长度不变，因此计算弯形工件毛坯长度时，可以按中性层的长度计算。

经实验证明，中性层的实际位置与材料的弯形半径 r 和材料厚度 t 有关，如图5-3所示。

在材料弯曲过程中，其变形大小与下列因素有关，如图5-4所示。

1）r/t 比值越小，变形越大；反之，r/t 比值越大，则变形越小。

2）弯曲角 α 越小，变形越小，反之，弯曲角 α 越大，则变形越大。

由此可见，当材料厚度不变，弯曲半径越大，变形越小，而中性层也越接近材料厚度的中间。如弯曲半径不变，材料厚度越小，中性层越接近材料厚度的中间。

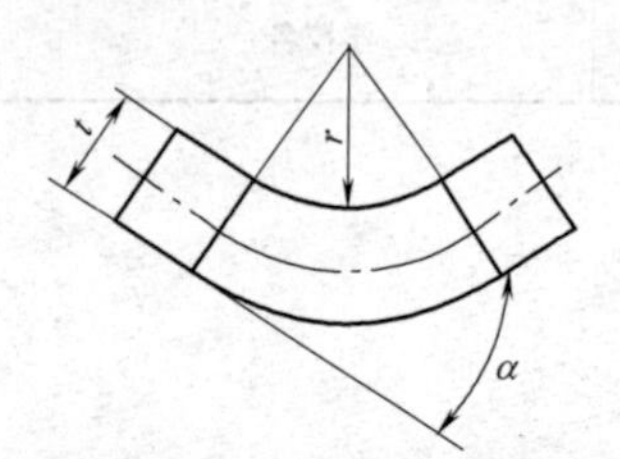

图5-3　弯曲半径和弯形角

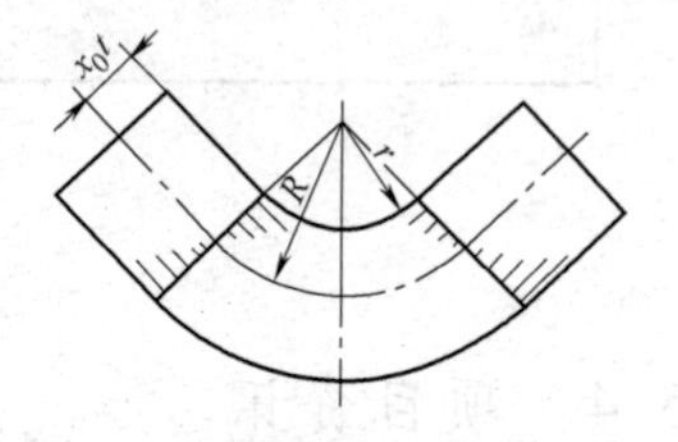

图5-4　弯曲时中性层位置

几种常见的弯形形式如图5-5所示。

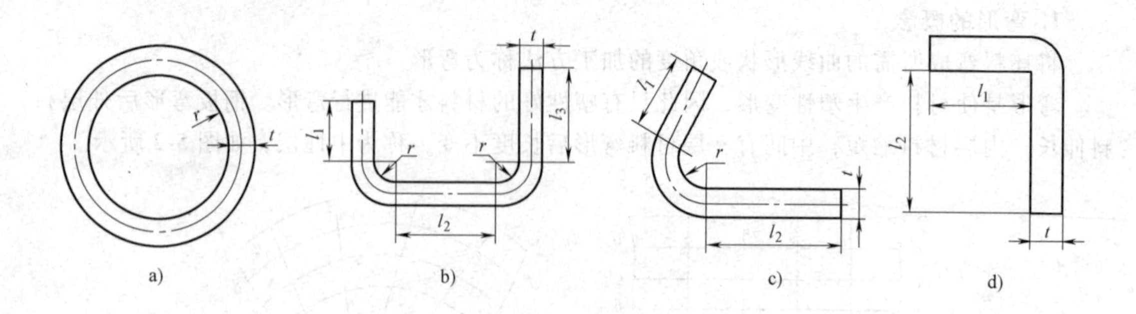

图5-5　常见的弯形形式

a）、b）、c）内边带圆弧的直角制件　d）内边不带圆弧的直角制件

内边带圆弧的制件，毛坯长度等于直线部分（不变形部分）和圆弧部分中性层长度（弯形部分）之和。圆弧部分中性层长度，可按下式计算：

$$A=\pi\ (r+x_0t)\ \frac{\alpha}{180°}$$

式中 A——圆弧部分中性层长度（mm）；

r——弯形半径（mm）；

x_0——中性层位置系数；

t——材料厚度（mm）；

α——弯形角（°），即弯形中心角，弯曲整圆时，$\alpha=360°$，弯曲直角时，$\alpha=90°$。

内边弯形成直角不带圆弧的制件，求毛坯长度时，可按弯形前后毛坯体积不变的原理计算，一般采用经验公式 $A=0.5t$，进行计算。

弯形中性层位置系数 x_0 的数值见表5-2。从表中 r/t 的比值可以看出，当弯形半径 $r/t\geqslant16$ 时，中性层在材料的中间（即中性层与几何中心重合）。在一般情况下，为简化计算，当 $r/t\geqslant8$ 时，可取 $x_0=0.5$ 进行计算。

表5-2 弯形中性层位置系数 x_0

r/t	0.25	0.5	0.8	1	2	3	4	5	6	7	8	10	12	14	≥16
x_0	0.2	0.25	0.3	0.35	0.37	0.4	0.41	0.43	0.44	0.45	0.46	0.47	0.48	0.49	0.5

（2）弯形 弯形工件按工件操作时的温度可分冷弯和热弯两种。工件在常温下进行的弯形称为冷弯；工件经加热后进行的弯形称为热弯。热弯适用于材料厚度超过5mm及直径较大的棒料和管料工件，以及弯形角较大、塑性稍差的场合。

1）薄板在厚度方向上弯形（弯直角）。对尺寸不大，形状不复杂的板料进行直角弯形时，可在台虎钳上夹持操作。将工件预先划好的线与钳口对齐并夹紧，用木锤直接锤击板料弯形即可，如图5-6a所示；当无法使用木锤时，可改用钢锤垫硬木块进行捶打，如图5-6b所示；如果弯形板料较大，超过钳口宽度和高度时，可以用角铁夹持进行工作，如图5-6c所示。

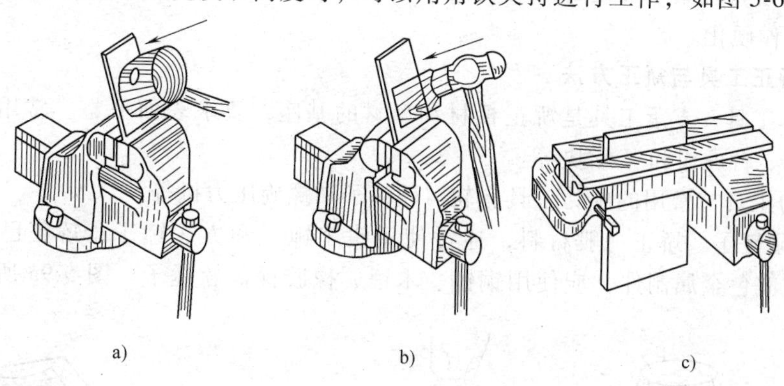

图5-6 板料在厚度方上弯形

a）用木锤弯形 b）用钢锤弯形 c）长板料弯形

2）板料在宽度方向上弯形。利用金属材料的延展性能，锤击弯形的外弯部分，使材料向一个方向逐渐延伸，达到弯形的目的，如图5-7a所示；较窄的板料可在V形块或特制的弯形模上用锤击法，使工件弯形，如图5-7b所示；也可在简单的弯形工具上弯形，如图5-7c所示。

（3）管子弯形（非90°） 管子直径在12mm以下可以用冷弯方法；直径大于12mm采用热弯方法。管子弯形的临界半径必须是管子直径的4倍以上。管子直径在10mm以上时，

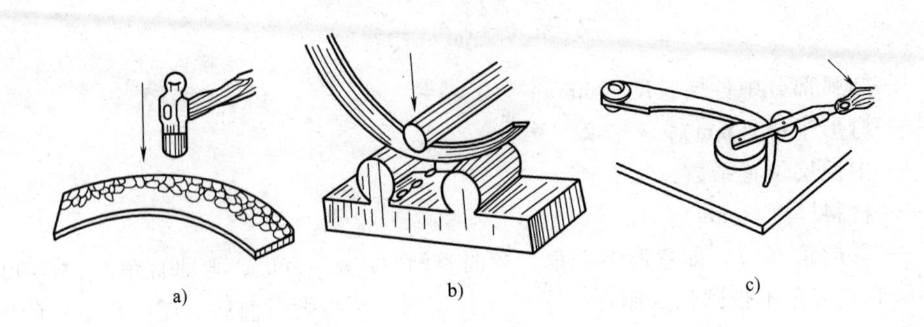

图 5-7　板料在宽度方向上弯形
a）锤击延伸弯形　b）特制弯形模弯形　c）弯形工具弯形

为防止管子弯瘪，必须在管内灌满、灌实干沙，两端用木塞塞紧，将焊缝置于中性层的位置上进行弯形，否则，易使焊缝拉伸或压缩而开裂，如图 5-8 所示。

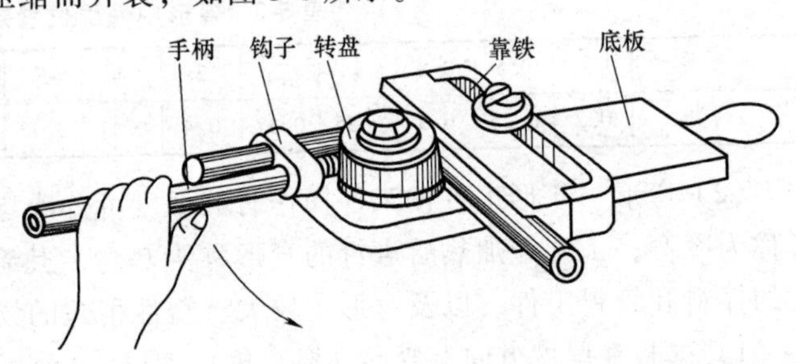

图 5-8　管子弯形

5.4.2　矫正

消除材料或制件的弯曲、翘曲、凸凹不平等缺陷的加工方法称为矫正。

（1）矫正实质　矫正的实质就是让金属材料产生一种新的塑性变形，来消除原来不应存在的塑性变形。

（2）冷作硬化现象　矫正后的材料内部组织发生变化，造成硬度提高、性质变脆，这种现象称为冷作硬化。

1. 手工矫正工具与矫正方法

（1）支承工具　支承工具是矫正板材和型材的基座，要求表面平整。常用的支承工具有平板、铁砧、台虎钳和 V 形块等。

（2）施力工具　常用的施力工具有软、硬锤子和螺旋压力机等。

1）软、硬锤子。矫正一般材料，通常使用钳工锤子和方头锤子；矫正已加工过的表面、薄钢件或有色金属制件，应使用铜锤、木锤、橡胶锤等软锤子。图 5-9a 所示为用木锤

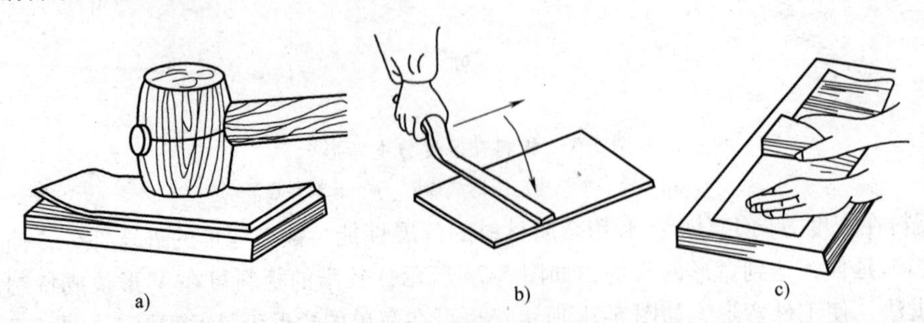

图 5-9　手工矫正工具
a）木锤矫正　b）抽条矫正　c）拍板矫正

矫正板料。

2）抽条和拍板。抽条是采用条状薄板料弯成的简易工具，用于抽打较大面积板料，如图 5-9b 所示。拍板是用质地较硬的檀木制成的专用工具，用于敲打板料，如图 5-9c 所示。

3）螺旋压力机。螺旋压力机适用于矫正较大的轴类零件或棒料。矫正时，转动螺旋压力机的螺杆，使压块压在圆轴突起部位，并用百分表检查轴的矫正情况，如图 5-10 所示。

（3）检验工具　检验工具包括划线平板、直角尺、金属直尺和百分表等。

（4）手工矫正方法　手工矫正是在平板、铁砧或台虎钳上用锤子等工具进行操作的。

1）扭转法。如图 5-11 所示，扭转法是用来矫正条料扭曲变形的，一般将条料夹持在台虎钳上，用类似扳手的工具或活扳手，夹住工件的另一端，左手按住工具的上部，右手握住工具的末端旋力，把条料扭转到原来的形状。

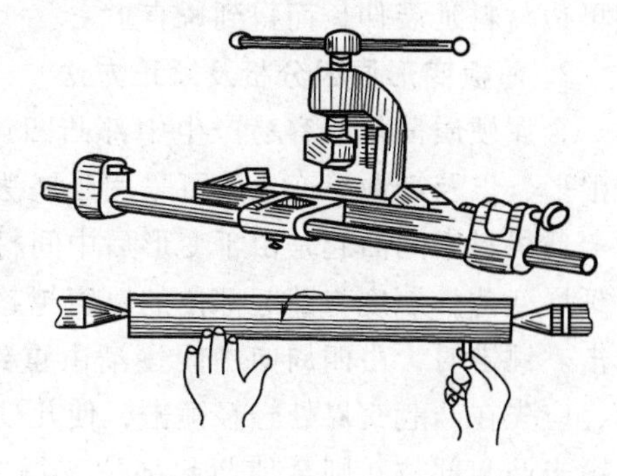

图 5-10　螺旋压力机矫正

2）伸张法。如图 5-12 所示，伸张法是用来矫正各种细长线材的。其方法比较简单，只要把线材的一头固定，然后在固定处开始，将弯曲线材绕圆木一周，紧捏圆木向后拉，使线材在拉力作用下绕过圆木得到伸长矫直。

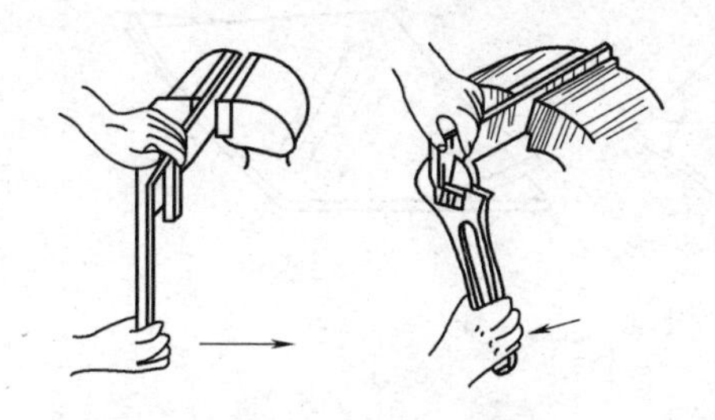

图 5-11　扭转法

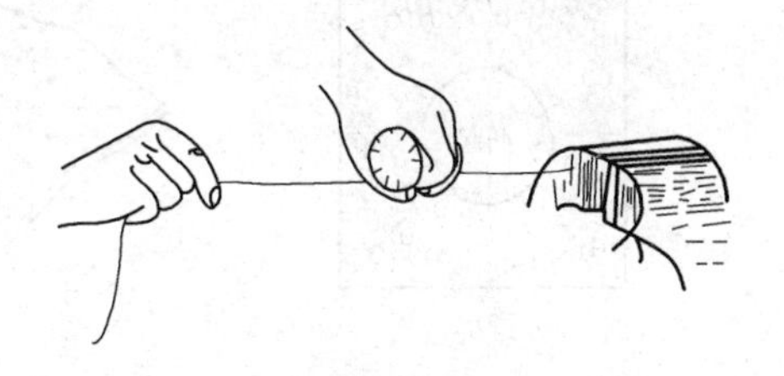

图 5-12　伸张法

3）弯形法

如图 5-13 所示，弯形法是用来矫正各种弯曲的棒料和在宽度方向上弯曲的条料。一般可用台虎钳在靠近弯曲处夹持，用活动扳手将弯曲部分扳直，如图 5-13a 所示；或用台虎钳将弯曲部分夹持在钳口内，利用台虎钳把它初步拉直，如图 5-13b 所示；再放在平板上用锤子矫直，如图 5-13c 所示。厚度尺寸大的条料常采用压力机矫直。

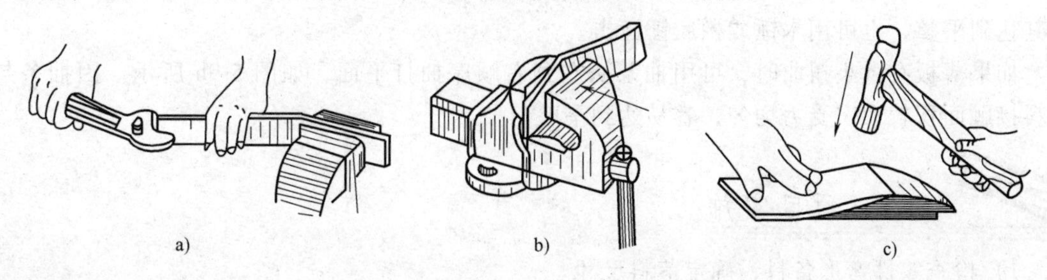

图 5-13　弯形法

4）延展法。延展法是用锤子敲击材料，使它延展伸长达到矫正的目的，所以通常又叫锤击矫正法。图5-14所示为宽度方向上弯曲的条料，如果利用弯形法矫直，就会发生裂痕或折断，此时可用延展法来矫直，即锤击弯曲里边的材料，使里边材料延展伸长而得到矫直。

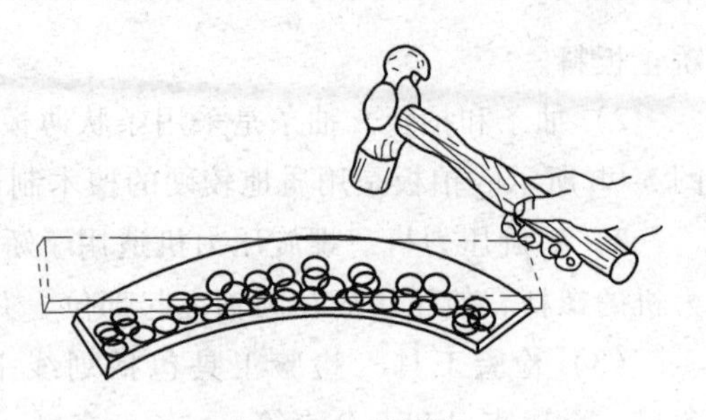

图5-14　延展法

2. 薄板变形原因分析及矫正方法

金属硬质薄板最容易产生中部凸凹、边缘呈波浪形，以及翘曲等变形，可采用延展法矫正。

薄板料中间凸起是由于变形后中间材料变薄引起的。矫正时可锤击板料边缘，使边缘材料延展变薄，厚度与凸起部位的厚度越趋近则越平整，锤击时应按图5-15a所示的箭头方向锤击。锤击时，由四周向中间逐渐由重到轻、由密到稀锤击。如果板料表面有相邻几处凸起，应先在凸起交界处轻轻锤击，使几处凸起合并成一处，然后再锤击四周而矫平。如果直接锤击凸起部位，则会使凸起部位变得更薄，这样不但达不到矫正目的，反而使凸起更为严重。

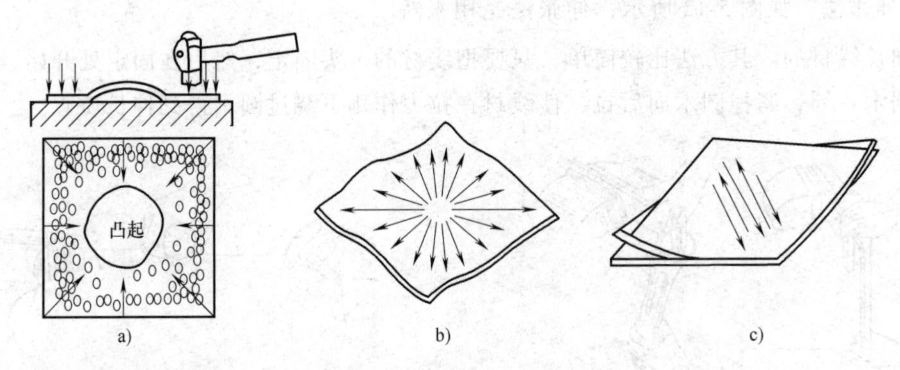

图5-15　薄板矫平

薄板料四周呈波纹状而中间平整，这说明板料四边变薄而伸长了。锤击点应从中间向四周，按图5-15b中箭头所示方向，密度逐渐变稀，力量逐渐减小，经反复多次锤打，使板料达到平整。

如果薄板发生对角翘曲时，就应沿另外没有翘曲的对角线锤击使其延展而矫平，如图5-15c所示。

如果板料是铜箔、铝箔等薄而软的材料，可用平整的木块，在平板上推压材料的表面，使其达到平整，也可用木锤或橡胶锤锤击。

如果薄板有微小扭曲时，可用抽条从左到右顺序抽打平面，如图5-9b所示。因抽条与板料接触面积较大，受力均匀，容易达到平整。

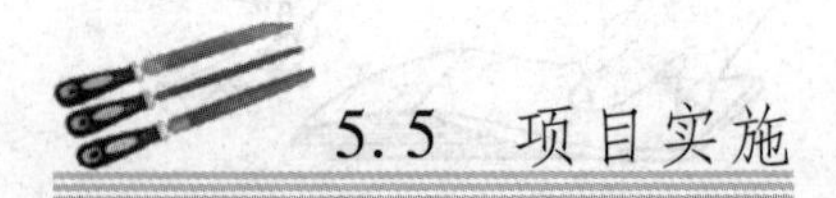

5.5　项目实施

1）检查零件弯形备料，确定落料尺寸。

2）件1、件2按图样要求下料，并锉外形尺寸，注意宽度30mm处留有0.5mm余量，

然后按图样要求划线。

3）将件 1 按划线夹入角铁衬内弯 A 角，如图 5-16a 所示；再用衬垫①弯 B 角，如图 5-16b 所示；最后用衬垫②弯 C 角，如图 5-16c 所示。

4）用衬垫将件 2 夹在台虎钳内，将两端的 A、B 处弯好，如图 5-17a 所示；最后在圆钢上弯件 2 的圆，如图 5-17b 所示，并达到图样要求。

5）对件 1、件 2 的 30mm 宽度进行锤击矫平，锉修 30mm 宽度尺寸。

6）检查，对各边进行倒角和倒棱。

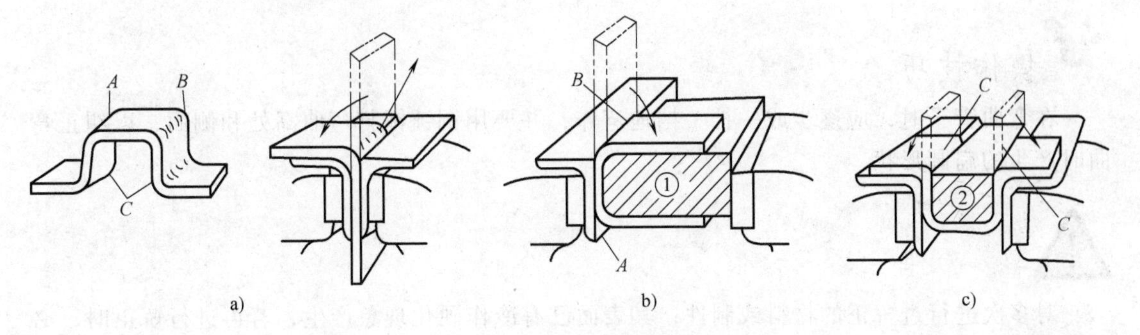

图 5-16　弯件 1 的顺序

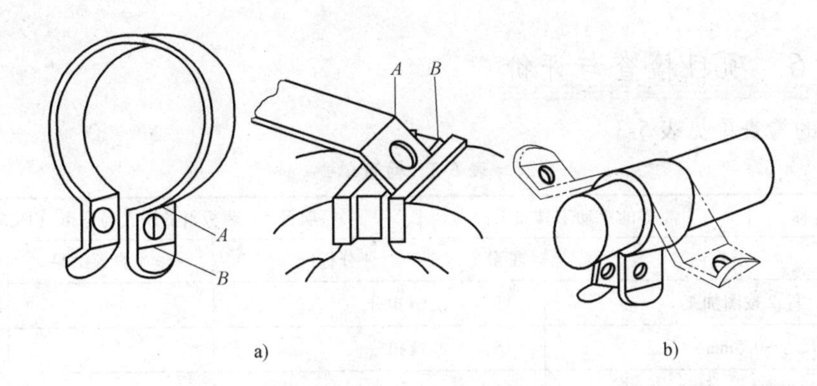

图 5-17　弯件 2 的顺序

教师点拨

弯直角的操作步骤：

1）先在弯曲部位划好线，线与钳口对齐夹持工件，两边要与钳口垂直。

2）用木锤在靠近弯曲部位的全长上轻轻敲打，直到直角为止。

3）如弯曲线以上部分较短时，可用硬木块垫在弯曲处再敲打，弯成直角。

关　　键

1）矫正时要看准变形的部位，分层次进行矫正，不可弄反。

2）对已加工工件进行矫正时，要注意保持工件的表面质量，不能有明显的锤击印迹。

3）矫正时，不能超过材料的变形极限。

重点提示

1）线材段矫正可借助平板，用锤子直接敲打凸起处来矫正；也可以用手握线材段一端，将线材段整体向平板上平着甩打多次，并边甩打边旋转，线材段将逐渐矫正。

2）薄板料矫平时，必须用木锤敲击，若采用钢制锤子时，必须将锤端平，以免将工件敲出印痕。

操作技巧

在弯曲管子时，应逐步或一挡一挡地弯作，并要用铜锤锤打弯曲高处和侧面，以纠正弯曲时产生的扁圆形状。

警　　告

对多次进行过矫正的材料或制件，其表面已有冷作硬化现象产生，若再进行矫正时，必须要进行必要的热处理，恢复其力学性能，才能进行再次矫正。

5.6　项目检查与评价

该项目的检查单见表5-3。

表5-3　检查单

学习领域名称		零件的手动工具加工		项目5　薄板料的矫正与弯形（图5-1）	
序号	质检内容	配分	评分标准	学生自评结果	教师检查结果
1	件1、件2按图加工	15	酌情扣分		
2	件1尺寸±0.5mm	15	酌情扣分		
3	件1圆弧*R*4mm正确	10	超差1处扣3分		
4	件2尺寸±0.5mm	10	酌情扣分		
5	件2圆弧正确	10	酌情扣分		
6	件2角度正确	10	超差1处扣5分		
7	工件无伤痕	15	酌情扣分		
8	安全文明生产	10	违章酌情扣1~10分		
9	实际完成时间	5	不按时完成酌情扣分		
总　成　绩					
班级		组别		签字	
存在问题：			整改措施：		

填表　　年　　月　　日

5.7　项目总结

通过对薄板料的弯形和矫正操作练习，学生能够熟练掌握手工矫正、弯形方法及操作要领。通过本项目的训练，学生能够对弯形与矫正实质的内容理解并掌握，能够熟悉常见材料的弯形与矫正技巧，并运用所学知识解决生产中的相关问题。

5.8　思考与习题

1）什么是矫正？矫正的实质是什么？

2）矫正的原理是什么？常用的矫正方法有哪些？

3）薄钢板中部凸起为什么不能直接锤击凸处？应该怎样矫正？

4）直径较小的轴类零件发生弯曲变形时，如何矫正？

5）当板料出现相邻几处凸起的情况时如何矫正？

6）什么叫弯形？什么样的材料才能进行弯形？弯形后内、外层材料如何变化？

7）金属材料产生弯曲变形后，变形的大小与哪些因素有关？

8）怎样矫直弯曲的细长线材？

9）用 ϕ6mm 圆钢弯成外径为156mm的圆环，求圆环的落料长度。

10）什么叫中性层？中性层的位置决定于哪些因素？

附　录

附录A　综合训练试题及答案

一、判断题（正确的在括号内画√，错误的画×）

（　　）1. 砂轮的旋转方向应使磨屑向下方飞离砂轮。

（　　）2. 锯削加工时，当工件快要锯断时，锯削速度要慢，压力要轻，行程要短。

（　　）3. 铰削操作时，为保证孔的光洁，应正反向旋转铰刀。

（　　）4. 安装手锯锯条时锯齿应向前。

（　　）5. 把锯齿做成几个向左或向右，形成波浪形的锯齿排列的原因是增加锯缝宽度。

（　　）6. 锉削后工件的表面粗糙度主要决定于锉齿的粗细。

（　　）7. 锉削平面时主要是使锉刀保持直线运动。

（　　）8. 锉削时，根据加工余量的大小选择锉刀的长度。

（　　）9. 当孔快要钻通时，必须减小进给量，目的是不使最后一段孔壁粗糙。

（　　）10. 工件上的孔一般都是由钳工加工出来的。

（　　）11. 合理选择划线基准，是提高划线质量和效率的关键。

（　　）12. 划线时，一般不应选择设计基准为划线基准。

（　　）13. 划线时，借料是避开毛坯缺陷、重新分配加工余量的一种方法。

（　　）14. 用划针划线时，针尖要紧靠在导向工具的边沿。

（　　）15. 铰孔时，铰刀可以正转也可以反转。

（　　）16. 铰孔一般是扩孔的前道工序。

（　　）17. 锯割速度过快，锯齿易磨损，这是因为同时参加切削的齿数少，使每齿负担的锯削量过大。

（　　）18. 锯深缝时，当锯到锯弓架将要碰到工件时，应将锯条转过90°重新安装，使锯弓架转到工件的旁边，继续锯削。

（　　）19. 锯 ϕ30mm 的铜管应选用粗齿锯条。

（　　）20. 锯条长度是指锯条两端之间的距离。

（　　）21. 开始推锉时，左手压力要大，右手压力要小，锉刀保持水平。

（　　）22. 可以用锉刀的边齿锉去毛坯件表面的氧化皮。

（　　）23. 麻花钻的刀柄是用来传递钻头动力的。

（　　）24. 麻花钻的刀体包括切削部分和导向部分。

（　　）25. 麻花钻的导向部分有两条对称的螺旋槽。

（　　）26. 钳工是一种手持工具对金属材料进行切削加工的方法。

（　　）27. 不可用细锉刀作为粗锉使用和锉软金属。

（　　）28. 试钻后发现孔已钻偏，应作废品处理。

(　　) 29. 手铰切削速度低，不会受到切削热和振动的影响，所以不需加冷却润滑液。

(　　) 30. 丝锥的头锥和二锥的区别在于切削部分的锥度大小不一样。

(　　) 31. 尺寸链由封闭环和组成环构成。

(　　) 32. 组成环包含增环和减环。

(　　) 33. 尺寸链按其功能可分为设计尺寸链和工艺尺寸链。按其尺寸性质可分为线性尺寸链和角度尺寸链。

(　　) 34. 钻孔使用冷却液润滑时，必须在钻锋吃入金属后，再开始浇注。

(　　) 35. 台虎钳夹持工件的已加工表面时，应用铜钳口加以保护。

(　　) 36. 台式钻床安装在工作台上，适合加工零件上的小孔。

(　　) 37. 直径较小，精度要求较高，表面粗糙度值较小的孔可以用钻、扩、铰的方法加工。

(　　) 38. 用手锯锯削时，一般往复长度不应小于锯条长度的 2/3。

(　　) 39. 钻床钻孔时，钻小孔转速需快些，钻大孔转速需慢些。

(　　) 40. 游标卡尺尺身和游标上的刻线间距都是 1mm。

(　　) 41. 游标卡尺是一种常用量具，能测量各种不同精度要求的零件。

(　　) 42. 千分尺活动套管转 2 周，测微螺杆就移动 1mm。

(　　) 43. 台虎钳夹持工件时，可套上长管子扳紧手柄，以增加夹紧力。

(　　) 44. 复杂零件的划线就是立体划线。

(　　) 45. 平面划线只需选择一个划线基准，立体划线则要选择两个划线基准。

(　　) 46. 锯条长度是以其两端安装孔的中心距来表示的。

(　　) 47. 锯条反安装后，由于楔角发生变化，锯削将不能正常进行。

(　　) 48. 起锯时，起锯角越小越好。

(　　) 49. 锯条粗细应根据工件材料性质及锯削面宽窄来选择。

(　　) 50. 锯条有了锯路，使工件上锯缝宽度大于锯条背部厚度。

(　　) 51. 固定式锯弓可安装几种不同长度规格的锯条。

(　　) 52. 锉削过程中，两手对锉刀压力的大小应保持不变。

(　　) 53. 锉刀的硬度应在 62~67HRC。

(　　) 54. 同一锉刀上主锉纹斜角与辅锉纹斜角相等。

(　　) 55. 一般划线的尺寸精度可达到 0.25~0.5mm。

(　　) 56. 划线要求划出的线条除清晰外，最重要的是要保证正确。

(　　) 57. 锉削零件的表面粗糙度 Ra 值可达 0.8μm 左右。

(　　) 58. 锉削表面平面度误差超差的原因是由于推力和压力不均造成的。

(　　) 59. 锉削外曲面的关键是锉刀作横向锉削，同时要不断地随圆弧面作摆动。

(　　) 60. 锯条上锯齿的粗细以 25mm 长度内的锯齿的齿数来表示。

(　　) 61. 丝锥攻螺纹时，始终需要加压旋转，才能加工出完整的内螺纹。

(　　) 62. 丝锥是加工内螺纹的工具。

(　　) 63. 攻螺纹前的底孔直径必须大于螺纹标准中规定的螺纹小径。

(　　) 64. 套螺纹时，圆杆顶端应倒角至 15°~20°。

(　　) 65. 手攻螺纹时，每扳转铰杠一圈就应倒转 1/2 圈，不但能断屑，且可减少切削刃因粘屑而使丝锥轧住的现象发生。

(　　) 66. 螺纹的完整标记由螺纹的代号、螺纹的公差代号和螺纹精度等级代号所组成。

(　　) 67. 螺纹的基准线是螺纹线。

(　　) 68. 手用丝锥前角 $\gamma_o=10°\sim20°$。

(　　) 69. 零、部件或机器上若干首尾相接并形成封闭环图形的尺寸系统称为尺寸链。

(　　) 70. 尺寸链按应用场合分装配尺寸链、零件尺寸链和工艺尺寸链。

(　　) 71. 封闭环的公称尺寸等于所有减环的公称尺寸之和减去所有增环的公称尺寸之和。

(　　) 72. 工艺尺寸链中，组成环可分为增环与减环。

(　　) 73. 铰孔尺寸 ϕ12H7，宜选用 ϕ12mm 钻头，先钻孔再铰孔。

(　　) 74. 铰削完成时，必须逆转退刀，以免伤及铰刀切削刃。

(　　) 75. 在尺寸链中被间接控制的、当其他尺寸出现后自然形成的尺寸，称为封闭环或终结环。

(　　) 76. 按划线钻孔时，为防止钻孔位置超差，应把钻头横刃磨短，使其定心良好，或者在孔中心先钻一定位小孔。

(　　) 77. 表面粗糙度 Ra 值越大，表示表面粗糙度要求越高；Ra 值越小，表示表面粗糙度要求越低。

(　　) 78. 标准麻花钻的横刃斜角为 $50°\sim55°$。

(　　) 79. 铰刀可以修正孔的直线度。

(　　) 80. 尺寸公差用于限制尺寸误差，其研究对象是尺寸；而几何公差用于限制几何要素的形状和位置误差，其研究对象是几何要素。

(　　) 81. 尺寸链是在设计图样上相互联系且按一定顺序排列的封闭尺寸配合。

(　　) 82. 尺寸链具有两个重要特征：关联性和封闭性。

(　　) 83. 铰削加工时，铰出的孔径可能比铰刀实际直径小，也可能比铰刀实际直径大。

(　　) 84. 一个尺寸链中一定只能有一个封闭环。

(　　) 85. 铰孔是用铰刀对粗加工的孔进行精加工。

(　　) 86. 手工铰孔时要边铰边倒转铰刀，以利排屑。

(　　) 87. 套螺纹前，圆杆直径太小会使螺纹太浅。

(　　) 88. 多线螺纹的螺距就是螺纹的导程。

(　　) 89. 机攻螺纹时，丝锥的校准部分不能全部出头，否则退出时造成螺纹乱牙。

(　　) 90. 板牙只在单面制成切削部分，故板牙只能单面使用。

(　　) 91. 刮削是一种粗加工方法。

(　　) 92. 粗刮时增加研点，可改善表面质量，使刮削面符合精度要求。

(　　) 93. 刮花的目的是使刮削面美观，并使滑动件之间造成良好的润滑条件。

(　　) 94. 普通金属刮削余量一般控制在 0.2~0.3mm。

(　　) 95. 研磨时，研具的硬度要低于工件硬度。

(　　) 96. 刮研平面的质量常以 25mm×25mm 面积内接触点数来表示。

(　　) 97. 刮削时产生的主要缺陷有磨损、掉块、碎裂、划道、沟痕和刮削不精等。

(　　) 98. 研具的材料应当比工件材料稍硬，否则其几何精度不易保持，从而影响研磨精度。

(　　) 99. 刮削余量的合理选择与工件面积、刚性和刮削前的加工方法等因素有关，一般在 0.5~0.4mm。

(　　) 100. 狭窄平面要研成半径为 R 的圆角，则采用仿 8 字形研磨的运动轨迹。

(　　) 101. 研磨时，用于制造研磨工具材料的表面硬度应稍高于被研磨零件。

(　　) 102. 研磨圆柱孔时，如工件两端有过多的研磨剂挤出，不及时擦掉会出现孔口扩大。

(　　) 103. 用固定式研磨棒研磨孔径时，有槽的用于粗研磨。

(　　) 104. 平面刮削一般要经过粗刮、细刮和精刮三个步骤。

(　　) 105. 刮削平板时，必须采用一个方向进行刮削，否则会造成刀迹紊乱，降低刮削表面质量。

(　　) 106. 工件弯形时一般要弯过一些，以抵消工件的回弹。

(　　) 107. 矫正薄板料，不是使板料面积延展，而是利用拉伸或压缩的原理。

(　　) 108. 金属材料弯形时，其他条件一定，弯形半径越小，变形也越小。

(　　) 109. 材料弯形后，中性层长度保持不变，但实际位置一般不在材料几何中心。

(　　) 110. 工件弯形卸荷后，弯形角度和弯形半径会发生变化，出现回弹现象。

(　　) 111. 弯形半径不变，材料厚度越小，中性层越接近材料厚度的中间。

(　　) 112. 常用钢件弯形半径大于两倍厚度时，一般就可能会被弯裂。

(　　) 113. 弯形管子直径在 12mm 以上需用热弯法。

(　　) 114. 矫正棒料或轴类零件时一般采用延展法。

(　　) 115. 手工弯 10mm 以上的管子时，为防止弯瘪，一般应在管内灌满干沙进行弯形。

(　　) 116. 所有金属材料都能进行矫正与弯形。

(　　) 117. 矫正轴类零件的弯曲方法是使凸部受压缩短，凹部受拉伸长。

(　　) 118. 在外力作用下能够产生变形的材料或制件，都可以进行矫正。

(　　) 119. 弯形时，材料的弯形角越大，它的外层材料拉伸就越严重。

(　　) 120. 材料弯形后，其端面面积不变。

二、单项选择题（请将正确答案的序号填在括号中）

1. 用游标卡尺测量工件某部位时，卡尺与工件应垂直，记下（　　）。

A. 最小尺寸　　B. 最大尺寸　　C. 平均尺寸　　D. 任意尺寸

2. 用游标卡尺测量工件，读数时先读出游标零刻线对（　　）刻线左边格数为多少毫米，再加上游标上的读数。

A. 尺身　　B. 游标　　C. 活动套筒　　D. 固定套筒

3. 常用的台虎钳有（　　）和固定式两种。

A. 齿轮式　　B. 回转式　　C. 蜗杆式　　D. 齿条式

4. 划线的基准工具是（　　）。

A. 划针　　B. 样冲　　C. 角尺　　D. 划线平板

5. 锯削薄板时用（　　）钢锯条。

A. 细齿　　B. 一般齿　　C. 粗齿　　D. 超粗齿

6. 锯削薄壁管子时用（　　）钢锯条。

A. 粗齿　　B. 超粗齿　　C. 超细齿　　D. 细齿

7. 沉头螺孔加工的方法是（　　）。

A. 钻孔　　B. 扩孔　　C. 锪孔

8. 锉削铝或纯铜等软金属时，应选用（　　）。

A. 粗齿锉刀　　B. 细齿锉刀　　C. 中齿锉刀

9. 锉削硬材料时应选择（　　）。

A. 粗齿锉刀　　B. 细齿锉刀　　C. 油光锉

10. 锉削余量较大的平面时，应采用（　　）。

A. 顺向锉　　B. 交叉锉　　C. 油光锉

11. 当孔将被钻透时进给量要（　　）。

A. 增大　　B. 减小　　C. 保持不变

12. 划线时在工件上所选定的用来确定其他点、线、面位置的基准称为（　　）。

A. 设计基准　　B. 划线基准　　C. 定位基准

13. 经过划线确定加工时的最后尺寸，在加工过程中，为保证尺寸准确，是通过(　　)的。

A. 测量得到　　B. 划线得到　　C. 加工得到

14. 手工起锯的适宜角度为（　　）。

A. 0°　　B. 约15°　　C. 约30°

15. 为了不影响加工的最后尺寸，在划锯割线时对锯缝的宽度与锯条的厚度两者的关系要考虑到（　　）。

A. 两者尺寸相同　　B. 前者比后者的尺寸略大一些

C. 前者比后者的尺寸略小一些

16. 摇臂钻床适合加工（　　）。

A. 笨重的大型、复杂工件上的孔　　B. 小零件上的孔

C. 中、小零件上的孔

17. 用手锯锯割方法下料时，锯割线应尽量靠近台虎钳的（　　）。

A. 左面　　B. 中间　　C. 右面

18. 用钻头在实体材料上加工出孔的方法称为（　　）。

A. 镗孔　　B. 铰孔　　C. 锪孔　　D. 钻孔

19. 钻头做主运动，在工件上加工孔的机床称（　　）。

A. 车床　　B. 镗床　　C. 钻床　　D. 专用机床

20. 在零件图上用来确定其他点、线、面位置的基准，称为（　　）。

A. 设计基准　　B. 划线基准　　C. 定位基准

21. 锯条有了锯路，可使工件上的锯缝宽度（　　）锯条背部厚度。

A. 小于　　B. 等于　　C. 大于

22. 锯条反装后，其楔角（　　）。

A. 大小不变　　B. 增大　　C. 减小

23. 锯削时的锯削速度以每分钟往复（　　）为宜。
A. 20 次以下　B. 20~40 次　C. 40 次以上
24. 在锉削窄长平面和修整尺寸时，可选用（　　）。
A. 推锉法　B. 顺向锉法　C. 交叉锉法
25. 在锉刀工作面上起主要锉削作用的锉纹是（　　）。
A. 主锉纹　B. 辅锉纹　C. 边锉纹
26. 平锉、方锉、圆锉、半圆锉和三角锉属于（　　）类锉刀。
A. 特种锉　B. 整形锉　C. 普通锉
27. 摇臂钻床的摇臂回转角度为（　　）。
A. ±45°　B. ±90°　C. ±120°　D. ±180°
28. 被加工孔直径大于 10mm 或加工精度要求高时，宜采用（　　）式钻模。
A. 固定　B. 翻转　C. 回转　D. 移动
29. 锯弓材料多为（　　）。
A. 低碳钢　B. 中碳钢　C. 高碳钢　D. 铸铁
30. 钻孔时，当孔呈多角形时，产生的主要原因可能是钻头（　　）。
A. 前角太大　B. 后角太大　C. 前角太小　D. 后角太小
31. 铰孔的切削速度比钻孔的切削速度（　　）。
A. 大　B. 小　C. 相等
32. 在钻床上钻孔时，传给工件的切削热（　　）。
A. 可忽略不计　B. 占 50% 以上
C. 只占 10% 以下　D. 占 10%~20%
33. 钻小孔或长径比较大的孔时，应取（　　）的转速钻削。
A. 较低　B. 中等　C. 较高
34. 锯削管子和薄板料时，应选择（　　）锯条。
A. 粗齿　B. 中齿　C. 细齿
35. 细齿锯条适合于（　　）材料的锯削。
A. 软　B. 硬　C. 锯削面较宽
36. 钳工锉的主锉纹斜角应为（　　）。
A. 45°~52°　B. 65°~72°　C. 90°
37. 钻孔时，钻头绕本身轴线的旋转运动称为（　　）。
A. 进给运动　B. 主运动　C. 旋转运动
38. 麻花钻刃磨时，其刃磨部位是（　　）。
A. 前面　B. 后面　C. 副后面
39. 圆锉刀的尺寸规格是以（　　）大小表示的。
A. 长度　B. 方形尺寸　C. 直径　D. 宽度
40. 扩孔加工属于孔的（　　）。
A. 粗加工　B. 半精加工　C. 精加工
41. 扩孔时的切削速度（　　）。
A. 是钻孔的 1/2　B. 与钻孔相同　C. 是钻孔的 2 倍

42. 铰孔结束后，铰刀应（　　）退出。

A. 正转　　B. 反转　　C. 正反转均可

43. 划线时当发现毛坯误差不大，但用找正方法不能补救时，可用（　　）方法来予以补救，使加工后的零件仍能符合要求。

A. 找正　　B. 借料　　C. 变换基准　　D. 改图样尺寸

44. 钻头上缠绕切屑时，应及时停车，用（　　）清除。

A. 手　　B. 工件　　C. 钩子　　D. 嘴吹

45. 在尺寸链中被间接控制的，在其他尺寸确定后自然形成的尺寸，称为（　　）。

A. 增环　　B. 减环　　C. 封闭环

46. 钳工常用的锯条长度是（　　）mm。

A. 500　　B. 400　　C. 300　　D. 200

47. 锯条的切削角度前角是（　　）。

A. 30°　　B. 0°　　C. 60°　　D. 40°

48. 砂轮机的搁架与砂轮间的距离，一般应保持在（　　）以内。

A. 10mm　　B. 5mm　　C. 3mm

49. 立体划线要选择（　　）划线基准。

A. 一个　　B. 两个　　C. 三个

50. 零件两个方向的尺寸与其中心线具有对称性，且其他尺寸也从中心线起始标注，该零件的划线基准是（　　）。

A. 一个平面和一条中心线　　B. 两条相互垂直的中心线

C. 两个相互垂直的平面（或线）

51. 划线时V形铁是用来安放（　　）工件。

A. 圆形　　B. 大型　　C. 复杂形状

52. 划线时，应使划线基准与（　　）一致。

A. 设计基准　　B. 安装基准　　C. 测量基准

53. 在已加工表面划线时，一般使用（　　）涂料。

A. 白喷漆　　B. 涂粉笔　　C. 蓝油

54. 为了使锉削表面光滑，锉刀的锉齿沿锉刀轴线方向成（　　）排列。

A. 不规则　　B. 平行　　C. 倾斜有规律

55. 锉削精度可达到（　　）。

A. 1mm　　B. 0.01mm　　C. 0.1mm

56. 操作（　　）时不能戴手套。

A. 钻床　　B. 车床　　C. 铣床　　D. 机床

57. Z3040型摇臂钻床主轴前端有一个（　　）号莫氏锥孔。

A. 2　　B. 3　　C. 4　　D. 5

58. 工艺尺寸链的封闭环是（　　）。

A. 精度要求最高的环　　B. 经过加工直接保证的尺寸

C. 尺寸最小的环　　D. 经过加工后间接得到的尺寸

59. 用完全互换法解尺寸链时，为了满足装配精度要求，应在各组成环中保留一个组成环，其极限尺寸由封闭环极限尺寸方程式确定，此环称为（ ）。

A. 开环 B. 协调环 C. 增环 D. 减环

60. 锥铰刀铰削时，全齿切削（ ）。

A. 较费时 B. 较省时 C. 较费力 D. 较省力

61. 攻不通孔螺纹时，孔的深度（ ）。

A. 与螺纹深度相等 B. 大于螺纹深度 C. 小于螺纹深度

62. 螺纹底孔直径大小的确定是根据（ ）。

A. 材料的硬度 B. 材料的化学性能 C. 材料的性质

63. 丝锥由工作部分和（ ）两部分组成。

A. 柄部 B. 校准部分 C. 切削部分

64. 普通三角形螺纹牙型角为（ ）。

A. 30° B. 40° C. 55° D. 60°

65. 与外螺纹牙顶或内螺纹牙底相重合的假想圆柱面直径称（ ）。

A. 螺纹大径 B. 螺纹小径 C. 螺纹中径 D. 螺距

66. 为了使钻头在切削过程中，既能保持正确的切削方向，又能减小钻头与孔壁的摩擦，钻头的直径应当（ ）。

A. 向柄部逐渐减小 B. 向柄部逐渐增大 C. 保持不变

67. 手用铰刀的校准部分是（ ）。

A. 前小后大的锥形 B. 前大后小的锥形 C. 圆柱形

68. 攻螺纹前的底孔直径应（ ）螺纹小径。

A. 略大于 B. 略小于 C. 等于

69. 用丝锥加工零件内螺纹时，（ ）使用切削液。

A. 不必 B. 必须 C. 用不用都可以

70. 在钢件和铸铁件上加工同样直径的内螺纹时，其底孔直径（ ）。

A. 同样大 B. 钢件比铸件稍大

C. 铸件比钢件稍大 D. 相差两个螺矩

71. 套螺纹前圆杆直径应（ ）螺纹的大径尺寸。

A. 稍大于 B. 稍小于 C. 等于 D. 大于或等于

72. 常用螺纹按（ ）可分为三角形螺纹、矩形螺纹，梯形螺纹和锯齿螺纹等。

A. 螺纹的用途 B. 螺纹轴向剖面内的形状

C. 螺纹的受力方式 D. 螺纹在横向剖面内的形状

73. 标准丝锥切削部分的前角为（ ）。

A. 5°~6° B. 6°~7° C. 8°~10° D. 12°~16°

74. M3 以上的圆板牙尺寸可调节，其调节范围是（ ）。

A. 0.1~0.25mm B. 0.6~0.9mm C. 1~1.5mm D. 1.5~2mm

75. 錾削时眼睛的视线要对着（ ）。

A. 工件的錾削部位 B. 錾子头部 C. 锤头

76. 欲正确导引钻头钻入工件，宜选用（ ）。

A. 中心钻头 B. 锥孔钻头 C. 沉头钻头 D. 平钻头

77. 利用丝锥攻制 M10×1.5 的螺纹时，宜选用之底孔钻头直径为（　　）。

A. 9.5mm　　B. 7mm　　C. 8.5mm　　D. 7.5mm

78. 铰削铸件孔时，选用（　　）。

A. 硫化切削液　　B. 活性矿物油　　C. 煤油　　D. 乳化液

79. 錾削硬钢或铸铁等硬材料时，楔角取（　　）。

A. 30°~50°　　B. 50°~60°　　C. 60°~70°　　D. 70°~90°

80. 在钻床上钻深孔由于钻头刚性不足钻削后（　　）。

A. 孔径变大，孔中心线不弯曲　　B. 孔径不变，孔中心线弯曲

C. 孔径变大，孔中心线弯曲　　D. 孔径不变，孔中心线不弯

81. 低合金工具钢多用于制造丝锥、板牙和（　　）。

A. 钻头　　B. 高速切削工具　　C. 车刀　　D. 铰刀

82. 孔的形状精度主要有（　　）和（　　）。

A. 垂直度　　B. 圆度　　C. 平行度　　D. 同轴度　　E. 圆柱度

83. 加工硬材料时，为保证钻头切削刃强度，可将靠近外缘处（　　）磨小。

A. 前角　　B. 后角　　C. 顶角　　D. 螺旋角

84. 钻铸铁时钻头为了增大容屑空间，将钻头后刀面磨去一块，即形成（　　）的第二重后角。

A. 30°　　B. 43°　　C. 45°　　D. 60°

85. 扩孔时的吃刀深度为（　　）。

A. $D/2$　　B. $D/2$　　C. $(D-d)/2$　　D. $(D+d)/2$

86. 螺纹公差带的位置由（　　）确定。

A. 极限偏差　　B. 公差带　　C. 基本偏差　　D. 公称尺寸

87. 钻床夹具是在钻床上用来（　　）、扩孔、铰孔的机床夹具。

A. 攻螺纹　　B. 钻孔　　C. 研磨　　D. 冲压

88. 麻花钻将棱边转角处副后刀面磨出副后角主要用于加工（　　）。

A. 铸铁　　B. 碳钢　　C. 合金钢　　D. 铜

89. 钻不通孔时，要按钻孔深度调整（　　）。

A. 切削速度　　B. 进给量　　C. 背吃刀量　　D. 挡块

90. 当孔的精度要求较高和表面粗糙值较小时，加工中应取（　　）。

A. 大进给量　　B. 大背吃刀量

C. 小速度　　D. 小进给量大速度

91. 一般铰刀切削部分前角为（　　）。

A. 0°~3°　　B. 6°~8°　　C. 6°~10°　　D. 10°~16°

92. 刮削导轨时，应先刮（　　）表面。

A. 大　　B. 小　　C. 上　　D. 下

93. 刮削导轨时，一般应将工件放在（　　）上。

A. 钳台　　B. 平台　　C. 调整垫铁　　D. 夹具

94. 机械加工后留下的刮削余量不宜太大，一般为（　　）mm。

A. 0.04~0.05　　B. 0.05~0.4　　C. 0.4~0.5　　D. 0.2~0.3

95. 曲面刮削时，应根据其不同的（　　）和不同的刮削要求选择刮刀。

A. 尺寸　　B. 形状　　C. 精度　　D. 位置

96. 刮削大型平导轨时，在 25mm×25mm 内接触点为（　　）点。

A. 8　　B. 6　　C. 4　　D. 2

97. 平板通过刮削而获得较高的精度，首先要有精度高的（　　）

A. 组合夹具　　B. 先进模具　　C. 成形刀具　　D. 检验工具

98. 酒精适用于（　　）刮削的显示剂。

A. 精　　B. 粗　　C. 细　　D. 极精密

99. 红丹粉颗粒很细，用时以少量（　　）油调和均匀。

A. 汽　　B. 煤　　C. 柴　　D. 机

100. 平面刮削的精度检查用（　　）来表示。

A. 平行度　　B. 垂直度　　C. 显示点　　D. 水平度

101. 粗刮平面至每 25mm×25mm 的面积上有（　　）研点时，才可进入细刮。

A. 12~20　　B. 4~6　　C. 2~3　　D. 20 以上

102. 刮削二级精度平板之前，最好经过（　　）

A. 精刨　　B. 精车　　C. 精磨　　D. 精铣

103. 研磨动压轴承主轴用的研磨套的内套，在外圆上应开（　　）条槽。

A. 1　　B. 2　　C. 3　　D. 4

104. 研具材料比被研磨的工件（　　）。

A. 硬　　B. 软

C. 软硬均可　　D. 可能软也可能硬

105. 煤油、汽油、机油等可作为（　　）。

A. 研磨剂　　B. 研磨液　　C. 磨料　　D. 研磨膏

106. 研磨较大机件上的孔时，尽可能将孔置于（　　）方向。

A. 垂直　　B. 平行　　C. 对称　　D. 任意

107. 在研磨工作中，对钳工而言，经常采用的是（　　）研磨。

A. 机械　　B. 机动　　C. 手工　　D. 自动

108. 研磨面出现表面粗糙度值较大时，是（　　）。

A. 研磨剂太厚　　B. 研磨时没调头　　C. 研磨剂混入杂质　　D. 磨料太厚

109. 当研磨高速钢件时可选用（　　）。

A. 棕刚玉　　B. 白刚玉　　C. 绿色碳化硅　　D. 金刚石

110. 在研磨中起调和磨料，冷却和润滑作用的是（　　）。

A. 研磨液　　B. 研磨剂　　C. 磨料　　D. 工件

111. 适宜做研磨研具的最好材料是（　　）。

A. 灰铸铁　　B. 钢　　C. 软钢　　D. 球墨铸铁

112. 研磨平板有四个精度级别，最高为（　　）级。

A. 0　　B. 1　　C. 2　　D. 3

113. 研磨平板的形状仅有（　　）形。

A. 方　　B. 矩　　C. 三角　　D. 圆

114. 修整平面的工作面，若在25mm×25mm内接触研点为（　　）点以上，并均匀分布，则为合格。

A. 15　　B. 20　　C. 22　　D. 25

115. 装配时，使用可换垫片、衬套和镶条等，以消除零件间的累积误差或配合间隙的方法是（　　）。

A. 修配法　　B. 调整法　　C. 完全互换法

116. 刮削具有切削量小、切削力小、装夹变形（　　）等特点。

A. 小　　B. 大　　C. 适中　　D. 或大或小

117. 蓝油适用于（　　）刮削。

A. 铸铁　　B. 钢　　C. 铜合金　　D. 任何金属

118. 检查曲面刮削质量，其校准工具一般是与被检曲面配合（　　）。

A. 孔　　B. 轴　　C. 孔或轴　　D. 都不是

119. 刮刀精磨需在（　　）上进行。

A. 磨石　　B. 粗砂轮　　C. 油砂轮　　D. 都可以

120. 在研磨过程中，氧化膜迅速形成，即是（　　）作用。

A. 物理　　B. 化学　　C. 机械

121. 冷矫正由于冷作硬化现象的存在，只适用于（　　）的材料。

A. 刚性好，变形严重　　B. 塑性好，变形不严重

C. 刚性好，变形不严重　　D. 强度好

122. 金属材料弯曲变形后，外层受拉力而（　　）。

A. 缩短　　B. 长度不变　　C. 伸长　　D. 变厚

123. 当材料厚度不变时，弯形半径越大，变形（　　）。

A. 越小　　B. 越大　　C. 可能大也可能小

124. 弯形有焊缝的管子时，焊缝必须放在其（　　）的位置。

A. 弯形外层　　B. 弯形内层　　C. 中性层

125. 矫正弯形时，材料产生的冷作硬化，可采用（　　）方法。

A. 回火　　B. 淬火　　C. 调质

126. 只有（　　）的材料才能进行弯形。

A. 硬度较高　　B. 塑性较好　　C. 脆性较大

127. 钢板在弯形时，其内层材料受到（　　）。

A. 压缩　　B. 拉伸　　C. 延展

128. 材料弯形后，其长度不变的一层称为（　　）。

A. 中心层　　B. 中间层　　C. 中性层

129. 对扭曲变形的条料，可用（　　）进行矫正。

A. 扭转法　　B. 弯曲法　　C. 延展法

130. 提高锤击力最有效的方法是锤子击下去时应有（　　）速度。

A. 加　　B. 减　　C. 均匀　　D. 低

131. 矫正工作只能对（　　）材料进行。

A. 脆性　　B. 塑性　　C. 硬性

132. 钢板弯形时，内层材料不被压裂的最小弯曲半径为（　　）材料厚度。

A. 大于2倍　　B. 等于　　C. 小于2倍　　D. 大于4倍

133. 工件弯形后，由于弹性变形的恢复，使弯形角度和半径发生变化，称为（　）。

A. 弹性变形　　B. 塑性变形　　C. 回火　　D. 回弹

134. 为防止弯曲件拉裂（或压裂），必须限制工件的（　　）。

A. 长度　　B. 弯曲半径　　C. 材料　　D. 厚度

135. 在一般情况下，为简化计算，当 $x_0/t \geqslant 8$ 时，中性层位置系数可按（　　）计算。

A. $x_0=0.3$　　B. $x_0=0.4$　　C. $x_0=0.5$　　D. $x_0=0.6$

136. 棒料和轴类零件在矫正时会产生（　　）变形。

A. 塑性　　B. 弹性　　C. 塑性和弹性　　D. 扭曲

137. 中性层的实际位置与材料的（　）有关。

A. 弯曲半径和材料厚度　　B. 硬度

C. 长度　　D. 强度

138. 在计算圆弧部分中性层长度的公式 $A=(r+x_0t)\alpha/180°$ 中，x_0 指的是材料的（　　）。

A. 内弯曲半径　　B. 中性层系数　　C. 中性层位置系数　　D. 弯曲直径

139. 角钢既有弯曲变形又有扭曲变形时，一般应先矫正（　　）。

A. 弯曲变形　　B. 扭曲变形　　C. 两种均可

140. 弯形管子，直径在12mm以上需用热弯法，最小弯形半径必须大于管子直径的（　　）以上。

A. 4倍　　B. 2倍　　C. 6倍

答案

一、判断题

1. ✓	2. ✓	3. ×	4. ✓	5. ✓	6. ✓	7. ×	8. ×	9. ×	10. ×
11. ✓	12. ×	13. ✓	14. ✓	15. ×	16. ×	17. ✓	18. ✓	19. ×	20. ×
21. ✓	22. ✓	23. ✓	24. ✓	25. ✓	26. ✓	27. ✓	28. ×	29. ✓	30. ×
31✓	32. ✓	33. ✓	34. ×	35. ✓	36. ×	37. ✓	38. ✓	39. ✓	40. ×
41. ×	42. ✓	43. ×	44. ×	45. ×	46. ✓	47. ×	48. ×	49. ✓	50. ✓
51. ×	52. ×	53. ✓	54. ×	55. ✓	56. ✓	57. ✓	58. ×	59. ✓	60. ✓
61. ×	62. ✓	63. ✓	64. ✓	65. ✓	66. ×	67. ×	68. ×	69. ✓	70. ✓
71. ×	72. ✓	73. ×	74. ×	75. ✓	76. ✓	77. ×	78. ✓	79. ×	80. ✓
81. ✓	82. ✓	83. ✓	84. ✓	85. ✓	86. ×	87. ×	88. ×	89. ✓	90. ×
91. ×	92. ×	93. ✓	94. ✓	95. ✓	96. ✓	97. ×	98. ×	99. ✓	100. ×
101. ×	102. ✓	103. ✓	104. ✓	105. ×	106. ✓	107. ✓	108. ×	109. ✓	110. ✓
111. ✓	112. ×	113. ✓	114. ×	115. ✓	116. ×	117. ✓	118. ×	119. ✓	120. ×

二、单项选择题

1. A	2. A	3. B	4. D	5. A	6. D	7. C	8. A	9. B	10. B
11. B	12. B	13. A	14. B	15. B	16. A	17. C	18. D	19. C	20. A
21. C	22. A	23. B	24. B	25. A	26. C	27. D	28. A	29. A	30. B

31. B　32. B　33. C　34. B　35. B　36. B　37. B　38. B　39. C　40. B
41. A　42. A　43. B　44. C　45. C　46. C　47. B　48. C　49. C　50. B
51. A　52. A　53. C　54. C　55. B　56. A　57. C　58. D　59. B　60. C
61. B　62. C　63. A　64. D　65. A　66. A　67. A　68. A　69. B　70. B
71. B　72. B　73. C　74. A　75. A　76. A　77. C　78. C　79. C　80. B
81. D　82. B、E　83. A　84. C　85. C　86. C　87. B　88. A　89. D　90. D
91. B　92. C　93. B　94. B　95. B　96. B　97. D　98. D　99. A　100. C
101. C　102. B　103. C　104. B　105. B　106. B　107. C　108. D　109. B　110. A
111. D　112. A　113. B　114. B　115. B　116. A　117. C　118. B　119. A　120. B
121. B　122. C　123. A　124. C　125. A　126. B　127. A　128. C　129. A　130. A
131. B　132. A　133. D　134. B　135. C　136. B　137. A　138. C　139. B　140. A

附录B　工具钳工国家职业标准（节选）

1. 职业概况

1.1　职业名称

工具钳工。

1.2　职业定义

操作钳工工具、钻床等设备，进行刃具、量具、模具、夹具、索具、辅具等（统称工具，也称工艺装备）的零件加工和修整，组合装配，调试与修理的人员。

1.3　职业等级

本职业共设五个等级，分别为：初级（国家职业资格五级）、中级（国家职业资格四级）、高级（国家职业资格三级）、技师（国家职业资格二级）、高级技师（国家职业资格一级）。

1.4　职业环境

室内，常温。

1.5　职业能力特征

具有一定的学习、表达和计算能力，具有一定的空间感、形体知觉及较敏锐的色觉，手指、手臂灵活，动作协调。

1.6　基本文化程度

初中毕业。

1.7　培训要求

1.7.1　培训期限

全日制职业学校教育，根据其培养目标和教学计划确定。晋级培训期限：初级不少于500标准学时；中级不少于400标准学时；高级不少于300标准学时；技师不少于300标准学时；高级技师不少于200标准学时。

1.7.2　培训教师

培训初、中、高级工具钳工的教师应具有本职业技师以上职业资格证书或本专业中级以上专业技术职务任职资格；培训技师的教师应具有本职业高级技师职业资格证书或本专业高级专业技术职务任职资格；培训高级技师的教师应具有本职业高级技师职业资格证2年以上或本专业高级专业技术职务任职资格。

1.7.3 培训场地设备

满足教学需要的标准教室和具有 $80m^2$ 以上的面积，且能安排8个以上工位，有相应的设备及必要的工具、量具，采光、照明、安全等设施符合作业规范的场地。

1.8 鉴定要求

1.8.1 适用对象

从事或准备从事本职业的人员。

1.8.2 申报条件

——初级（具备以下条件之一者）

（1）经本职业初级正规培训达规定标准学时数，并取得毕（结）业证书。

（2）在本职业连续见习工作2年以上。

（3）本职业学徒期满。

——中级（具备以下条件之一者）

（1）取得本职业初级职业资格证书后，连续从事本职业工作3年以上，经本职业中级正规培训达规定标准学时数，并取得毕（结）业证书。

（2）取得本职业初级职业资格证书后，连续从事本职业工作5年以上。

（3）连续从事本职业工作7年以上。

（4）取得劳动保障行政部门审核认定的、以中级技能为培养目标的中等以上职业学校本职业（专业）毕业证书。

——高级（具备以下条件之一者）

（1）取得本职业中级职业资格证书后，连续从事本职业工作4年以上，经本职业高级正规培训达规定标准学时数，并取得毕（结）业证书。

（2）取得本职业中级职业资格证书后，连续从事本职业工作7年以上。

（3）取得高级技工学校或经劳动保障行政部门审核认定的、以高级技能为培养目标的高等职业学校本职业（专业）毕业证书。

（4）取得本职业中级职业资格证书的大专以上本专业或相关专业毕业生，连续从事本职业工作2年以上。

——技师（具备以下条件之一者）

（1）取得本职业高级职业资格证书后，连续从事本职业工作4年以上，经本职业技师正规培训达规定标准学时数，并取得毕（结）业证书。

（2）取得本职业高级职业资格证书后，连续从事本职业工作6年以上。

（3）高级技工学校本职业（专业）毕业生和大专以上本专业或相关专业毕业生，取得本职业高级职业资格证书后连续从事本职业工作满2年。

——高级技师（具备以下条件之一者）

（1）取得本职业技师职业资格证书后，连续从事本职业工作3年以上，经本职业高级技师正规培训达规定标准学时数，并取得毕（结）业证书。

（2）取得本职业技师职业资格证书后，连续从事本职业工作5年以上。

1.8.3　鉴定方式

分为理论知识考试和技能操作考核。理论知识考试采用闭卷笔试方式，技能操作考核采用现场实际操作方式。理论知识考试和技能操作考核均实行百分制，成绩皆达60分以上者为合格。技师、高级技师鉴定还须进行综合评审。

1.8.4　考评人员与考生配比

理论知识考试考评人员与考生配比为1∶20，每个标准教室不少于2名考评人员；技能操作考核考评员与考生配比为1∶3，且不少于3名考评员。

1.8.5　鉴定时间

理论知识考试时间不少于120min；技能操作考核时间为120~360min；论文答辩时间不少于45min。

1.8.6　鉴定场所设备

理论知识考试在标准教室进行；技能操作考核在具备必要的工具及设备的工艺装备制造车间进行。

2. 基本要求

2.1　职业道德

2.1.1　职业道德基本知识

2.1.2　职业守则

（1）遵守法律、法规和有关规定。

（2）爱岗敬业，具有高度的责任心。

（3）严格执行工作程序、工作规范、工艺文件和安全操作规程。

（4）工作认真负责，团结协作。

（5）爱护设备及工具、夹具、刀具、量具。

（6）着装整洁，符合规定；保持工作环境清洁有序，文明生产。

2.2　基础知识

2.2.1　基础理论知识

（1）识图知识。

（2）公差与配合。

（3）常用金属材料及热处理知识。

（4）常用非金属材料知识。

2.2.2　机械加工基础知识

（1）机械传动知识。

（2）机械加工常用设备知识（分类、用途、基本结构及维护保养方法）。

（3）金属切削常用刀具知识。

（4）典型零件（主轴、箱体、齿轮等）的加工工艺。

（5）设备润滑及切削液的使用知识。

（6）气动及液压知识。

（7）工具、夹具、量具使用与维护知识。

2.2.3　钳工基础知识

（1）划线知识。

（2）钳工操作知识（錾、锉、锯、钻、绞孔、攻螺纹、套螺纹）。

2.2.4　电工知识

（1）通用设备和常用电器的种类及用途。

（2）电气传动及控制原理基础知识。

（3）安全用电知识。

2.2.5　安全文明生产与环境保护知识

（1）现场文明生产要求。

（2）安全操作与劳动保护知识。

（3）环境保护知识。

2.2.6　质量管理知识

（1）企业的质量方针。

（2）岗位的质量要求。

（3）岗位的质量保证措施与责任。

2.2.7　相关法律、法规知识

（1）劳动法相关知识。

（2）合同法相关知识。

3. 工作要求

本标准对初级、中级、高级、技师、高级技师的技能要求依次递进，高级别包括低级别的要求。

3.1 初级

职业功能	工作内容	技能要求	相关知识
一、作业前准备	（一）作业环境准备和安全检查	1. 能对作业环境进行选择和整理 2. 能对常用设备、工具进行安全检查 3. 能正确使用劳动保护用品	1. 工具钳工主要作业方法和对环境的要求 2. 工具钳工常用设备、工具的使用、维护方法和安全操作规程 3. 劳动保护用品的作用和使用规定
	（二）技术准备（图样、工艺、标准）	1. 能读懂工具钳工常见的零件图及简单工艺装配图 2. 能读懂简单工艺文件及相关技术标准	1. 常见零件及简单装配图的识读知识 2. 典型零件的计算知识 3. 简单零件加工工艺知识
	（三）物质准备（设备、工具、量具）	1. 能正确选用加工设备 2. 能正确选择、合理使用工具、夹具、量具	1. 工具钳工常用设备的使用、维护、保养知识 2. 工具钳工常用工具、夹具、量具的使用和保养知识

（续）

职业功能	工作内容	技能要求	相关知识
二、作业项目实施	（一）零件的划线、加工、精整、测量	1. 能进行一般零件的平面划线及简单铸件的立体划线，并能合理借料 2. 能进行锯、錾、锉、钻、绞、攻螺纹、套螺纹、刮研、铆接、粘接及简单弯形和矫正 3. 能制作燕尾块、半燕尾块及多角样板等，并按图样进行检测及精整 4. 能正确使用和刃磨工具钳工常用刀具	1. 一般零件的划线知识 2. 铸件划线及合理借料知识 3. 刮削及研磨知识 4. 铆接、粘接、弯形和矫正知识 5. 样板的制作知识 6. 刀具的刃磨及砂轮知识
	（二）工艺装备的组装	能进行简单工具、量具、刀具、模具、夹具等工艺装备的组装、修整及调试	1. 机械装配基本知识 2. 简单工艺装备组装、修整、调试知识 3. 砂轮机、分度头等设备及工具的基本结构、工作原理和使用方法及维护知识 4. 起重设备的使用方法及其安全操作规程
	（三）工艺装备的检查	能按图样、技术标准及工艺文件对所组装的工艺装备进行检查	量具的选用及测量方法
三、作业后验证	工艺装备的验证	能参加一般工艺装备的现场验证和鉴定	工艺装备验证和鉴定的步骤及要求

3.2　中级

职业功能	工作内容	技能要求	相关知识
一、作业前准备	（一）作业环境准备和安全检查	1. 能进行特殊作业环境的选择和整理 2. 能对特殊设备、工具进行安全检查	1. 特殊作业环境下钳工作业安全操作规程 2. 特殊设备、工具的使用、维护和安全操作规程
	（二）技术准备（图样、工艺、标准）	1. 能读懂较复杂工艺装备的装配图 2. 能读懂较复杂的工艺文件及相关技术标准	1. 较复杂的工艺装备装配图的读图知识 2. 较复杂工件的加工工艺知识
	（三）物质准备（设备、工具、量具）	1. 能采取措施改进现有工艺装备以满足特殊要求 2. 能制作简单的辅助工具及夹具	工具钳工常用工具、夹具的种类、结构及使用保养方法
二、作业项目实施	（一）零件的划线、加工、精整、测量	1. 能进行较复杂、大型工件的划线及一般铸件的立体划线，并能合理借料 2. 能针对不同的材料合理选用群钻，并能进行刃磨 3. 能制作多元组合几何图形的配合零件，并达到一般配合精度	1. 复杂、大型工件及一般铸件的划线及借料知识 2. 钻削不同材料的群钻知识 3. 多元组合几何图形的配合零件制作知识

（续）

职业功能	工作内容	技能要求	相关知识
二、作业项目实施	（二）工艺装备的组装	能进行较复杂的工具、量具、刀具、模具、夹具等工艺装备的组装、修整及调试	较复杂工艺装备的组装及修整知识
	（三）工艺装备的检查	能按图样、技术标准及工艺文件对所组装的工具、量具、夹具、刀具、模具等工艺装备进行检查	工艺装备的检查知识
三、作业后验证	（一）工艺装备的验证	1. 能参加一般工艺装备的现场验证和鉴定 2. 能填写一般工艺装备的验证意见书	1. 一般工艺装备的现场验证及鉴定知识 2. 一般工艺装备验证意见书的填写方法
	（二）工艺装备故障分析、排除、修理	能分析一般工艺装备的故障原因，并进行故障排除	一般工艺装备的故障分析及排除方法

3.3 高级

职业功能	工作内容	技能要求	相关知识
一、作业前准备	（一）作业环境准备和安全检查	1. 能对大型、特殊环境的组内配和工种的作业进行安排 2. 能对大型、特殊机械装备进行安全检查	1. 大型、特殊作业环境下工具钳工作业安全操作 2. 大型、特殊机械装备的安全使用规程及操作方法
	（二）技术准备（图样、工艺、标准）	1. 能读懂复杂、精密、大型工艺装备的装配图及相关工艺文件和技术标准 2. 能设计简单专用工具及夹具	1. 典型零件及装配图的画法 2. 六点定位原理等工具、夹具设计知识
	（三）物质准备（设备、工具、量具）	能进行复杂、精密、大型工具、检具、量具的准备和调试	复杂、精密、大型工具、检具、量具的使用知识
二、作业项目实施	（一）零件的划线、加工、精整、测量	1. 能进行精密、复杂、大型工件的划线及复杂铸件的立体划线，并能合理借料 2. 能制作多元组合几何图形的配合零件，并能达到较高配合精度 3. 能加工半圆孔、斜孔 4. 能进行高硬材料的特种加工和易损零件的修复	1. 复杂铸件的划线及借料知识 2. 准直器的使用方法及计算知识 3. 半圆孔、斜孔的加工知识 4. 高硬材料的特种加工知识 5. 零件的修复技术
	（二）工艺装备的组装	能进行精密、复杂、大型工具、量具、夹具、刀具、模具等工艺装备的组装、修整及调试	精密、复杂、大型工艺装备的组装、修整及调试知识
	（三）工艺装备的检查	能按图样、技术标准及工艺文件对所组装的工具、量具、夹具、刀具、模具等工艺装备进行检查	工艺装备的检查知识

（续）

职业功能	工作内容	技能要求	相关知识
三、作业后验证	（一）工艺装备的验证	1. 能参加大型、精密、复杂工艺装备的现场验证和鉴定 2. 能填写大型、精密、复杂工艺装备的验证意见书	1. 大型、精密、复杂工艺装备的现场验证及鉴定知识 2. 大型、精密、复杂工艺装备验证意见书的填写方法
	（二）工艺装备故障分析、排除、修理	能分析大型、精密、复杂工艺装备的故障产生原因，编制故障排除方案	1. 焊接、电镀、喷涂、镀层等特殊作业知识 2. 大型、精密、复杂工艺装备的故障分析及排除方法

3.4　技师

职业功能	工作内容	技能要求	相关知识
一、作业前准备	（一）作业环境准备和安全检查	能指导大型、特殊作业环境的安排和文明作业计划的实施	1. 劳动保护有关法规 2. 安全作业和文明生产要求及其相关知识 3. 作业环境要求和环境保护知识
	（二）技术准备（图样、工艺、标准）	1. 能编制一般工艺装备的加工工艺及修复工艺，并能解决关键难题 2. 能设计较复杂的专用工具	1. 加工工艺的编制知识 2. 较复杂专用工具的设计知识
	（三）物质准备（设备、工具、量具）	能进行特殊工作条件下作业前的物质准备	特殊工作条件下工艺装备的安装、调试知识
二、作业项目实施	（一）零件的划线、加工、精整、测量	1. 能进行畸形工件的平面划线及立体划线，并能合理借料 2. 能进行精、深、小及特殊孔的钻削	1. 畸形工件的划线知识 2. 精、深、小及特殊孔的钻削知识
	（二）工艺装备的组装	能解决工艺装备组装过程中的技术难题	工艺装备组装中常出现的问题及解决方法
三、作业后验证	工艺装备故障分析、排除、修理	能综合分析大型、精密、复杂或带动力驱动工艺装备的故障产生原因，编制故障排除方案，并组织实施	1. 气动、液压系统知识 2. 排除大型、复杂、精密工艺装备故障的方法
四、培训与指导	（一）指导操作	能指导初、中、高级工人进行实际操作	培训教学基本方法
	（二）理论培训	能讲授本专业技术理论知识	
五、管理	（一）质量管理	1. 能在本职工作中认真贯彻各项质量标准 2. 能运用全面质量管理知识，实现操作过程的质量分析与控制	1. 相关质量标准 2. 质量分析与控制方法
	（二）生产管理	1. 能组织有关人员协同作业 2. 能协助部门领导进行生产计划、调度及人员的管理	生产管理基本知识

3.5　高级技师

职业功能	工作内容	技能要求	相关知识
一、作业前准备	（一）作业环境准备和安全检查	能制定大型、特殊作业环境实施规范和文明作业计划，并组织实施	制定实施规范的原则和方法
	（二）技术准备（图样、工艺、标准）	1. 能参与编制复杂工艺装备的加工工艺及修复工艺 2. 能应用国内外新技术、新工艺、新材料 3. 能绘制较复杂的工艺装备设计图 4. 能实施CAM的简单操作	1. 计算机辅助设计（CAD）基础知识 2. 计算机辅助制造（CAM）应用知识 3. 国内外新技术、新工艺、新材料的应用信息 4. 较复杂工艺装备的设计知识
	（三）物质准备（设备、工具、量具）	能制定本职业进口、特殊、大型、精密工艺装备的全面准备方案	国际、国内先进工艺装备的应用知识
二、培训与指导	（一）指导操作	能指导初、中、高级工人和技师进行实际操作	培训讲义的编写方法
	（二）理论培训	能对本专业初、中、高级技术工人进行技术理论培训	

4. 比重表

4.1　理论知识

项目			初级（%）	中级（%）	高级（%）	技师（%）	高级技师（%）
基本要求		职业道德	5	5	5	5	5
		基础知识	15	15	15	10	10
相关知识	作业前准备	作业环境准备和安全检查	10	5	5	5	5
		技术准备（图样、工艺、标准）	5	5	5	10	10
		物质准备（设备、工具、量具）	5	5	5	5	5
	作业项目实施	零件的划线、加工、精整、测量	10	10	10	10	10
		工艺装备的组装	35	25	20	10	10
		工艺装备的检查	15	15	5	5	5
	作业后验证	工艺装备的验证	—	10	20	10	5
		工艺装备的故障分析、排除、修理	—	5	10	15	20
	培训与指导	指导操作	—	—	—	5	5
		理论培训					
	管理	质量管理	—	—	—	5	5
		生产组织	—	—	—	5	5
合计			100	100	100	100	100

注：高级技师“作业项目实施”及“管理”模块内容按技师标准考核。

4.2　技能操作

项目			初级（%）	中级（%）	高级（%）	技师（%）	高级技师（%）
技能要求	作业前准备	作业环境准备和安全检查	10	10	5	5	5
		技术准备（图样、工艺、标准）	5	5	5	10	10
		物质准备（设备、工具、量具）	5	5	5	5	5
	作业项目实施	零件的划线、加工、精整、测量	15	15	10	10	10
		工艺装备的组装	50	45	35	25	15
		工艺装备的检查	15	10	10	5	5
	作业后检验	工艺装备的验证	—	5	15	15	15
		工艺装备的故障分析、排除、修理	—	5	15	15	25
	指导与培训	指导操作	—	—	—	5	5
		理论培训					
	管理	质量管理	—	—	—	5	5
		生产管理					
合计			100	100	100	100	100

附录C　钳工中级理论考试模拟试题及答案（Ⅰ）

一、单项选择题（第1题~第80题。选择一个正确答案，将相应的字母填入题内的括号中。每题1分，满分80分）

1. 游标卡尺按其测量精度可分（　　）mm、0.02mm和0.05mm。

A. 0.01　　B. 0.1　　C. 0

2. 立体划线要选择（　　）划线基准。

A. 一个　　B. 二个　　C. 三个

3. 零件两个方向的尺寸与其中心线具有对称性，且其他尺寸也从中心线起始标注，该零件的划线基准是（　　）。

A. 一个平面和一条中心线　　B. 两条相互垂直的中心线

C. 两个相互垂直的平面（或线）

4. 划线时V形铁是用来安放（　　）工件的。

A. 圆形　　B. 大型　　C. 复杂形状

5. 使用千斤顶支承划线工件时，一般（　　）为一组。

A. 两个　　B. 三个　　C. 四个

6. 划线时，应使划线基准与（　　）一致。

A. 设计基准　　B. 安装基准　　C. 测量基准

7. 在已加工表面划线时，一般使用（　　）涂料。

A. 白喷漆　　B. 涂粉笔　　C. 蓝油

8. 塞尺实际上就是一种（　　）量规。

A. 角值　　B. 尺寸　　C. 界限

9. 锯条反装后，其楔角（　　）。

A. 大小不变　B. 增大　C. 减小

10. 锯条有了锯路，可使工件上的锯缝宽度（　　）锯条背部的厚度。

A. 小于　B. 等于　C. 大于

11. 锯削管子和薄板料时，应选择（　　）锯条。

A. 粗齿　B. 中齿　C. 细齿

12. 锯削时的锯削速度以每分钟往复（　　）为宜。

A. 20 次以下　B. 20~40 次　C. 40 次以上

13. 细齿锯条适合于（　　）材料的锯削。

A. 软　B. 硬　C. 锯削面较宽

14. 在锉削窄长平面和修整尺寸时，可选用（　　）锉法。

A. 推锉法　B. 顺向锉法　C. 交叉锉法

15. 在锉刀工作面上起主要锉削作用的锉纹是（　　）。

A. 主锉纹　B. 辅锉纹　C. 边锉纹

16. 钳工锉的主锉纹斜角为（　　）。

A. 45°~52°　B. 65°~72°　C. 90°

17. 锉刀断面形状的选择取决于工件的（　　）。

A. 锉削表面形状　B. 锉削表面大小　C. 工件材料软硬

18. 为了使锉削表面光滑，锉刀的锉齿沿锉刀轴线方向成（　　）排列。

A. 不规则　B. 平行　C. 倾斜有规律

19. 测量中等尺寸导轨在垂直平面内的直线度误差时，采用（　　）法较合适。

A. 光线基准　B. 实物基准　C. 间接测量

20. 对于各种形状复杂、批量大、精度要求一般的零件可选用（　　）来进行划线。

A. 平面样板划线法　B. 几何划线法　C. 直接翻转零件法

21. 麻花钻在不同半径处，其螺旋角是（　　）。

A. 内大于外　B. 外大于内　C. 不变　D. 相等

22. 麻花钻的后角是在（　　）内测量的。

A. 主剖面　B. 圆柱剖面　C. 切削平面　D. 前刀面

23. 装配精度完全依赖于零件加工精度的装配方法，即为（　　）。

A. 完全互换法　B. 修配法　C. 选配法　D. 调整装配法

24. 封闭环公差等于（　　）。

A. 各组成环公差之和　B. 减环公差

C. 增环、减环和代数差　D. 增环公差

25. 刮研导轨方法能使导轨直线精度达到（　　）。

A. 0.05~0.10mm/1000mm　B. 0.01~0.10mm/1000mm

C. 0.005~0.10mm/1000mm

26. 下列刀具材料中热硬性最好的是（　　）。

A. 碳素工具钢　B. 高速钢　C. 硬质合金

27. 当磨钝标准相同时，刀具寿命越长表示刀具磨损（　　）。

A. 越快　B. 越慢　C. 不变

28. 刀具表面涂层硬质合金，目的是为了（　）。

A. 美观　B. 防锈　C. 提高寿命

29. 磨削的工件硬度高时，应选择（　）的砂轮。

A. 较钦　B. 较硬　C. 任意硬度

30. 在夹具中，用来确定刀具对工件的相对位置和相对进给方向，以减少加工中位置误差的元件和机构统称（　）。

A. 刀具导向装置　B. 定心装置　C. 对刀块

31. 夹具中布置六个支承点，限制了六个自由度，这种定位称（　）。

A. 完全定位　B. 过定位　C. 欠定位

32. 在安装过盈量较大的中大型轴承时，宜用（　）。

A. 热装　B. 锤击　C. 冷装

33. 当空间平面平行投影面时，其投影与原平面形状大小（　）。

A. 相等　B. 不相等　C. 相比不确定

34. 车削时，传递切削热量最多的是（　）。

A. 刀具　B. 工件　C. 切屑

35. 在铝、铜等非铁金属光坯上划线，一般涂（　）。

A. 石灰水　B. 锌钡白　C. 龙胆紫　D. 无水涂料

36. 钢板下料应采用（　）。

A. 剪板机　B. 带锯　C. 弓锯

37. 装拆内角螺钉时，使用的工具是（　）。

A. 套筒扳手　B. 内六方扳手　C. 锁紧扳手

38. 攻螺纹前的底孔直径应（　）螺纹小径。

A. 略大于　B. 略小于　C. 等于

39. 切削铸铁一般不用加切削液，但精加工时为了减小表面粗糙度值使表面光整而采用（　）作切削液。

A. 乳化液　B. 煤油　C. 机油

40. 车间内的各种起重机、电瓶车、平板车属于（　）。

A. 生产设备　B. 辅助设备　C. 起重运输设备

41. 在尺寸链中被间接控制的，在其他尺寸确定后自然形成的尺寸，称为（　）。

A. 增环　B. 减环　C. 封闭环

42. $\phi60^{+0.033}_{+0.010}$mm 的孔与 $\phi60^{-0.0653}_{-0.0980}$mm 的轴配合是（　）配合。

A. 间隙　B. 过渡　C. 过盈

43. 国家标准规定，机械图样中的尺寸以（　）为单位。

A. mm　B. cm　C. μm　D. in

44. 加工一个孔 $\phi50^{+0.03}_{-0.01}$mm，它的公差为（　）mm。

A. ϕ50　B. 0.03　C. 0.04　D. 0.01

45. 轴 $\phi50^{+0.030}_{+0.010}$mm 与孔 $\phi50^{+0.010}_{-0.040}$mm 的配合是（　）

A. 间隙配合　B. 过渡配合　C. 过盈配合

46. 平键与键槽的配合一般采用（　　）。

A. 间隙配合　　B. 过渡配合　　C. 过盈配合

47. 7518 型轴承的内孔尺寸为（　　）。

A. 90mm　　B. 60mm　　C. 100mm　　D. 40mm

48. 螺纹底孔直径大小的确定是根据（　　）。

A. 材料的硬度　　B. 材料的化学性能　　C. 材料的塑性

49. 锉削余量较大的平面时，应采用（　　）。

A. 顺向锉　　B. 交叉锉　　C. 油光锉

50. 锉削铝或纯铜等软金属时，应选用（　　）。

A. 粗齿锉刀　　B. 细齿锉刀　　C. 中齿锉刀

51. 钳工常用的锯条长度是（　　）mm。

A. 500　　B. 400　　C. 300　　D. 200

52. 钻孔时，钻头绕本身轴线的旋转运动称为（　　）。

A. 进给运动　　B. 主运动　　C. 旋转运动

53. 两带轮的传动比 $i>1$，是（　　）传动。

A. 增速　　B. 减速　　C. 变速

54. 在大批量生产中应尽量采用高效的（　　）夹具。

A. 专用　　B. 通用　　C. 组合

55. 201 型轴承的内径是（　　）mm。

A. 10　　B. 12　　C. 15　　D. 20

56. 在铸铁工件上攻制 M10 的螺纹，底孔应选择钻头直径为（　　）mm。

A. $\phi10$　　B. $\phi9$　　C. $\phi8.4$

57. 锯条的切削角度前角是（　　）。

A. 30°　　B. 0°　　C. 60°　　D. 40°

58. 用定位销连接经常拆的地方宜选用（　　）。

A. 圆柱销　　B. 圆锥销　　C. 槽销

59. 用定位销联接承受振动和有变向载荷的地方宜选用（　　）。

A. 圆柱销　　B. 圆锥销　　C. 槽销

60. 在拆卸困难的场合宜用（　　）。

A. 螺尾圆锥销　　B. 圆柱销　　C. 开尾圆锥销

61. 在两轴轴线相交的情况下，可采用（　　）。

A. 带轮传动　　B. 链轮传动　　C. 锥齿轮传动

62. 丝杠和螺母之间的相对运动属于（　　）。

A. 螺旋传动　　B. 啮合传动　　C. 摩擦传动

63. 基准孔的下极限偏差为（　　）。

A. 负值　　B. 正值　　C. 零

64. 铰孔结束后，铰刀应（　　）退出。

A. 正传　　B. 反转　　C. 正反转均可

65. 当材料强度、硬度低，钻头直径小时宜选用（　　）转速。

A. 较低　　B. 较高　　C. 中速

66. 扩孔时的切削速度比钻孔的切削速度（　）

A. 高　　B. 低　　C. 无法判断

67. 当钻孔用直径很大的钻头时转速宜放（　）。

A. 低　　B. 高　　C. 都可以

68. 铿销精度可达到（　）mm。

A. 1　　B. 0.01　　C. 0.1

69. 对于传动效率较高，受力较大的机械上宜用（　）。

A. 管螺纹　　B. 梯形螺纹　　C. 普通螺纹

70. 钻头直径为 10mm，以 960r/min 的转速钻孔时切削速度是（　）m/min。

A. 100　　B. 20　　C. 50　　D. 30

71. 一直齿圆柱齿轮，它的分度圆直径是 60mm，齿数是 20，则它的模数是（　）mm。

A. 2.5　　B. 3.5　　C. 3

72. 精刮削的表面要求在 25mm×25mm 内出现（　）点。

A. 2~3　　B. 20~25　　C. 12~15

73. 细刮削要求在 25mm×25mm 内出现（　）点。

A. 2~3　　B. 12~15　　C. 20~25

74. 用镀铬的方法修复主轴，其镀层应保证具有（　）mm 的磨削余量。

A. 0.01　　B. 1　　C. 0.03~0.1　　D. 10

75. 堆焊方法修复主轴，其堆焊的厚度通常为（　）mm。

A. 5~10　　B. 5~8　　C. 1.5~5

76. 有一铸造件，为了降低硬度，便于切削加工，应进行（　）处理。

A. 淬火　　B. 退火　　C. 高温回火

77. 一件齿轮轴制作材料为中碳钢，为了提高寿命，应进行（　）处理。

A. 淬火　　B. 退火　　C. 调质

78. 制造轴承座、减速箱一般使用（　）铸铁。

A. 灰　　B. 可锻　　C. 球墨

79. 制造刀具和工具一般选用（　）。

A. 普通碳素钢　　B. 碳素工具钢　　C. 结构钢

80. 机床上的照明设备和常移动的手持电器都采用（　）以下电压，即安全电压。

A. 18V　　B. 220V　　C. 36V　　D. 12V

二、判断题（第 81 题~100 题。将判断结果填入括号中，正确的填“✓”，错误的填“×”。每题 1 分，满分 20 分）

（　）81. 复杂零件的划线就是立体划线。

（　）82. 当毛坯件有误差时，都可通过划线的借料予以补救。

（　）83. 平面划线只需选择一个划线基准，立体划线则要选择两个划线基准。

（　）84. 划线平板平面是划线时的基准平面。

（　）85. 划线前在工件划线部位应涂上较厚的涂料，才能使划线清晰。

(　　) 86. 划线蓝油是由适量的龙胆紫、虫胶漆和酒精配制而成。
(　　) 87. 零件都必须经过划线后才能加工。
(　　) 88. 划线应从基准开始。
(　　) 89. 划线的借料就是将工件的加工余量进行调整和恰当分配。
(　　) 90. 锯条长度是以其两端安装孔的中心距来表示的。
(　　) 91. 锯条反装后，由于楔角发生变化而锯削不能正常进行。
(　　) 92. 起锯时，起锯角越小越好。
(　　) 93. 锯条粗细应根据工件材料性质及锯削面宽窄来选择。
(　　) 94. 锯条有了锯路，使工件上锯缝宽度大于锯条背部厚度。
(　　) 95. 固定式锯弓可安装几种不同长度规格的锯条。
(　　) 96. 锉削过程中，两手对锉刀压力的大小应保持不变。
(　　) 97. 锉刀的硬度应在 62~67HRC。
(　　) 98. 较短的 V 形面对工件的外圆柱面定位时，它可限制工件的两个自由度。
(　　) 99. 一般刀具材料的高温硬度越高，耐磨性越好，刀具寿命也越长。
(　　) 100. 用硬质合金车削硬钢时，切削速度越慢刀具寿命越长。

答案

一、单项选择题

1. B	2. C	3. B	4. A	5. B	6. A	7. C	8. C	9. A	10. C
11. C	12. B	13. B	14. A	15. A	16. B	17. A	18. C	19. B	20. A
21. B	22. B	23. A	24. A	25. C	26. C	27. B	28. C	29. A	30. A
31. A	32. A	33. A	34. C	35. A	36. A	37. B	38. A	39. B	40. C
41. C	42. A	43. A	44. C	45. C	46. A	47. A	48. C	49. B	50. A
51. C	52. B	53. B	54. A	55. B	56. C	57. B	58. B	59. C	60. A
61. C	62. A	63. C	64. A	65. B	66. B	67. A	68. B	69. B	70. D
71. C	72. B	73. B	74. C	75. C	76. B	77. C	78. A	79. B	80. C

二、判断题

81. ×	82. ×	83. ×	84. ✓	85. ×	86. ✓	87. ×	88. ✓	89. ✓	90. ✓
91. ×	92. ×	93. ✓	94. ✓	95. ×	96. ×	97. ✓	98. ✓	99. ✓	100. ×

附录 D　钳工中级理论考试模拟试题及答案（Ⅱ）

一、单项选择题（第 1 题~第 80 题。选择一个正确的答案，将相应的字母填入题内的括号中。每题 1 分，满分 80 分）

1. 绘制零件图对零件进行形体分析，确定主视图方向后，下一步是（　　）。
A. 选择其他视图确定表达方案　　B. 画出各个视图
C. 选择图幅，确定作图比例　　D. 安排布图画基准线

2. 国标规定外螺纹的大径应画（　　）。
A. 点画线　　B. 粗实线　　C. 细实线　　D. 虚线

3. 表面粗糙度评定参数，规定省略标注符号的是（　　）。

A. 轮廓算术平均偏差　　B. 微观不平度+点高度
C. 轮廓最大高度　　D. 均可省略

4. 产品装配的常用方法有完全互换装配法、(　　)、修配装配法和调整装配法。

A. 选择装配法　B. 直接选配法　C. 分组选配法　D. 互换装配法

5. 零件的(　　)是装配工作的要点之一。

A. 平衡试验　B. 密封性试验　C. 清理、清洗　D. 热处理

6. 利用分度头可在工件上划出圆的(　　)。

A. 等分线　　B. 不等分线
C. 等分线或不等分线　　D. 以上叙述都不正确

7. 张紧力的调整方法是靠改变两带轮的中心距或用(　　)。

A. 张紧轮张紧　　B. 中点产生 1.6mm 的挠度
C. 张紧结构　　D. 小带轮张紧

8. 工件弯曲后(　　)长度不变。

A. 外层材料　B. 中间材料　C. 中性层材料　D. 内层材料

9. 零件的密封试验是(　　)。

A. 装配工作　　B. 试车
C. 装配前准备工作　　D. 调整工作

10. 看零件图中的技术要求是为了(　　)。

A. 想象零件形状　　B. 明确各部分大小
C. 掌握质量指标　　D. 了解零件性能

11. 用划针划线时，针尖要紧靠(　　)的边沿。

A. 工件　B. 导向工具　C. 平板　D. 角尺

12. 内径千分尺的活动套筒转动一圈，测微螺杆移动(　　)。

A. 1mm　B. 0.5mm　C. 0.01mm　D. 0.001mm

13. 錾子的前刀面与后刀面之间夹角称(　　)。

A. 前角　B. 后角　C. 楔角　D. 副后角

14. 锯路有交叉形有(　　)。

A. 波浪形　B. 八字形　C. 鱼鳞形　D. 螺旋形

15. 销是一种(　　)，形状和尺寸已标准化。

A. 标准件　B. 联接件　C. 传动件　D. 固定件

16. 蜗杆与蜗轮的轴心线相互间有(　　)关系。

A. 平行　B. 重合　C. 倾斜　D. 垂直

17. 双齿纹锉刀适用锉(　　)材料。

A. 软　B. 硬　C. 大　D. 厚

18. 圆锉刀的尺寸规格是以(　　)大小表示的。

A. 长度　B. 方形尺寸　C. 直径　D. 宽度

19. 钻孔加工，孔径较大时，应取(　　)的切削速度。

A. 任意　B. 较大　C. 较小　D. 中速

20. 孔的上极限尺寸与轴的下极限尺寸之代数差为负值叫(　　)。

A. 过盈值　　B. 最小过盈　　C. 最大过盈　　D. 最大间隙

21. 带传动是依靠传动带与带轮之间的（　　）来传动的。

A. 作用力　　B. 张紧力　　C. 摩擦力　　D. 弹力

22. 刮刀头一般由（　　）锻造并经磨制和热处理淬硬而成。

A. A3 钢　　B. 45 钢　　C. T12A　　D. 铸铁

23. 在研磨中起调和磨料、冷却和润滑作用的是（　　）。

A. 研磨液　　B. 研磨剂　　C. 磨料　　D. 研具

24. 凸缘式联轴器的装配技术要求在一般情况下应严格保证（　　）。

A. 两轴的同轴度　　B. 两轴的平行度　　C. 两轴的垂直度　　D. 两轴的稳定

25. 当錾削接近尽头约（　　）mm 时，必须调头錾去余下的部分。

A. 0~5　　B. 5~10　　C. 10~15　　D. 15~20

26. 整体式、剖分式、内柱外锥式向心滑动轴承是按轴承的（　　）形式不同划分的。

A. 结构　　B. 承受载荷　　C. 润滑　　D. 获得液体摩擦

27. 剖分式滑动轴承通常在中分处有（　　），当内孔磨损时，以便调整、修配。

A. 调整螺钉　　B. 调整垫片　　C. 调整间隙　　D. 调整手柄

28. 典型的滚动轴承由内圈、外圈、（　　）、保持架四个基本元件组成。

A. 滚动体　　B. 球体　　C. 圆柱体　　D. 圆锥体

29. 轴承合金具有良好的（　　）。

A. 减摩性　　B. 耐磨性

C. 减摩性和耐磨性　　D. 高强度

30. 锯条的粗细是以（　　）mm 长度内的齿数表示的。

A. 15　　B. 20　　C. 25　　D. 35

31. 拆卸精度较高的零件，采用（　　）。

A. 击拆法　　B. 拉拔法　　C. 破坏法　　D. 温差法

32. 操作钻床时不能戴（　　）。

A. 帽子　　B. 手套　　C. 眼镜　　D. 口罩

33. 精度为 0.02mm 的游标卡尺，当游标卡尺读数为 30.42mm 时，游标上第（　　）格与主尺刻线对齐。

A. 30　　B. 21　　C. 42　　D. 49

34. 千分尺的活动套筒转动一圈，测微螺杆移动（　　）。

A. 1mm　　B. 0.5mm　　C. 0.01mm　　D. 0.001mm

35. 装配（　　）时，用涂色法检查键上、下表面与轴和毂槽接触情况。

A. 紧键　　B. 松键　　C. 花键　　D. 平键

36. 用以确定公差带相对零线位置的上极限偏差或下极限偏差称（　　）。

A. 标准公差　　B. 基本偏差　　C. 尺寸偏差　　D. 实际偏差

37. 检查曲面刮削质量，其校准工具一般是与被检曲面配合的（　　）。

A. 孔　　B. 轴　　C. 孔或轴　　D. 都不是

38. 切削用量三要素包括（　　）。

A. 切削厚度、切削宽度、进给量　　B. 切削速度、切削深度、进给量

C. 切削速度、切削宽度、进给量　D. 切削速度、切削厚度、进给量

39. 用手工研磨生产效率低，成本高，故只有当零件允许的形状误差小于0.005mm，尺寸公差小于（　　）mm时，采用这种方法加工。

A. 0.001　B. 0.01　C. 0.02　D. 0.03

40. 球墨铸铁的牌号表示法前面字母为（　　）。

A. HT　B. KT　C. QT　D. RT

41. 为改善T12钢的切削加工性，通常采用（　　）处理。

A. 完全退火　B. 球化退火　C. 去应力退火　D. 正火

42. 任何一种热处理工艺都是由（　　）阶段所组成。

A. 加热、保温、冷却三个　B. 加热、冷却两个

C. 加热、融化、冷却三个　D. 加热、保温两个

43. 划线时为保证圆滑的连接，必须准确求出圆弧的圆心及被连接段的（　　）。

A. 交点　B. 切点　C. 圆点　D. 半径

44. 矫正后金属材料硬度（　　），性质变脆，叫冷作硬化。

A. 降低　B. 提高　C. 不变　D. 降低或不变

45. 细牙普通螺纹外径16mm，螺距1mm，用代号表示为（　　）。

A. M16　B. M16-1　C. M16×1　D. M16/1

46. 用于各种紧固件和联接件的螺纹主要是（　　）。

A. 梯形和矩形螺纹　B. 锯齿形螺纹

C. 普通螺纹和管螺纹　D. 圆形螺纹

47. 125mm台虎钳，表示台虎钳的（　　）为125mm。

A. 钳口宽度　B. 高度　C. 长度　D. 夹持尺寸

48. 分度头分度的计算公式为 $n=\frac{40}{z}$，z 指的是（　　）。

A. 分度头手柄转数　B. 工件等分数

C. 蜗轮齿数　D. 蜗杆头数

49. 钻深孔时，一般钻进深度达到直径（　　）倍时，钻头必须退出排屑。

A. 1　B. 2　C. 3　D. 4

50. 装配楔键时，要用涂色法检查楔键（　　）表面与轴槽的接触情况。

A. 上下　B. 左右　C. 两侧　D. 四个

51. 圆锥销装配时，两联接件的销孔也应一起钻铰。铰孔时按圆锥销小头直径选用钻头，用（　　）锥度的铰刀铰孔。

A. 1∶20　B. 1∶30　C. 1∶40　D. 1∶50

52. 拆卸时的基本原则：拆卸顺序与装配顺序（　　）。

A. 相同　B. 相反　C. 也相同也不同　D. 基本相反

53. 零件的（　　）是装配工作的要点之一。

A. 平衡试验　B. 密封性试验　C. 清理、清洗　D. 热处理

54. 润滑剂具有（　　）作用。

A. 提高转速　B. 降低转速　C. 洗涤　D. 提高摩擦系数

55. 试车时，对有静压支承的部件，必须先开（　　），待部件浮起后，方可将其起动。

A. 液动泵　B. 冷却泵　C. 主电动机　D. 进给电动机

56. 键的磨损一般都采取（　　）的修理办法。

A. 更换键　B. 锉配键　C. 压入法　D. 试配法

57. 销是一种标准件，（　　）已标准化。

A. 形状　B. 尺寸　C. 大小　D. 形状和尺寸

58. 高速钢常用的牌号是（　　）。

A. CrWMn　B. W18Cr4V　C. 9SiCr　D. Cr12MoV

59. 在高温下能够保持刀具材料切削性能的是（　　）。

A. 硬度　B. 耐热性　C. 耐磨性　D. 强度

60. 当过盈量及配合尺寸（　　）时，常采用温差法装配。

A. 较大　B. 较小　C. 适合　D. 无要求

61. 用划线盘进行划线时，划针应尽量处于（　　）位置。

A. 垂直　B. 倾斜　C. 水平　D. 随意

62. 在零件图上用来确定其他点、线、面位置的基准称为（　　）基准。

A. 设计　B. 划线　C. 定位　D. 修理

63. 分度头的手柄转一周，装夹在主轴上的工件转（　　）。

A. 1 周　B. 20 周　C. 40 周　D. 1/40 周

64. 链传动中，链的（　　）以 $2\%L$（中心距）为宜。

A. 下垂度　B. 挠度　C. 张紧力　D. 拉力

65. 齿轮在轴上固定，当要求配合（　　）很大时，应采用液压套合法装配。

A. 间隙　B. 过盈量　C. 过渡　D. 精度

66. 蜗轮副正确的接触斑点位置应在（　　）位置。

A. 蜗杆中间　B. 蜗轮中间

C. 蜗轮中部稍偏蜗杆旋出方向　D. 蜗轮中部稍偏蜗轮旋出方向

67. 蜗杆的轴心线应在蜗轮轮齿的（　　）。

A. 对称中心平面内　B. 垂直平面内

C. 倾斜平面内　D. 不在对称中心平面内

68. 当丝锥（　　）全部进入工件时，就不需要再施加压力，而靠丝锥自然旋进切削。

A. 切削部分　B. 工作部分　C. 校准部分　D. 全部

69. 在套螺纹过程中，材料受（　　）作用而变形，使牙顶变高。

A. 弯曲　B. 挤压　C. 剪切　D. 扭转

70. 使用锉刀时不能（　　）。

A. 推锉　B. 来回锉　C. 单手锉　D. 双手锉

71. 工作时（　　）穿工作服和鞋。

A. 可根据具体情况　B. 必须

C. 可以不　D. 无限制

72. 危险品仓库应设（　　）。

A. 办公室　B. 专人看管　C. 避雷设备　D. 纸筒

73. 泡沫灭火机不应放在（　　）。

A. 室内　B. 仓库内　C. 高温地方　D. 消防器材架上

74. （　　）场合不宜采用齿轮传动。

A. 小中心距传动　B. 大中心距传动　C. 要求传动比恒定　D. 要求传动效率高

75. 液压系统中的控制部分是指（　　）。

A. 液压泵　B. 液压缸　C. 各种控制阀　D. 输油管、油箱等

76. （　　）动作灵敏、惯性小、便于频繁改变运动方向。

A. 齿轮传动　B. 链传动　C. 液压传动　D. 蜗杆传动

77. 攻螺纹进入自然旋进阶段时，两手旋转用力要均匀，并要经常倒转（　　）圈。

A. 1~2　B. 1/4~1/2　C. 1/5~1/8　D. 1/8~1/10

78. 刮削后的工件表面，形成了比较均匀的微浅凹坑，创造了良好的存油条件，改善了相对运动件之间的（　　）情况。

A. 润滑　B. 运动　C. 摩擦　D. 机械

79. 在研磨时，部分磨料嵌入较软的（　　）表面层，部分磨料则悬浮于工件与研具之间。

A. 工件　B. 工件或研具　C. 研具　D. 研具和工件

80. 与带传动相比链传动具有（　　）的特点。

A. 过载打滑起保护作用　B. 传动平稳无噪声

C. 平均传动比准确　D. 效率低

二、判断题（第81题~第100题。将判断结果填入括号中，正确的填“√”，错误的填“×”。每题1分，满分20分）

81. 划线时用以确定零件各部位尺寸、几何形状及相应位置的依据称为设计基准。（　　）

82. 刮削中小型工件时，标准平板固定不动，工件被刮面在平板上推研。（　　）

83. 开始攻螺纹时，应先用二锥起攻，然后用头锥整形。（　　）

84. 键的磨损一般都采取更换键的修理方法。（　　）

85. 假想用剖切平面将机件的某处切断，仅画出断面的图形，称为剖面图。（　　）

86. 錾子的后刀面与切削平面之间的夹角是楔角。（　　）

87. 划线质量与平台的平整性有关。（　　）

88. 双锉纹的锉刀，其面锉纹和底锉纹的方向和角度一样。（　　）

89. 锯路就是锯条在工件上锯过的轨迹。（　　）

90. 液压系统一般由动力部分、执行部分、控制部分和辅助装置组成。（　　）

91. 三视图投影规律是长相等，高平齐，宽对正。（　　）

92. 退火的目的是降低钢的硬度，提高塑性，以利于切削加工及冷变形加工。（　　）

93. 装配精度完全依赖于零件制造精度的装配方法是完全互换法。（　　）

94. 夹紧机构要有自锁装置。（　　）

95. 对于要求较高的蜗杆传动齿侧间隙的检查用百分表测量。（　　）

96. 装配就是将零件结合成部件，再将部件结合成机器的过程。（　　）

97. 薄板群钻的钻尖高度比两切削刃外缘刀尖低。　　(　　)

98. 十字沟槽式联轴器在工作时允许两轴线有少量径向偏移和歪斜。　　(　　)

99. 滑动轴承工作不平稳、噪音大、不能承受较大的冲击载荷。　　(　　)

100. 圆柱销一般靠过盈固定在孔中，用以定位和联接。　　(　　)

答案

一、单项选择题

1. A　2. B　3. A　4. A　5. C　6. C　7. A　8. C　9. C　10. C
11. B　12. B　13. C　14. A　15. A　16. D　17. B　18. C　19. C　20. B
21. C　22. C　23. A　24. A　25. C　26. A　27. B　28. A　29. C　30. C
31. B　32. B　33. B　34. B　35. A　36. B　37. B　38. B　39. B　40. C
41. B　42. A　43. B　44. B　45. C　46. C　47. A　48. B　49. C　50. A
51. D　52. B　53. C　54. C　55. A　56. A　57. D　58. B　59. B　60. A
61. C　62. A　63. D　64. A　65. B　66. C　67. B　68. A　69. B　70. B
71. B　72. C　73. C　74. B　75. C　76. C　77. B　78. A　79. C　80. C

二、判断题

81. ×　82. √　83. ×　84. √　85. √　86. ×　87. √　88. ×　89. ×　90. √
91. ×　92. √　93. √　94. √　95. √　96. ×　97. ×　98. √　99. √　100. √

参 考 文 献

[1] 姜波．钳工工艺学［M］．北京：中国劳动社会保障出版社，2006.

[2] 童永华，冯忠伟．钳工技能实训［M］．北京：北京理工大学出版社，2009.

[3] 苏伟，滕少锋．机械加工技能实训（钳工）［M］．长春：东北师范大学出版社，2008.

[4] 机械工业职业技能鉴定指导中心．钳工技能鉴定考核试题库［M］．北京：机械工业出版社，1999.

[5] 职业技能鉴定指导编审委员会，职业技能鉴定教材编审委员会．钳工［M］．北京：中国劳动社会保障出版社，1996.

[6] 叶春香．钳工常识［M］．北京：机械工业出版社，2008.

[7] 黄涛勋．钳工（初级）［M］．北京：机械工业出版社，2008.

[8] 徐冬元．钳工工艺与技能训练［M］．北京：高等教育出版社，2005.

[9] 刘越．公差配合与技术测量［M］．北京：化学工业出版社，2004.

[10] 刘雅荣，王敬艳，陶静萍．机械制图［M］．北京：清华大学出版社，2009.